Guideline for Limnological Research

湖沼学研究导论

[日] 西條八束　三田村緒佐武　著　　余辉　牛远　刘倩　余建平 / 译

中国环境出版集团・北京

图书在版编目 (CIP) 数据

湖沼学研究导论 /（日）西條八束，（日）三田村緒佐武著；余辉等译 . —北京：中国环境出版集团，2021.10
ISBN 978-7-5111-4505-5

Ⅰ. ①湖… Ⅱ. ①西… ②三… ③余… Ⅲ. ①湖泊学—研究 ②沼泽学—研究 Ⅳ. ① P343

中国版本图书馆 CIP 数据核字（2020）第 231339 号

图字：01-2020-3562 号

出 版 人　武德凯
责任编辑　田　怡
责任校对　任　丽
封面设计　彭　杉

出版发行　中国环境出版集团
（100062　北京市东城区广渠门内大街 16 号）
网　　址：http://www.cesp.com.cn
电子邮箱：bjg1@cesp.com.cn
联系电话：010-67112765（编辑管理部）
发行热线：010-67125803，010-67113405（传真）
印　　刷　北京中科印刷有限公司
经　　销　各地新华书店
版　　次　2021 年 10 月第 1 版
印　　次　2021 年 10 月第 1 次印刷
开　　本　787 × 1092　1/16
印　　张　16.75
字　　数　316 千字
定　　价　90.00 元

作者简介

余辉，日本京都大学环境工学博士，中国环境科学研究院研究员，博士生导师。

1994年～2007年十三年间在日本留学工作，曾在日本JME琵琶湖研究所工作多年，在此期间主持和参与多项日本琵琶湖水环境综合治理相关研究项目，获得两项日本环境类国家级认定技术资格。2007年入选中国环境科学研究院“引进国外杰出人才计划”回国。

主要从事湖泊流域水环境研究，在湖泊生态系统模型、湖泊富营养化控制、流域综合调控与治理等方面有较为深入的研究。主持承担了国家“水体污染控制与治理”科技重大专项的“十一五”、“十二五”及“十三五”太湖水专项课题、科技部科技基础性工作专项、国家自然科学基金等二十余项国家和省部级重要课题研究。获得2012年环境保护科学技术奖一等奖，2019年环境保护科学技术奖二等奖。出版专著3部、国内外核心学术期刊论文70余篇，授权专利15项，主持编制生态环境部技术指南及重大科技建议10余项。为科技部创新人才推进计划重点领域创新团队核心成员，中国海洋湖沼学会湖泊分会理事，中国环境科学学会水环境分会理事，日本水环境学会高级会员，日本京都大学土木会高级会员，《环境科学》《生态学报》《湖泊科学》等十余家学术期刊的审稿专家。

牛远，男，博士，中国环境科学研究院湖泊生态环境研究所研究室主任、副研究员，科技部创新人才推进计划重点领域创新团队核心成员。获得2019年环境保护科学技术奖二等奖。从事湖泊富营养化治理、淡水生态学、水生态环境保护等方面的研究工作。主持或参与国家“水体污染控制与治理”重大科技专项“十二五”及“十三五”水专项、科技部科技基础性工作专项、国家自然科学基金等十余项重要课题研究。发表SCI论文20余篇，获得授权专利10余项；参与编制生态环境部技术指南2项及重大科技建议5项。

刘倩，河北石家庄人，北京科技大学环境工程硕士学位，中国环境科学研究院工程师。主要从事湖泊流域污染源溯源及生态修复技术研究。发表国内外学术论文10余篇，授权专利5项。作为技术骨干参与国家“水体污染控制与治理”重大科技专项“十一五”“十二五”及“十三五”太湖水专项、科技部科技基础性工作专项、国家自然科学基金及十余项省部级科技支撑项目研究。

余建平，环境经济学硕士，讲师。2001-2006年，就读于日本国立滋贺大学，获环境经济学硕士学位；2006-2008年就职于日本滋贺角一化成株式会社；现任湖南永州职业技术学院商学院市场营销教研室主任。主持省市级科研项目3项，参编著作及在各类学术期刊上发表论文14篇，授权专利4项。

译者之言

1994 年留学日本时，我就住在日本滋贺县的琵琶湖畔，是琵琶湖美丽的水生态环境引领我进入湖泊水环境研究领域。

西條八束（Saijo Yatsuka）教授与三田村緒佐武（Mitamura Osamu）教授是日本湖泊研究的先驱人物。在我留学日本攻读硕士与博士学位期间，这两位教授的系列湖沼学著作便是我的必读之作。

在 2007 年回国之后的十余年研究生涯中，我承担了不少国家级重大科研专项课题的研究，也培养了一批湖泊水环境领域的硕士及博士研究生。在带领学生开展湖泊领域水环境研究过程中，常常感觉学生们存在一个比较普遍的问题，尽管在硕士、博士学位攻读期间选修了不少环境领域的专业课程，但对湖沼学的理论构架仍缺乏整体性认识，对湖泊生态环境构成要素的物理、化学及生态之间的相互关联与制约机制的认知也相对有限，从而使他们在研究过程中对科学问题的解析常常流于片面。

这让我非常怀念在日本琵琶湖畔所读过的那些湖沼学引路的系统性书籍，心里不时有想将这些引路之作翻译给学生阅读的冲动，这一愿望终于要付诸实现了。

但翻译书籍真是个苦活！工作量巨大，且对于科研绩效考核而言收益甚微。现如今已极少有人愿意花费大量时间与精力来翻译一部学术著作了，因为对于科研学者来说，追求科研成果的快速产出可获益更多。这无可厚非。但本人以为，学术研究更需要有颗公益心。我愿意为我的学生花费宝贵的时间来翻译一本有益的著作。如果还能惠及致力于湖泊水环境研究与保护的同仁们，便是我之所幸！

本书的出版由国家“水体污染控制与治理”重大科技专项“十三五”水专项课题“太湖流域水环境承载力评估与综合调控技术研究与应用（课题编号：2018ZX07101-005）”经费资助。

本书即将付梓出版，因译者的能力所限，难免有不妥之处，敬请读者不吝赐教，予以指正。

译者

2021 年 10 月

于北京

序 言

“湖泊”这一水下隐秘世界是如何构成的？如何探寻这一隐秘世界的奥秘？本书所介绍的正是这方面的内容。

距西條先生 1957 年首次执笔写作该书的初版《湖泊调查方法》已经过去了约 60 年。当时，日本的大部分湖泊虽然尚保留着天然面貌，但从事湖泊调查和研究的人员却非常少，国内外的相关文献也极为有限。

从 20 世纪 60 年代开始，日本自然环境发生了巨大改变。人为造成的富营养化导致的湖泊水质污染，已成为世界性的社会大问题，相应的基础性和应用性研究也得到了快速发展，相关的学术杂志和书籍如雨后春笋般涌现。在日本，随着经济的高速增长，大部分湖泊的环境污染也逐渐加剧，政府和各自治体对相关水质调查的需求急剧增加，还安装、设置了大量的监测设备。在日本国内也出版了许多与水质调查研究有关的书籍，其中既有适合入门者的读物也有高水准的专业著作。

在这种背景下，虽然已经出版了许多与湖泊水质和水生生物的调查研究方法相关的书籍，但是基于湖沼学视点，以综合湖沼学原理为基础，从怎样的角度研究分析湖泊生态系统的构造和功能更好，浅显易懂、系统地阐释这方面内容的书籍却很少。只有从这样的角度对湖泊进行调查研究，才有可能准确地阐明湖泊的构造，并且有助于湖泊环境的恢复和保护。出于这种考虑，笔者执笔写作了本书。

本书内容分为两大部分。前半部分是对湖沼的构造和功能进行解说，可称为“湖沼学原理”；后半部分则是具体介绍了湖沼调查方法。当然，这两部分内容是有机结合的。也就是说，本书具体阐述了开展湖沼研究时，应该从怎样的角度去揭示其规律，为此又应该采用怎样的方法去调查研究。

本书内容涉及湖沼学整体，但并非只从单一学科的角度，而是结合了多领域学科，从“综合湖沼学”的角度进行阐述。其中又以湖沼生态系统为中心，以与水生生物的活动有关的物质动态（即“物质循环”）为中心著述。

在湖沼学原理部分，笔者们尽可能简明易懂地介绍湖沼学的基础和近年的研究成果。尤其大量介绍了笔者亲身实践过的具体事例。在后半部分调查方法中，根据笔者的经验，详细地介绍了湖沼调查时应注意的事项及操作要领。此外，在使用试剂时，还充分考虑了对人体健康和环境的影响。

本书的出版获得了多方帮助，包括新井正、石田典子、石桥雅子、一濑谕、岩熊敏夫、冈本严、冲野外辉夫、奥田节夫、后藤直成、阪口丰、清家泰、高桥干夫、成田哲也、花里孝幸、林秀刚、福原晴夫、丸尾雅启、村上哲生、八本明彦、渡边泰德等（按五十音图顺序）。在此对关照过的诸位表示衷心的感谢。

最后，本书自开始编撰到出版花费了数十年。在此将本书供奉于2007年10月逝去的合著者西條八束先生的墓前，以告慰先生的亡灵。并且对在此期间耐心等待直至出版并给予了各种帮助的讲谈社科学部的相关工作人员表示衷心的感谢。

2016年6月

三田村緒佐武、西條八束

目 录

Part1 湖沼学原理 /1

湖沼学原理 Guideline for Limnological Research

第 1 部分论述的是对湖泊的研究不单纯从以湖泊为对象的单一学科的角度，而是将湖泊当作一个综合体，来探寻其奥秘的方法。正如 Forbes 的论文所述，为了理解湖泊中生物种类的动态变化，不能只关注该生物种类，还需明确该生物种类与其他种类之间的关系、湖泊对其影响的程度，以及该种生物对湖泊所产生的影响等。也就是说，不只从个别科学的角度进行考察，而是必须从以湖沼学为基础的“综合湖沼学”的角度去理解湖泊，去阐明构成湖泊的物理、化学、生物要素等的动态变化。本书内容虽然涉及湖沼学整体，但以生物活动驱动的湖泊生态系统中的“物质循环”为中心来描述。对于学习和研究湖沼学的学生及科研人员，以及积极致力于湖泊环境保护和修复活动的读者来说，这一部分内容可作为帮助我们达成相应目标的行动指南，非常有意义。

PART1

第1章 湖泊的生态系统

1.1 构成湖泊生态系统的生物

从湖岸观察有一定大小和深度的湖泊，可将湖面水域分为沿岸区和敞水区两大部分，并将湖底边界附近的区域称为深水区。学术界有时将这3个部分分别称为“沿岸带”“敞水带”“深水带”。不过，划分湖泊为3个部分时，“沿岸区”“敞水区”“深水区”的表达更为准确。沿岸区为从岸边到大型水生植物生长所需的光能抵达的深度的区域。而在敞水区，进行光合作用的植物主要是浮游植物，并栖息着以此为饵的浮游动物和鱼类。此外，湖底沉积物附近的深水区则生长着摇蚊幼虫和贝类。总之，沿岸区、敞水区和深水区生活着植物、动物、细菌等各种各样的生物。此外，一些湖泊繁茂水草一直生长到湖心附近，沿岸区和敞水区的分界较为模糊，常常只能被大致区分，这种类型的水域被称为“沼泽”。可以明确划分成沿岸区、敞水区的水域称为“湖泊”。“池塘”常指人工建造的水域。在这些水域由生物群落和无机环境构成的物质系统（生态系统）中，伴随生物活动产生物质循环和能量流动。这些构成沿岸区、敞水区和深水区生态系统的生物群落，大多定居于湖泊中，但也有如鸟类和昆虫那样能出入于湖泊和外界的动物。

1.1.1 沿岸区的生物

靠近湖泊首先映入眼帘的是长满湖岸的芦苇、茭白、宽叶香蒲等大型水生植物（图1-1）。生长着此类植物的地带为挺水植物带。芦苇生长于水深0.2 m以下的浅水区，茭白和香蒲生长于水深0.2～0.5 m的水域，莲花生长于水深1～1.5 m的水域，如此从湖岸开始，随着水深的增加，不同的植物呈带状分布。

芦苇茂密的地方每1 m^2生长有数百根茎秆，水中还残留有相近数量的上一年枯萎的茎秆。该地带生活着野鸟等各种生物。芦苇等在水中的茎秆部分有硅藻等附着藻类形成的褐色薄膜，同时生活着以此为饵料的椎实螺、田螺等螺类。鱼和虾在此产卵，鱼苗以水生植物的附着物为饵料。

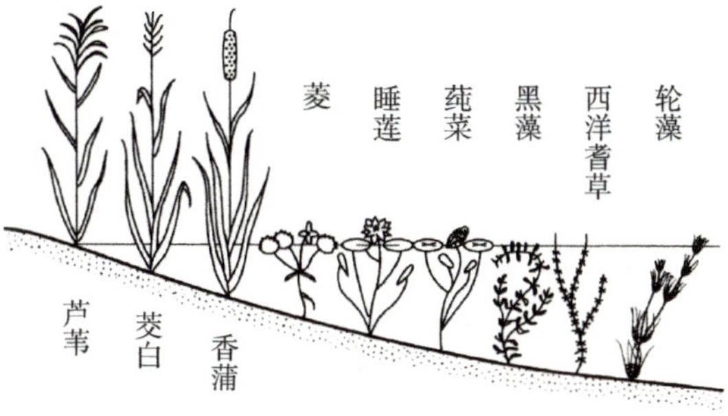

图 1-1　沿岸区的水草带

挺水植物带后水深 1～2.5 m 的水域是生长着菱、睡莲、荷花、莼菜等的浮叶植物带。浮叶植物夏季多数都会开出美丽的鲜花。荷花幼苗时属于浮叶植物，长高后叶子突出水面则变成挺水植物。

可以从湖岸向湖心延伸观察水中的水生植物。在比浮游植物带稍深的水域，生长着黑藻、西洋蓍草、苦草等沉水植物。在更深一点的水域生长着轮藻类的轮藻、丽藻等沉水植物。轮藻带的深度与湖水的最大透明度基本一致。位于喜马拉雅山的普莫雍错高山湖的水深 35 m 处生长有轮藻，湖泊的最大透明度可与贝加尔湖匹敌。比此处更深的湖底则仅生长苔藓类植物。在十和田湖（青森县、秋田县）轮藻生长的水深极限为 19 m 时，苔藓类则生长于 25 m 深处。

大型水生植物一般在春季开始生长，夏季最为繁茂，秋季到冬季枯萎，与陆地上的落叶树木一样随着季节生长，不过因种类不同各自会有稍许不同的变化。此外，各地的湖泊中大量繁殖的水生植物已成为带来环境问题的外来物种，如伊乐藻等，即便是冬季也不会枯萎。

沿岸区是陆地与水域的交错带，环境条件变化复杂。正因如此，以水生植物为中心，从细菌到鱼类和鸟类，生活着众多种类的生物的沿岸区，即所谓能够保持生物多样性的场所。近年来，随着人类活动对湖泊影响的加剧，沿岸区的自然状态被明显破坏的情形较多。为了恢复和保护湖泊的生态系统，人们越来越认识到沿岸区（尤其是水草带）生态功能的重要性。

1.1.2　敞水区的生物

在较深的湖泊，超过最大透明度的水深的水域内基本没有大型水生植物。栖息的主要是浮游生物（包括细菌和鱼）。“浮游生物”（plankton）希腊语为“流浪者”的意思，一般指非常微小的生物，自己没有游泳能力，或者有游泳能力但很弱，随着水的流动而移动。浮游生物分为浮游动物和浮游植物（图 1-2）。

日本的淡水浮游生物简易检索表（附着性、匍匐性）

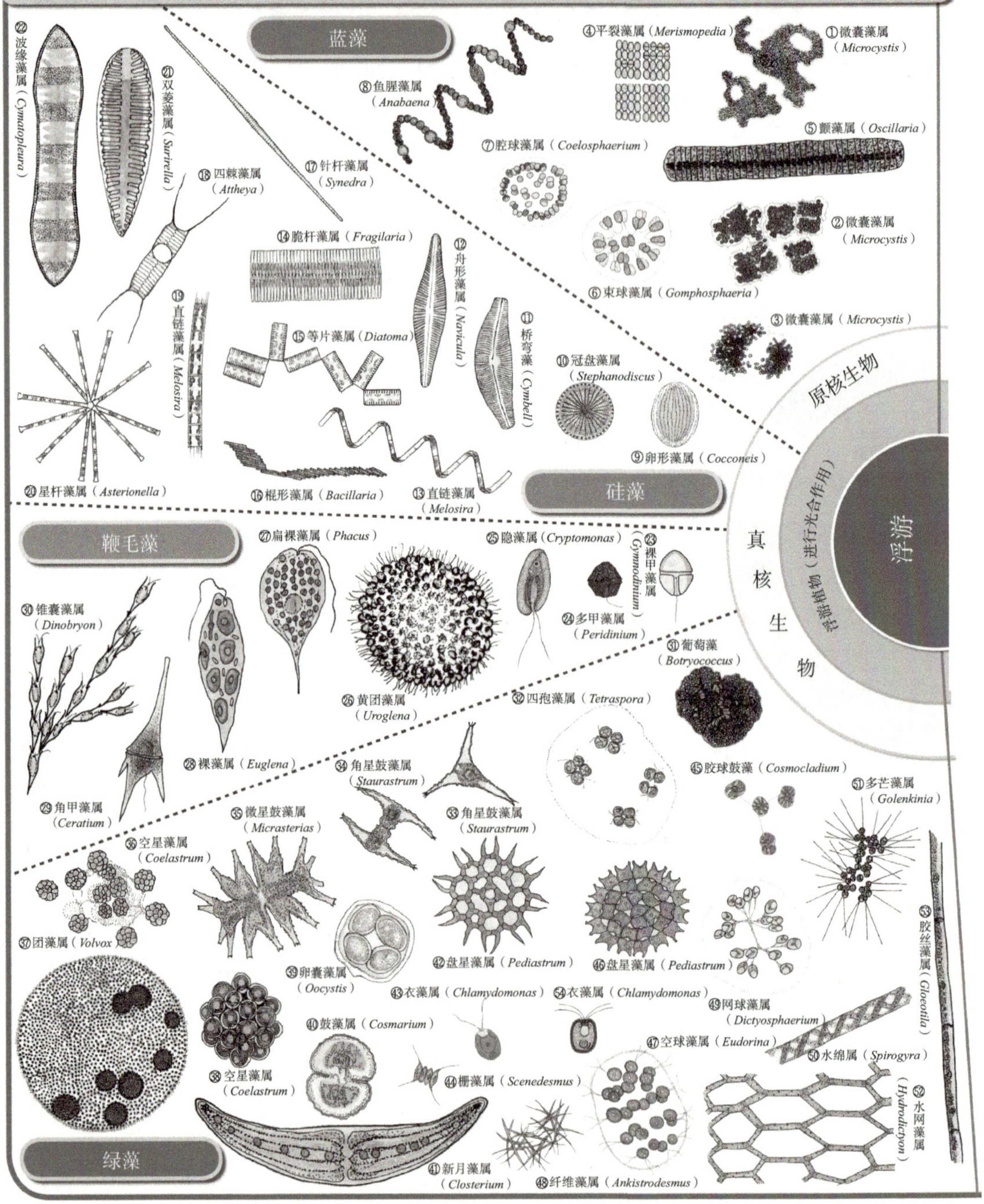

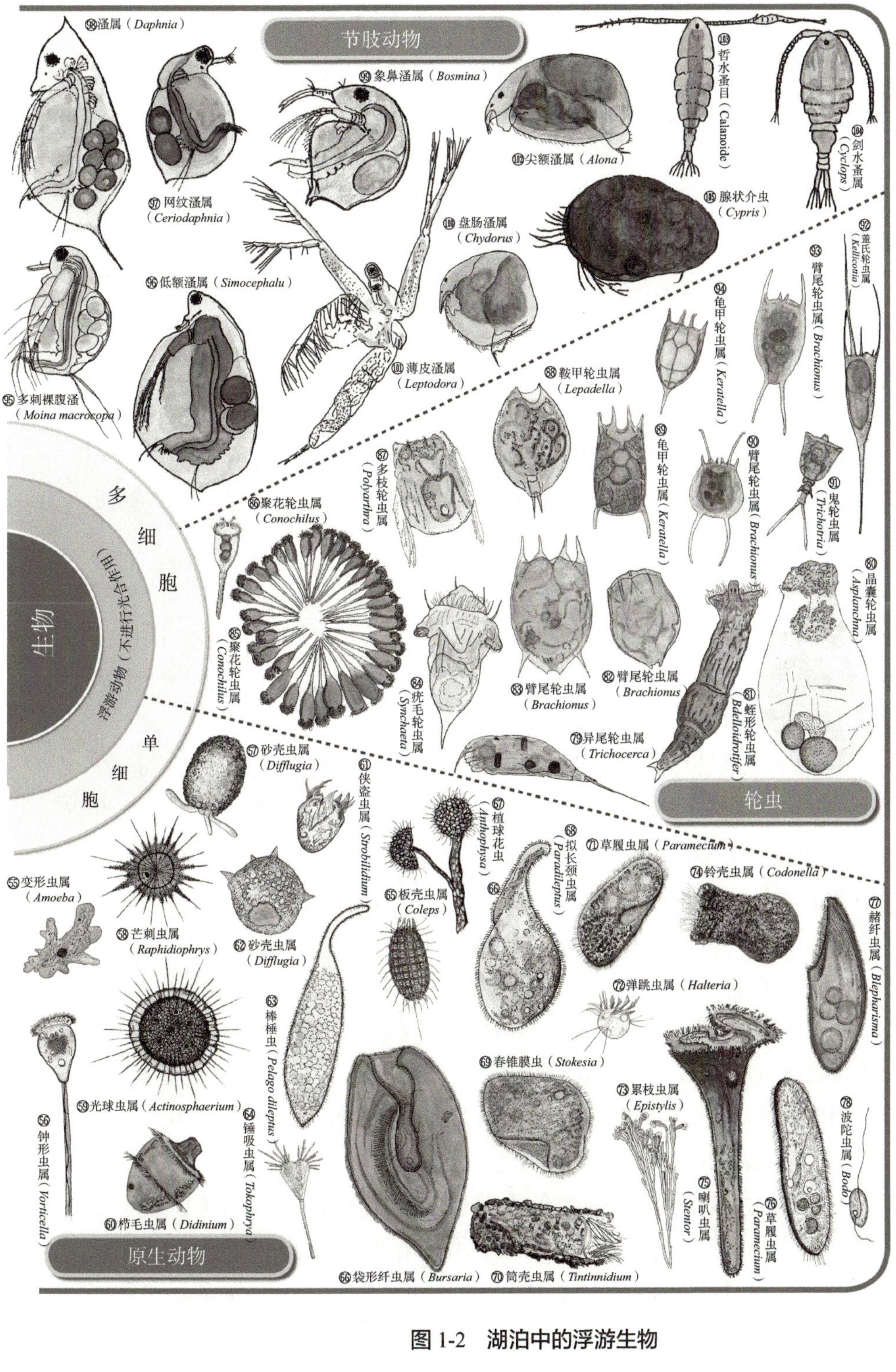

图 1-2　湖泊中的浮游生物

［摘自滋贺理科教材研究委员会．日本的淡水浮游生物．合同出版（2005），进行了部分修改］

植物利用光合作用将无机物合成有机物，作为所谓的初级生产者，是生态系统内所有生物生产的基础。不过，在海洋和湖泊内，除了沿岸附近的海藻等大型藻类，大部分植物都是大小在数十分之一毫米到千分之一毫米，非常微小，只有通过显微镜才能看到。这种浮游植物与陆地上的植物一样，拥有叶绿素可进行光合作用，将二氧化碳和水合成有机物，支持着湖泊的生态系统。

浮游植物（如蓝藻类和鞭毛藻类）可以在水中通过调节细胞内的气泡或者晃动鞭毛实现浮沉。此类浮游植物可在水柱中定期垂直移动，当表层水中营养物质不足的时候，能通过移动摄取在深层水中积蓄的营养盐，这在支持生物生产方面发挥着巨大的作用。

夏季，在諏访湖和霞浦湖（茨城县）的水面上大量覆盖的是通常被称为“蓝藻水华”的蓝藻类中的微囊藻，以及在水库中常使湖面呈咖啡色的甲藻门中的多甲藻等，二者都是垂直移动藻类的典型种类。此类藻类如大量繁殖，则会形成“水华”或者“淡水赤潮”。

具有代表性的浮游动物有枝角类的水溞、桡足类的剑水蚤、轮虫类。大小多不足 1 mm，不过，如果使用浮游生物网捕集它们并装入透明的瓶子中，则可以肉眼观察到许多浮游动物微微地游动。其中轮虫类微小动物较多，它们以微小的浮游植物和细菌为饵料。

作为在湖泊生态系统中发挥着重要作用的生物，浮游动物甚至还有 2 μm 以下的“超微型浮游生物”，其中包括细菌。2～20 μm 的生物被称为“微型浮游生物”。20～200 μm 的生物被称为“小型浮游生物”。此类小型生物的食物网因被称为“微生物循环”而引人注目。

浮游生物虽然没有较强的移动能力，但是在浮游动物中，大型的盘肠溞等白天生活于阳光较弱的深水层，随着日落开始上升，夜间则一直在水面附近。接近日出时，再次返回深水层。这种移动虽然是因被阳光刺激导致的，但也是为了在夜间捕食附近水面的浮游植物。

在湖泊中生活的鱼类，虽然也有直接以浮游植物为食的植食性鱼，但大部分都是以浮游动物为食的肉食性鱼。日本湖泊的特点是以小鱼为食的鱼（食鱼性，如鲇鱼），即所谓的鱼食性鱼较少。垂钓人无意中在湖泊放养的来自美洲大陆的鱼食性黑鲈鱼（大口黑鲈）和大腮太阳鲈等，不仅给湖泊中的小型鱼类、鱼苗带来了巨大的灾难，而且对湖泊的鱼类组成和生物量以及生态系统中的动态物质循环平衡带来了巨大的影响。

1.1.3　深水区的生物

深水湖泊和透明度较高的湖泊底层，覆盖着一层褐色或者灰色的厚泥。这是一片即使在夏季也处于较低的水温且几乎没有阳光的静谧世界。在深水湖和生物较少的即所谓贫营养湖的湖底沉积物表层附近，有时会栖息着没有足够的溶解氧就无法生活的摇蚊幼虫和钩虾等，这些生物一般被称为底栖动物或者底栖生物。此类生物不但以在湖泊有光层生产的浮游植物和浮游动物的遗骸和粪便等降落、堆积形成的有机性湖底沉积物为饵料，而且从湖泊周围森林流入的枯枝和落叶也是它们重要的饵料。

浅水湖泊一般都是生物量较多的富营养湖，夏季出现水温分层时，深水层往往处于无氧状态。在这样的湖泊里生活着的最具代表性的底栖动物是羽摇蚊幼虫、红裸须摇蚊幼虫和颤蚓。无论其中的哪一种，体液中都含有与血液中的血色素类似、与氧的结合力较强的色素，从而能够在体液中蓄积氧分子，即使在湖水缺乏溶解氧的某一期间，也能生存下去。

此外，幽蚊幼虫（图 1-3）在白天没有溶解氧的湖底沉积物中生活，夜间上升到溶解氧丰富的表水层进行呼吸。

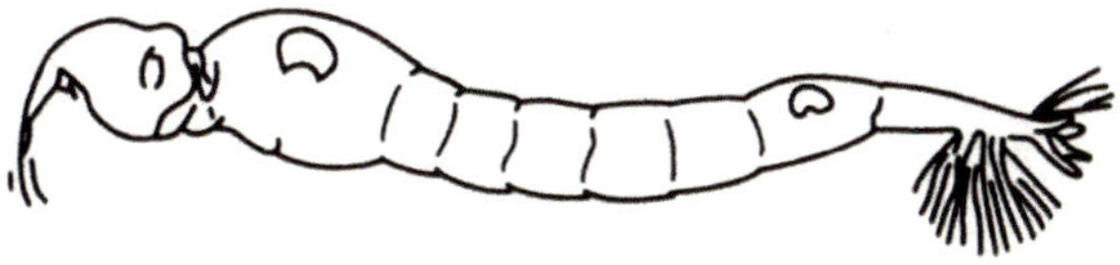

图 1-3　幽蚊幼虫

摇蚊和幽蚊等的幼虫和成虫、颤蚓等是鱼类的重要饵料。在诹访湖，大部分羽摇蚊、红裸须摇蚊都是西太公鱼等的食物。此外，底栖动物分解湖底的有机物，可以促进营养盐向水中回归。

对于处于贫营养湖和富营养湖之间，即所谓的中营养湖，在接近湖底的水中溶解氧减少，有时处于无氧状态。这样的湖泊中，与富营养湖一样发现了较多的幽蚊幼虫。在产生硫化氢这样的还原性环境中，幽蚊也能够生存。

1.1.4　食物链

湖泊中的主要植物是硅藻、绿藻、蓝藻等微小的浮游植物。浮游植物被水溞、轮虫等浮游动物所食，浮游动物又被小鱼摄食，小鱼再被大鱼摄食。这种关系称为“食物链”。

不过，实际湖泊中的“捕食与被捕食”的关系非常复杂（图 1-4）。食物链底层除浮游植物外，还有大型水生植物和细菌。它们都是浮游动物、底栖动物和鱼类（消费者）的饵料。细菌一般被认为是将有机物无机化的分解者。但是，在提供作为饵料的有机物这一方面，与基础生产者（初级生产者）植物发挥着同样的作用。

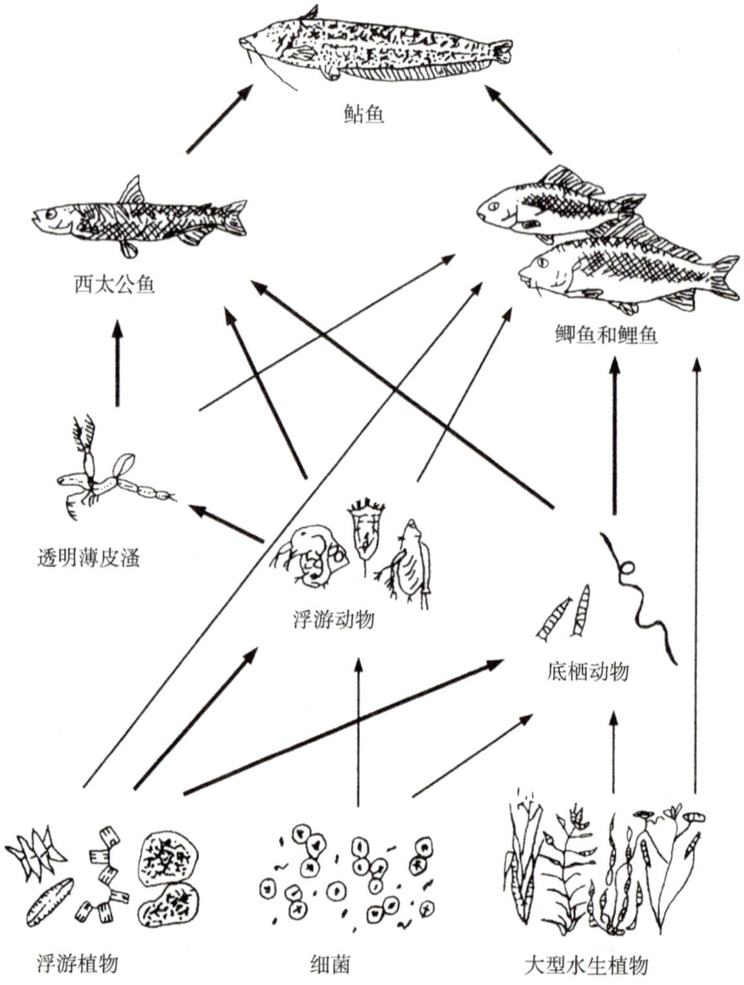

图 1-4　诹访湖的食物链

［山岸 宏（1973）. 进行了部分改动］

如此，作为饵料的生物和以此为食的生物之间的关系，根据各自的顺序即所谓的营养级，以生物量的形式进行比较的图形，称为“生态金字塔”（图 1-5）。

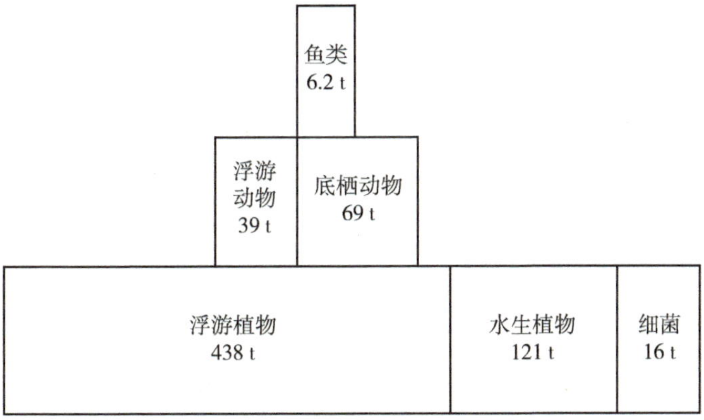

图 1-5　诹访湖的生态金字塔

［仓泽秀夫等（1976）. 冲野外辉夫作图（1990）. 有部分改动］

在此应注意的是，图 1-5 表示的是在某一个时期属于各个营养层的生物在湖泊中有多少（赋存量），并非按怎样的速度进行生产（生产量）。第一层的生物并非全部被第二层的生物捕食。生产的生物量因为存在下述消耗，即各个生物个体为了维持自己的生命而通过呼吸和分解进行的能量消耗，以及各个生物个体死亡后没有被捕食而被排到系统外，所以生产的生物量仅一部分由于被上一级消费者捕食而产生迁移。因此，有时又将“生态金字塔”称为“生物量金字塔”。细菌应该与植物一起被归类到初级生产者。此外，使食物链的关系变得更加复杂的原因为，以鱼为主的几种生物随着成长，其饵料的种类也随之改变（图 1-6），与此相关的湖水中作为饵料的动物的量也发生变化，这种变化又会影响到其他生物。金字塔的所谓上行效应和下行效应复杂交织，共同维持着湖泊的生态系统。

在实际的湖泊中，同时存在几条食物链互相关联并且随时间发生变化，这种复杂的关系称为“食物链”。

与以上所述的食物链不同，以细菌为出发点的“微生物循环”备受关注。细菌消耗水中的有机物等而增殖，成为甲藻和纤毛虫类等的饵料，而甲藻和纤毛虫类又被轮虫等小型浮游动物捕食。细菌消耗的有机物，除了包括浮游植物进行光合作用时排出的细胞外产物，还有藻类（如蓝藻门的微囊藻）在分解过程中产生的有机物等。

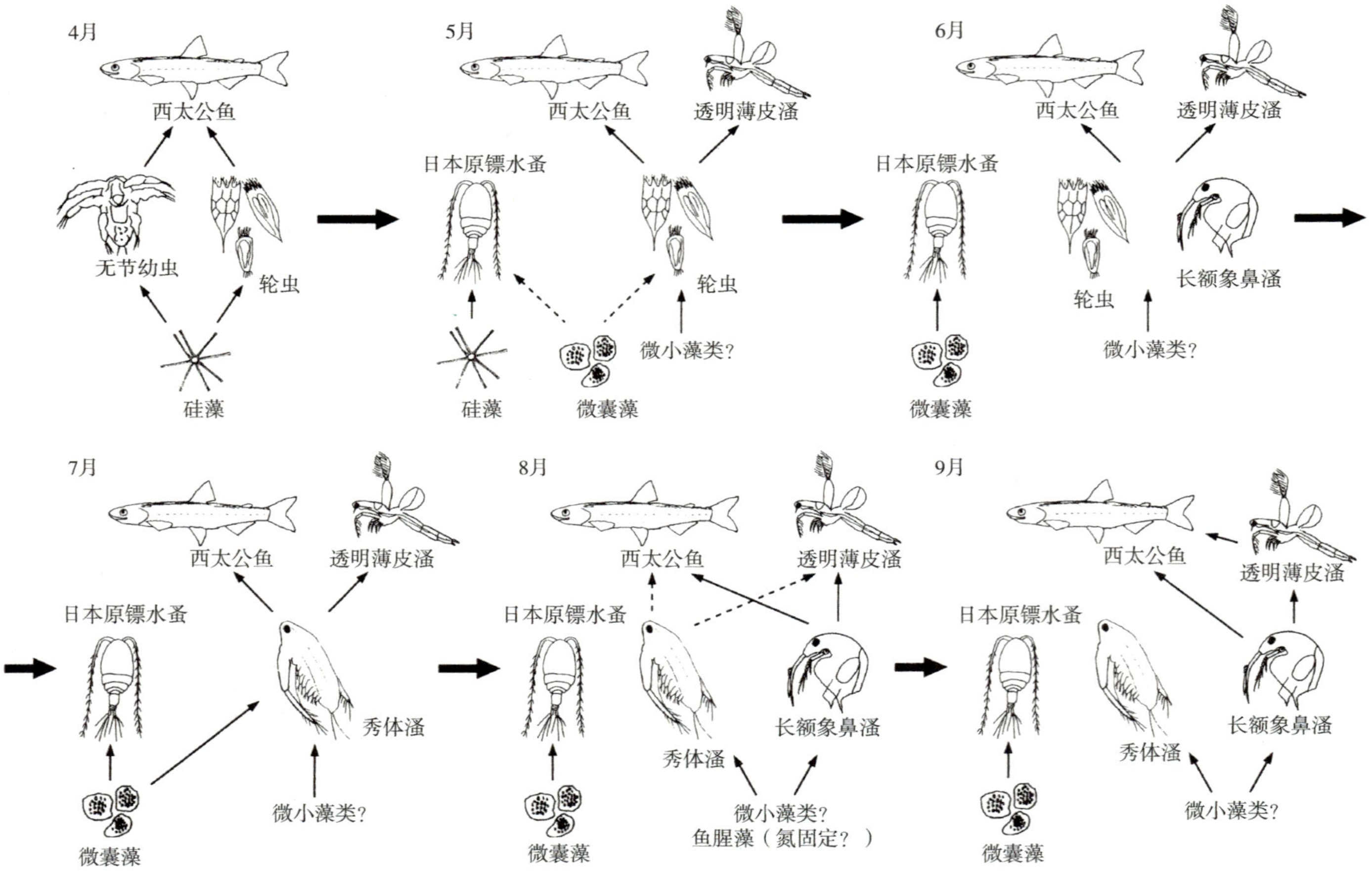

图 1-6　根据氮同位素比值推测的諏访湖中随西太公鱼的生长而产生的食物链以及食物网的变化

［摘自：Yoshioka，T.，et al，.Verh Intenat.Verein.Limnol，23（1988）］

1.2　湖泊生态系统的物质循环

湖泊中生活着的各种生物及周围环境，构成了湖泊这一几乎封闭的生态系统，即某种意义上所谓的“小宇宙”。陆地的生态系统和湖泊的生态系统本质上没有差异，受同一法则支配。但是，湖泊生态系统的空间广度、四季变化、主要的生物构成等又与陆地生态系统不同。

1.2.1　生产与物质循环

在湖泊（实际上不仅是湖泊，还有与湖泊有关的所有因素）的生态系统中，生物与环境连接紧密，如果环境发生变化，生物也会随之变化；伴随着生物的变化，环境也随之发生变化。换言之，湖泊的物理和化学环境因素会对生物产生各种影响，反过来，生物也会给物理和化学环境因素造成某种程度的影响。

湖泊的生物生产，并非仅由特定的生物进行，而是由生活类型不同的多种生物进行，并在物质循环过程中分担不同的作用。如果从这个角度来看，生物首先可以大致划分为绿色植物及其以外的生物。绿色植物拥有叶绿素，可利用太阳光能将二氧化碳和水合成有机物并释放氧气（光合作用），属于自养生物（细菌中也包含自养菌）。

其他生物属于依存于绿色植物制造的有机物而生活的异养生物。动物当然也是异养生物，菌类虽然也归属于此类，但又具备分解有机物，使其回归到无机物的能力（无机化）。因此，绿色植物称为生产者，其他生物根据各自的作用进一步划分，动物被称为消费者，真菌和细菌等被称为分解者。生产者、消费者、分解者和无机营养物质之间的关系可以认为构成如图 1-7 所示的简单的物质循环系统。但是，作为消费者的动物，又分为直接以植物为食的动物（初级消费者）、以初级消费者为食的动物（次级消费者）等几个级别，非常复杂。此外，动物也具有通过呼吸和排泄等将有机物进行无机化的作用；分解者为了维持自己的生命，不仅依靠图中所示的消费者，也依赖于生产者产生的有机物。所以，消费者和分解者的划分并不明确。

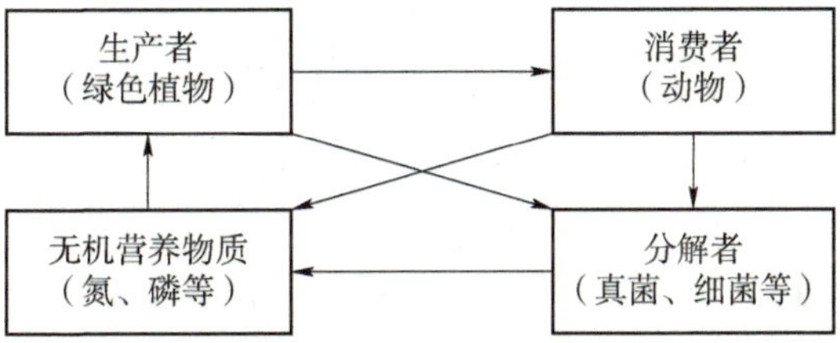

图 1-7　湖泊的物质循环

1.2.2 生产量与赋存量

关于生物的生产量这一概念，有各种各样的解释。本书根据 Thienemann 的定义，将生产量解释为在一定的时间和一定的空间内生产的有机物的总量，即总生产量（P_g）。对于绿色植物而言，总生产量（P_g）相当于光合成量（或者碳同化量）。与此相对，净生产量（P_n）是指从光合成量中减去在该时期因呼吸作用导致的有机物消耗量后的量。由于净生产量（P_n）表示的是一定时间前后的有机物量的增减，所以也可能是负值。因此，总生产量可以视作生物的同化量，净生产量可以视作生物的增长量。如果将呼吸量设定为 R，则在短时间内，可以使用式（1-1）表示。

$$P_n=P_g-R \tag{1-1}$$

但是，实际上湖泊中的绿色植物，应该加上死亡的量（D）和由消费者捕食的量（G），所以表示为式（1-2）。

$$P_n=P_g-R-D-G \tag{1-2}$$

总生产量和净生产量不仅可以就作为生产者的植物进行计算，还可以就作为消费者的动物、作为分解者的细菌以及生物群落进行计算。不过，异养生物的同化量和增长量，是由生产者产生的一部分有机物变化而来的。因此，湖泊整体的总生产量主要是绿色植物进行的光合产量。

此外，在一定面积（或者一定容积）内生活的生物的量称为赋存量（也称为生物量）。生产量和赋存量是两个明显不同的概念，但经常被人们混淆。例如，对两个湖泊进行比较，其中一个湖泊里鱼类较多时，可以说鱼的赋存量较大，但生产量未必大。这是因为生产速度和赋存量会因各种因素而发生变化。

1.2.3 生产与分解

湖泊生物生产的最大特点是主要生产者为浮游植物。不过，在较浅的沼泽中，有时大型水生植物也是主要的生产者。

浮游植物或者水生植物与陆地上的植物的生产方式完全一样，利用太阳的光能将二氧化碳和水合成碳水化合物，并释放出氧气。

$$CO_2+H_2O \xrightarrow{\text{光能}} CH_2O+O_2$$

这是湖泊中有机物生产的主要途径。此外，生产者还可以利用湖水中的氮、磷等营养盐，合成蛋白质和脂质等。与此相对的是有机物的分解，包括异养生物的呼吸在内的分解过程，可以大致认为与生产过程相反。也就是说，通过有机物的氧化，消耗氧分子而生成二氧化碳，同时释放出氮、磷及其他营养盐。如果从这种物质循环的角度考虑，则湖泊有机物的生产和分解可以视作是二氧化碳的消耗（减少）和氧的释放（增加），或者氧的消耗（减少）和二氧化碳的释放（增加）。此外，同时与碳的生产和分解密切相关的氮、磷等营养盐的循环，也可以看作是消耗（减少）和释放（增加）的过程。

此外，湖泊里的有机物，除了有前面所述的由湖内植物生产的自源性有机物，还有来自湖泊外部供给的他源性有机物。这些有机物常常是动物和细菌的饵料，在湖泊的物质循环中起着重要的作用。

1.2.4　湖泊的特点

无论是陆地、海洋还是湖泊，物质循环的构造基本相同，但将它们作为此类过程发生的场所来考察时，湖泊和陆地则大不相同。对于陆地，生产和分解的过程在地表附近较薄的土层进行。而对于湖泊，即使在较深的深水层也进行着生产和分解。也就是说，陆地可以看作是平面的，而湖泊需要看作是立体的。

与湖水深度关系最为密切的是植物的光合作用。如果没有足够的光照，植物则无法进行光合作用，因为水比空气更能强烈地吸收来自太阳的辐射（热、光）能。因此，在湖水中，植物只有在光照比较充足的某一深度以上才能够生长。在该深度以下的深水区，呼吸量（分解量）比光合量（生产量）要大。

根据这种与光照强弱之间的关系，如图 1-8 所示，湖泊从水面到植物能够利用光合作用生长的深度之间的水层称为有光层（或者生产层），比有光层更深的、因光照不足植物无法生长的水层称为无光层（或者分解层）。将有光层和无光层分界处的深度称为补偿深度（生产层、分解层有时也分别称为营养生成层、营养分解层）。不过，生产层在进行光合作用生产的同时，也非常活跃地进行着包括呼吸在内的分解过程，应理解为加和这两过程而所得的正生产。因此，有光层和无光层并非意味着是有光照的水层和无光照的水层，而是就进行光合作用的生物而言进行净生产的水层称为有光层，比此更深并且对于进行光合作用的生物而言光照不足的水层称为无光层。另外，因为太阳光线在 1 天内会发生巨大变化，所以这种水层分类的概念，以 24 h 的变化总计，还应该考虑日补偿点（非补偿点），以及不同的季节光能也不同的情况，并且水层的深度也会发生变化。

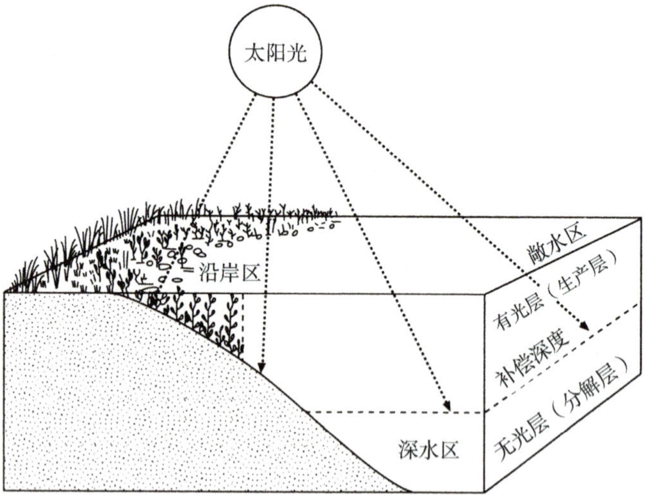

图 1-8　从光的角度观察湖泊的构造

［摘自 Schwoerbel，J. Einfuhrung in die Limnologie，Gustav Fischer Verlag（1971）］

1.2.5　限制生产的因子

绿色植物作为湖泊中的有机物生产者，其光合作用的大小受限于多种因素。这些因素中有如日照时间、辐射量、水温等受人类活动影响不大的因素，也有如氮、磷等营养盐这些不仅受自然因素的影响，还与人类活动有关的因素。

碳、氮、磷作为构成海洋浮游生物的平均元素，可以用 Redfield 比值进行说明。

C：N：P=106：16：1（原子比）

C：N：P=41：7.2：1（重量比）

这一比值随着生长条件的变化而变化，但对于湖泊来说，构成浮游生物的元素的量的关系也同样可以使用该比值进行说明。其中，碳因为可由大气以二氧化碳的形式向水中供给，所以湖内也基本上不会缺乏碳。另外，不仅氮是生物蛋白质的构成元素之一，磷也是核酸等不可或缺的元素，而且在湖泊的生物生产过程中，磷是最容易缺乏的营养元素。

“植物的生产量最终由生长所必要的因子中供给量最少的因子决定”这一法则作为李比希（Liebig）最小因子定律已广为人知。例如，作为营养成分的氮不足时，即使其他营养物质充足，但生产量仍然由氮的量来决定。作为营养物质，除氮、磷外，还有硅、硫、铁等各种金属和维他命，其成分的种类和量因生物不同而异。一般来说，这些营养物质中，最容易成为生产限制因子的是氮和磷。而对于硅藻来说，硅也有可能会成为生产限制因子，不过日本的湖泊所含溶解硅较多，应该不存在此类问题。

1.2.6　贫营养湖与富营养湖

氮、磷等容易成为植物生产限制因子的营养成分，无论在湖泊还是陆地上都被反复利用。在陆地上，秋天树叶枯萎飘落，在来年春天之前被分解，生成氮和磷等无机营养盐后再次被树木吸收利用。在湖泊中，也同样进行着有机物的生产和分解（物质循环）。但湖泊中的循环速度一般要比陆地的快，等量的氮和磷在一年内可以利用多次。其效率由湖泊的地形和水温的垂直分布等因素决定。

在温带地区，较深的湖泊中有水温分层现象，表层水和深层水在秋季（或者冬季）之前并不发生混合，正因如此，营养盐在有光层被植物消耗，表层水处于营养盐不足的状态。另外，从有光层沉降的有机物在无光层被分解，生成的营养盐在深水层中蓄积。在较浅的湖泊中，由于频繁发生水的垂直混合，所以分解生成的营养盐重新被搬运回有光层而被植物吸收利用。如此，在浅水湖泊中，营养盐被多次有效地利用，有机物生产能力高，容易成为富营养湖。相反，在深水湖泊中，因为深水层蓄积的营养盐在循环期到来之前不能被再利用，所以不易变成富营养湖。

此外，平原上和山地间的湖泊，集水区域的状况各不相同。对于平原上的湖泊而言，从农村、城市等流出的营养物质较丰富；但是对于山地间的湖泊而言，从森林等流出的营养物质比较少。因此，平原地带富营养湖较多，山地贫营养湖较多。另外，从生物生产的角度来说，将类似湖泊归类，称为湖泊类型。湖泊类型如表 1-1 所示，还将处于富营养湖和贫营养湖之间的湖泊归类为中营养湖。表 1-2 是对这种湖泊类型的分类，是依据湖水中的总磷和叶绿素 a 的浓度进行判定的一个案例。

1.2.7　调和型湖泊和非调和型湖泊

如上所述，山地的深水湖泊以贫营养湖居多，平原的浅水湖泊以富营养湖居多。不过，虽然这类湖泊营养盐的供给有多有少，其利用效率也有高有低，但是与湖水中生物生产有关的各种营养物质非常和谐，不含阻碍生物生产的物质，这样的湖泊称为和谐型湖泊。通常的贫营养湖和富营养湖都属于调和型湖泊。

表 1-1　调和型湖泊的特点

贫营养湖（Oligotrophic Lake） 营养物质（尤其是氮和磷）缺乏，水生植物的生产量也较低。透明度大致在 8 m 以上。全年内即使是深水层也不会缺乏溶解氧。湖底沉积物中栖息着需要氧分子的底栖动物。水色呈蓝色或绿色。山地间较深的湖泊大部分属于此类，在湖水较深的火山口湖和火山堰塞湖中较为常见。 日本属于这种湖泊类型的湖泊主要有摩周湖、洞爷湖、支笏湖、田泽湖、十和田湖、中禅寺湖、本栖湖、西湖、青木湖等
富营养湖（Eutrophic Lake） 营养物质（尤其是氮和磷）丰富，水生植物的生产量也较高。夏季浮游植物的增殖显著，发生水华的情况较多。透明度大致在 4 m 以下。具有相当深度的湖泊在夏季存在溶解氧分层现象，湖底几乎无溶解氧。在湖底沉积物中栖息着羽摇蚊幼虫。水色呈绿色或黄色。一般平原地带较浅的湖泊大部分都属于此类。 日本属于此类的湖泊主要有纲走湖、霞浦湖、印旛沼、手贺沼、北浦湖、芦之湖、河口湖、诹访湖、中海、宍道湖等
中营养湖（Mesotrophic Lake） 处于贫营养湖和富营养湖之间，可以划分为中营养湖。湖水的透明度在 4～8 m。 日本属于此类的湖泊主要有桧原湖、山中湖、木崎湖、滨名湖、琵琶湖、池田湖等

［西條八束（1962），有部分改动］

表 1-2　根据湖泊中的总磷和叶绿素 a 浓度对湖泊类型分类的事例

	贫营养湖	中营养湖	富营养湖
总磷 /（μgP/L）	5～13	15～50	50～190
叶绿素 a/（μg Chla/L）	0.8～3.4	3.7～7.4	6.7～31

［摘自 OECD，Eutropication of waters：Monitoring，Assessment and Control（1982）］

与此相对，溶解于湖水中的化学物质中，有时会含有与生物需要的元素不一致和会妨碍生物生产的物质。在这样的湖泊中，生物生产偏向于某种特殊的生物。这类湖泊称为非调和型湖泊，其代表性的种类如下所述。

腐殖质营养湖：在湖水中由泥炭等供给的腐殖质丰富，多表现为 pH 在 4～5 的酸性。水色多呈褐色，因为缺乏营养盐，所以虽然有时大型水生植物繁茂，但整体上生物生产量较低。这种湖泊在高纬度地区和海拔较高的山地较为常见，尤其在泥炭地和泥炭藓湿地较多。日本除了北海道各地，具有代表性的还有八甲田山（青森县）、雾峰（长野县）、尾濑原（群马县、福岛县、新潟县）等湿地池塘。

酸性营养湖：在欧美说到酸性营养湖，一般指上述腐殖质营养湖那样表现为酸性的湖泊。不过，近年因大量消费化石燃料而导致大量酸雨，由此形成的酸性湖（pH 为 4～5）备受关注。尤其是挪威、瑞典、加拿大等国家，有研究报告表明有许多湖泊鱼类因酸雨而消亡。酸雨在日本各地都有发生，但尚未发现由此导致的酸性湖泊。

在日本可以看到不少火山强酸性湖泊，被称为“火山无机酸性湖”，也曾被称为“无机酸性湖”，但是该名称目前已与因酸雨形成的酸性湖区别使用。这类湖泊伴随着火山活动，湖水中形成与温泉类似的硫酸、盐酸等，呈现较强的酸性。目前所知道的酸性最强的湖泊是群马县草津白根的汤釜（pH≈1），其次是宫城县的潟沼（pH≈2.5）。在潟沼中，发现了大量栖息于强酸性环境的附着性硅藻类（生产者）、摇蚊（消费者）和分解者，形成了简单的生态系统。恐山湖（青森县）的 pH 虽然较低，但仍然有鱼类栖息。

铁营养湖：这种湖泊可以说是火山酸性湖的一种，含有大量的铁成分，铁细菌将铁（Ⅱ）氧化成铁（Ⅲ）而生长，沿岸区因为铁的沉积物而呈红褐色。位于盘梯山的火山爆发口的赤泥沼等都是典型的铁营养湖。

碱性营养湖：日本没有此类湖泊。最具代表性的是与东非大裂谷相连的许多湖泊，湖水中含有大量的碳酸钠，所以表现为 pH 在 9～11 的较强的碱性。

除此之外，湖水中含有大量钙的湖泊被称为石灰营养湖。由于碳酸钙的大量沉积，湖岸附近出现了贝壳带。日本也未发现这类湖泊。

1.3　湖泊中的碳循环

在湖水中进行的有机物的生产和分解过程，可以通过作为主要成分的碳的循环来大致把握。其出发点是以浮游植物为主的藻类的光合作用。细胞内 20%～30% 的有机物是通过最佳光照条件下的光合作用吸收 CO_2 合成的，5%～15% 是以细胞外生成物的形式释放成为溶解有机碳的。浮游植物如果死亡，则分解后释放到水中成为溶解有机碳和碎屑（浮游残渣）。

如果以浮游植物为食的浮游动物大量存在，则浮游植物将因被捕食而减少。被浮游动物捕食的碳，一部分变成浮游动物的身体构成成分，一部分则通过呼吸以二氧化碳的形式释放，以及以排泄物的形式成为悬浮和溶解有机碳。粪便虽然属于悬浮有机物，但是会作为在垂直方向快速沉降的通量而被重视。

悬浮有机物被细菌分解，经由有机物溶解，一部分被无机化变成二氧化碳。一部分细菌的生体被原生动物、小型浮游动物等捕食，加入食物链中。

悬浮有机物和湖底沉积的有机物一部分被底栖动物捕食，一部分以溶解有机碳化合物和二氧化碳的形式回归到水中，图 1-9 是霞浦湖的碳循环示意图。这样的循环过程，不仅是碳元素，氮和磷也同样如此，不过，根据各元素的特性其详细的路径有所不同。

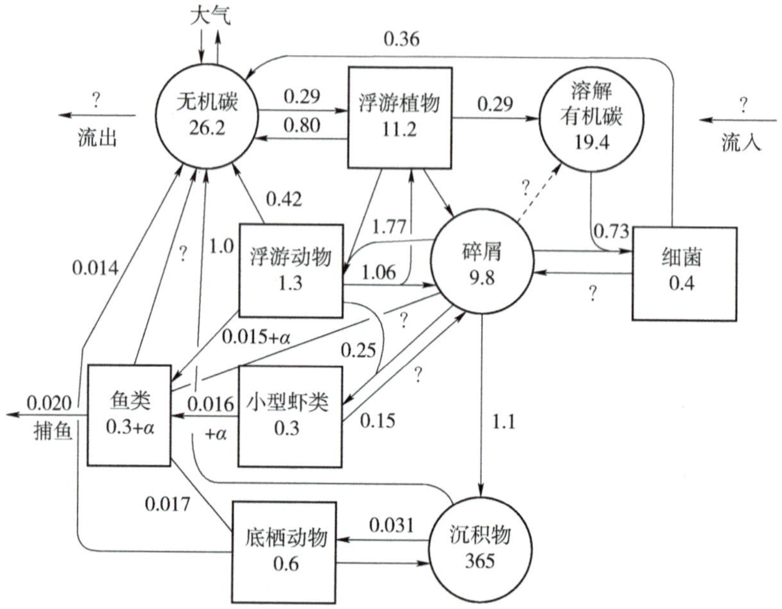

图 1-9 霞浦湖中的碳循环

单位：赋存量（框内），g/m²；变化速度（箭头），g/（m²·d）。
［摘自安野正之等，国立公害研究所报告，P51-84（1984）］

1.4 物质循环系统的试验性分析

为了研究构成湖泊生态系统的生物群落和无机环境之间的关系、生物群落中各个生物种类之间的关系、生态系统的物质循环，以及当前成为社会大问题的人为性富营养化等，迄今为止主要使用两种方法。

第一种方法是，在第 11 章中介绍的野外自然观察。这种方法需要花费大量的时间和精力。

第二种方法是，在实验室里尽量以简单的系统再现问题演变过程，然后对此进行分析。不过，野外的现象中因为同时有多种因素发生作用，所以很难进行分析。另外，在实验室获得的结果，在野外也很难进行验证。

由此而衍生的方法是，使用塑料薄膜等隔离出湖泊的一部分，然后详细调查和分析其中的环境变化和生物活动。通常，对水域进行研究时，使用容积在 1 m^3 以上的围隔装置，将其称为“中宇宙实验系统”（Mesocosm），即“围隔实验”。这是对应“微宇宙实验系统”（Microcosm）（在烧瓶内进行的微生物实验系统等）提出的概念，其目的是尽可能地贴近自然生态环境条件进行实验。这种研究方法当前在世界上被广泛应用并获得成果。

最具代表性的事例是，为了对人为富营养化导致的水质污染进行分析，在围隔实验系统中注入天然湖水，然后再添加氮、磷等营养盐，追踪藻类的增殖和水质变化的实验。此外，还可尝试观察农药的影响等。

1985—1987 年，在诹访湖实施围隔实验时，因为考虑放入鱼类，所以需要较大的容积，使用 6 个 100 m^3 的围隔实验装置，设置不同的实验条件，开展了比较实验。例如，使用遮光网控制光照，使浮游植物的生产量降低，来研究其对生态系统内其他组成生物产生的影响。

实验结果表明，将光照降低到 1% 时对浮游植物生产的影响，与将光照降低到 10% 时产生的影响相比明显增大。可是，与浮游植物的生产减少相比，对浮游动物的生产的影响却较小，对细菌的生产的影响则更小。此外，4 月孵化后马上放入西太公鱼的鱼苗，伴随鱼苗的成长，作为饵料的生物，从小型轮虫到水蚤、摇蚊幼虫都发生了变化，随之调查了对水中的其他生物会产生怎样的波及影响（图 1-6）。根据该实验，有趣的是，对于诹访湖每年夏季大量发生的蓝藻水华（微囊藻）现象，当放入西太公鱼时，与湖内的情形一样蓝藻显著增殖，而没有放入西太公鱼的围隔系统中却没有增殖。

不过，使用围隔的实验条件，与各个点所处自然水体中的条件是有所不同的。重要的是充分考虑到这种差异，有效地运用围隔这一中宇宙实验系统，分析湖水中所产生的现象。

1.5　湖泊中的能量流

在湖泊生态系统中发生与水生生物有关的物质循环，以及与此相伴的能量流动。该能量源是太阳能。湖泊生态系统中能量流的起始点是在湖泊的有光层通过进行光合作用的植物等对该能量的固定。

例如，正如湖泊中能量流动的概念图（图 1-10）所示，在美国的曼多塔湖（Mendota）测量能量流动的结果表明，0.4% 的太阳能伴随着曼多塔湖（Mendota）内的浮游植物和水草等基础生产者的光合作用而流动。首先，由此类水生植物固定太阳能产生的能量的 8.7%，流动到以植物为食的水蚤等浮游动物和鱼类等初级消费者。其次，初级消费者所固定能量的 5.5%，流动到以初级消费者为食的浮游动物和鱼类等次级消费者。最后，次级消费者所固定能量的 13.0%，流动到以次级消费者水生动物为食的鸟类等三级消费者。

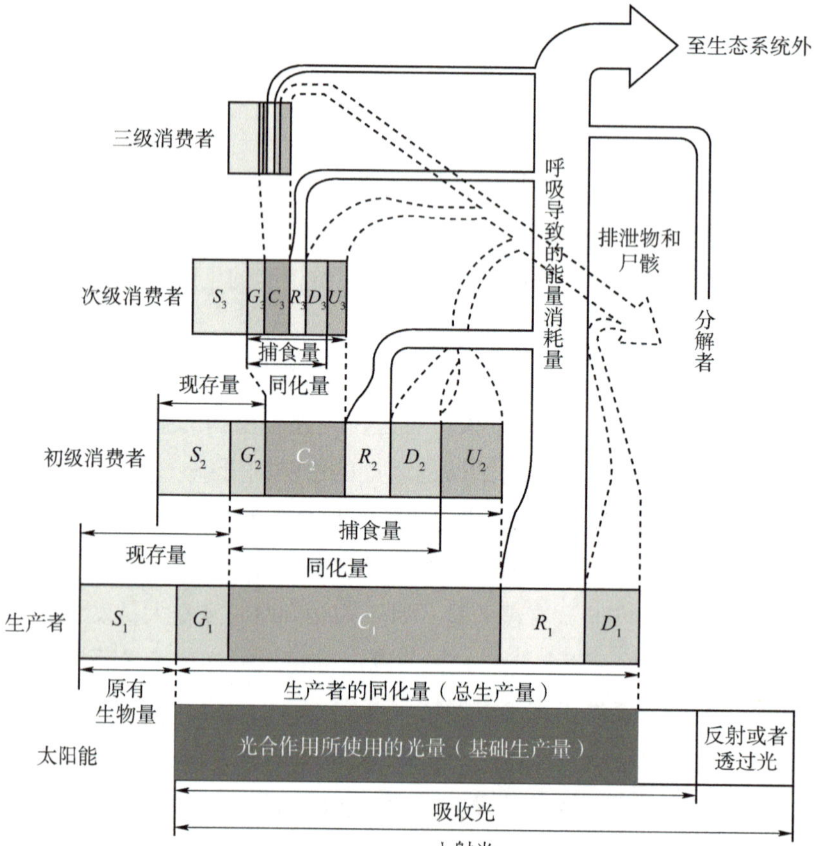

S	赋存量	某一时点存在的量	*C*	被捕食者	被上一级捕食的量	*D*	死亡分解量	死亡后被分解的量
G	增长量	某一期间增加的量	*R*	呼吸量	呼吸导致的消耗量	*U*	不消化排泄量	未消化排泄的量

图 1-10　湖泊生态系统中的生态金字塔和能量流

注：随着营养级的上升，相对于增长量（*G*）的呼吸量（*R*）的比例（*R/G*）增加。因为捕食将消耗大量的能量，所以可利用能量减少。一般来说，营养级较高的生物比起营养级较低的生物，能量效率（某种意义上相当于生产效率）较高。

[摘自生物图表 . 滨岛书店（2002）. 有部分改动]

在曼多塔湖（Mendota）获得的能量流金字塔，如果去掉由水生生物进行能量固定的太阳能，则类似于图 1-5 所示的诹访湖的生物量金字塔（生态金字塔）。如果将三级消费者设定为 1，则次级消费者约为三级消费者的 10 倍，初级消费者约是三级消费者的 100 倍，而基础生产者（植物生产者）约是三级消费者的 1 000 倍。如此，自然界中的“捕食与被捕食”这一生命的延续结构按 10 倍、100 倍的法则构成，这一发现具有深刻的意义。

第 2 章 湖泊的成因和湖盆形态的特点

2.1 成因和湖盆形态

湖泊的成因不同，不仅会导致湖盆形态不同，还影响到构成湖泊生态系统的生物群落和物质循环及能量流。湖泊的特性和变迁过程，主要由湖泊的成因决定。湖泊分为自然形成的湖泊和人工修建的湖泊。不过，近年来，自然形成的湖泊受人类活动的影响也较大，其特性也多会发生明显的偏差。

自然形成湖泊的成因可大致分为 3 类（表 2-1）。第一类是因火山活动和地壳构造运动而形成的湖泊；第二类是因侵蚀作用和沉积作用而形成的湖泊；第三类是因生物作用而形成的湖泊。不过，湖泊的形成往往是各种作用相互交织的结果，将何种作用视作主要成因，决定了湖泊定义如何表达。例如，滋贺县的琵琶湖过去被认为是断层湖，但断层作用并非主要成因，所以定义为构造湖。箱根的芦之湖虽然也被认为是破火山口湖，但地理学研究人员却认为是堰塞湖，这是因为比起湖盆凹陷形成的原因，更优先考虑河流堵塞蓄积河水的成因。详细的形成过程尚未明确的湖泊也较多。

湖泊的成因大致可以分为以下几种：因火山活动和构造运动而形成的湖泊；因沉积作用和（因冰川、风）侵蚀作用而形成的湖泊；因生物作用而形成的湖泊；还有人工修建的湖泊（表 2-1）。

表 2-1 湖泊的成因

因火山活动而形成的湖泊（火山湖）	破火山口湖、火山口湖、玛珥（Maar）湖
因构造运动而形成的湖泊（构造湖）	褶曲湖、断层湖、构造湖
因沉积作用而形成的湖泊（堰塞湖等）	河迹湖、内湖、海迹湖、堰塞湖
因冰川作用而形成的湖泊（冰成湖）	冰川湖、峡湾湖
因风蚀作用而形成的湖泊（风蚀湖）	Pan 湖、风蚀湖
因雨水和地下水溶解岩石、土壤后形成的湖泊	石灰湖、溶蚀湖
因生物作用而形成的湖泊	海狸湖、池塘
人工湖	水库、蓄水池

2.1.1 因火山活动而形成的湖泊

日本很多湖泊最大的特点是因火山活动而形成。要形成湖泊，首先必须在地表形成洼地，而火山活动非常容易形成洼地。因火山活动而形成的湖泊主要有以下类型：因火山爆发或者伴随爆发的构造运动而形成的破火山口湖、火山口湖、玛珥湖（仅一次火山爆发而形成的火山口蓄水而成的湖泊），因熔岩和泥流堵塞河谷而形成的堰塞湖，在泥流表面形成洼地而产生的湖泊等。

日本有数十个破火山口湖。破火山口湖的最大特点是湖盆呈锅状，从湖岸开始急剧变深，湖底为较宽阔的平坦地。日本的深湖中，除栃木县的中禅寺湖（火山堰塞湖），山梨县的本栖湖（火山堰塞湖）、琵琶湖（构造湖）外，其余全都是破火山口湖。其中最深的湖泊是秋田县的田泽湖（图 2-1），面积为 26 km^3，最大水深为 423 m，湖底在海平面以下 174 m（位于海平面以下的湖底称为潜洼地）。破火山口湖的湖底有时会形成火山锥。例如，田泽湖就在水面下 30 m 处和 250 m 处形成两个火山锥。

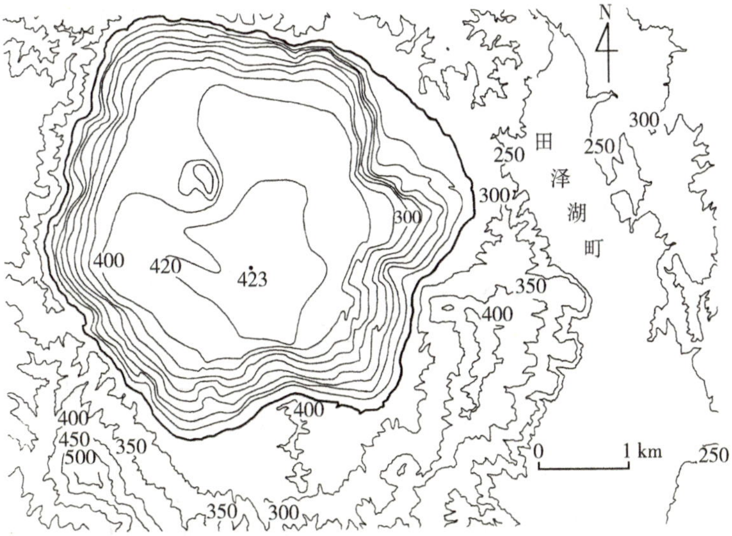

图 2-1　破火山口湖（田泽湖）

注：日本最深的湖泊，从湖岸开始急剧变深，湖底有两个火山锥。

破火山口湖除了湖水深度比较深，还具有与湖面面积相比集水区域狭窄、流入的水和营养物质量少等特点。正因如此，向湖底的沉积作用较小，湖盆形态长期保持不变。此外，因为生物生产量较低，所以许多都是透明度较大的贫营养湖。最具代表性的是北海道的摩周湖（19 km^2、212 m），过去曾是透明度（41.6 m，1931 年）世界第一的湖泊。

位于山顶附近的火山口湖表面看上去很深，实际上却是意想不到的浅。宫城县藏王山的御釜（图 2-2）最大水深 40 m（1931 年）（近年为 0.07 km^2、24 m）、草津白根（群马县）山顶的汤釜最大水深 40 m（1982 年）（近年为 0.04 km^2、35 m），除了这些记录，最大水深 10 m 左右的湖泊还有很多。这是因为周围湖岸容易突然崩塌，并且湖岸是由火山自身喷出的石子和熔岩堆积而成，所以水流很容易通过。此外，位于山麓的火山口湖也有深湖，雾岛山的御池（宫崎县）深 94 m，男鹿半岛的一之目潟（秋田县）深 42 m。藏王山的御釜和草津白根的汤釜是现在仍然活跃的火山口湖，湖盆形状因经常喷发的火山而发生变化。

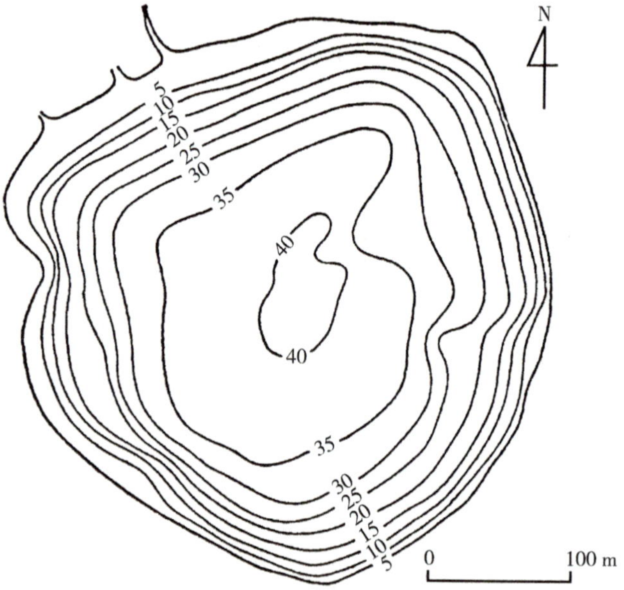

图 2-2　火山口湖（藏王山的御釜）

注：由于火山活动，湖泊的形状和深度经常变化。近年的最大深度为 24 m，是 pH≈3 的强酸性湖泊。

与此相对，因熔岩流和泥流阻塞而形成的堰塞湖，因为直接承受河流的侵蚀沉积作用，所以寿命比较短。现在遗留的堰塞湖，有中禅寺湖（12 km^2、163 m）（图 2-3）、本栖湖（4.8 km^2、122 m）、北海道的然别湖（3.4 km^2、99 m）那样的深湖，以及因 1888 年盘梯山（福岛县）的火山活动而阻塞形成的桧原湖（11 km^2、31 m）、小野川湖（1.4 km^2、21 m）、秋元湖（3.9 km^2、33 m）等形成年代较新的湖泊。因独特的颜色而广为人知的盘梯五色沼，就是在当时泥流表面的洼地上蓄水而形成的湖泊。

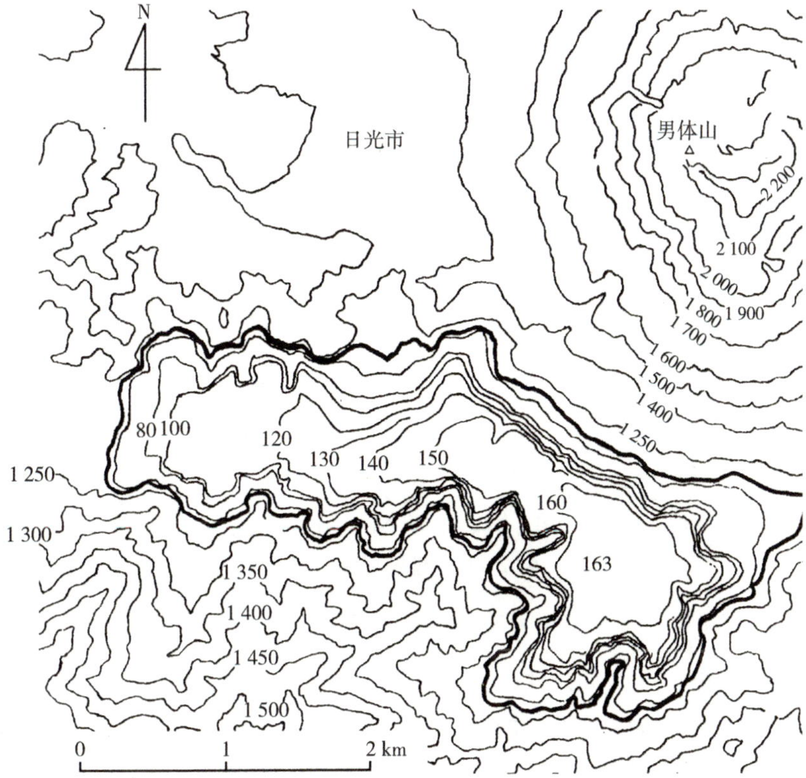

图 2-3　火山性堰塞湖（中禅寺湖）

注：湖水较深，典型的贫营养湖。

2.1.2　因构造运动、沉积作用等而形成的湖泊

在世界上大部分面积较大的深湖的形成过程中，褶曲运动和断层运动发挥着重要的作用，此类湖泊统称为构造湖。世界上有几个起源较为久远的湖泊被称为古代湖。世界上最古老的湖泊是诞生于 2 500 万～3 000 万年前的俄罗斯的贝加尔湖（31 500 km^2、1 620 m，世界最深），湖泊中大约栖息着 2 900 种特有种类的水生生物。日本最古老的湖泊是琵琶湖（669 km^2、104 m），琵琶湖诞生于 40 万年前，栖息着 60 多种特有种类的水生生物。与该湖泊的成因有关联的古琵琶湖的诞生可以上溯到约 400 万年前。宍道湖（岛根县）（79 km^2、6 m）、中海（岛根县、鸟取县）（87 km^2、8 m）、水月湖（福井县）（4.2 km^2、34 m）等也是构造湖。长野县的青木湖（1.9 km^2、58 m）、中纲湖（0.14 km^2、12 m）、木崎湖（1.4 km^2、29 m）、诹访湖（13 km^2、6 m）（图 2-4）全都是位于纵贯南北的丝鱼川—静冈构造线上的湖泊。

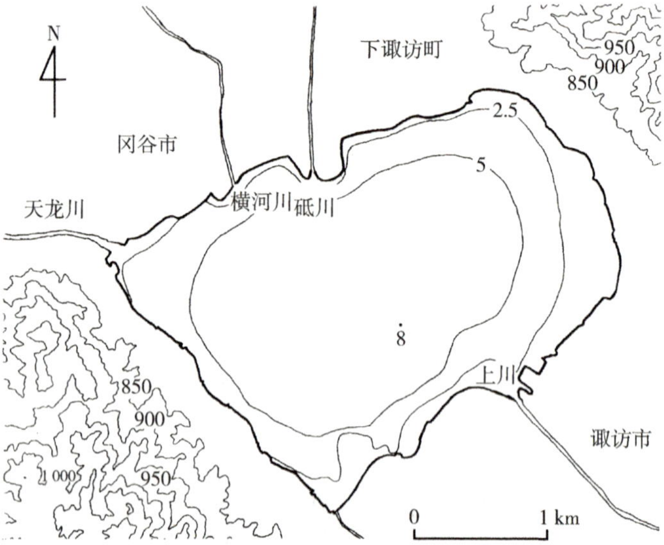

图 2-4 构造湖（诹访湖）

注：受断层作用的影响，位于丝鱼川—静冈构造线上的断层湖。目前为较浅的典型富营养湖。

河流因为蜿蜒蛇行而发生断流，遗留下的部分形成河迹湖。河迹湖一般都较浅。但发生洪水时，河堤冲毁，流出的河水水势较强，冲击形成的湖泊虽然较小但水很深。利根川中游地区的中沼深度有 13 m（面积 0.01 km^2），作为东京附近较深的小湖，经常被用于湖沼学研究。此外，河流的干流或者支流的任何地点的搬运物质如果比其他地方多，则会堵塞流水形成湖泊。手贺沼（4.1 km^2、3 m）、印旛沼（8.9 km^2、2 m）（都在千叶县）等都是利根川的沉积物堵塞了支流谷口而形成的湖泊。在这种平原地带形成的湖泊一般都较浅。此外，因为集水区域人类活动频繁，所以营养物质流入较多，许多都是严重富营养化湖泊。

日本因为经常发生暴雨和地震灾害，所以因山崩地裂而形成的堰塞湖较多。但是面积较大的寿命都较短，现存的基本上都是小型湖泊。这种类型的湖泊在山形县、新潟县、长野县等第三纪地层中较软的沉积岩地区较多。1847 年的善光寺地震中发生的山崩，堵塞了犀川，形成了长 28 km、宽 4 km、深 40 m 的湖泊。该湖泊在第 19 天决口后消亡，不过，在长野县西南部的丘陵地带形成了柳久保池（0.07 km^2、38 m）、涌池（0.02 km^2、11 m）等小湖。神奈川县秦野市的震生湖（0.02 km^2、10 m）是 1923 年关东大地震时形成的湖泊。

归类为咸水湖或者潟湖的海岸边的湖泊，因为含有海水，所以相对于淡水湖和盐湖，被称为半咸水湖。许多半咸水湖都是由沙洲隔离大海沿岸地区的部分水域而形成的湖泊，所以属于海迹湖。混入海水的原因是原来的海水中混入湖水后，被沙洲自然或者人为地隔离，或者海水通过海潮或者沙洲侵入湖泊等。在潟湖中，有的湖泊反复进行着从半咸水湖转变为淡水湖，又从淡水湖再次转变为半咸水湖的变化历程。还有，目前宍道湖是含有大量海水的半咸水湖，海水通过大桥川大量侵入，这是 1931 年为了预防洪水而疏通大桥川的结果。

日本较大的湖泊中许多都是半咸水湖。尤其以北海道、本州的东北部、日本海侧较多。关东以西太平洋侧除滨名湖（静冈县）（65 km^2、17 m）以外，较大的湖泊很少。此外，日本主要的半咸水湖的分布与沙丘的分布基本上一致。这是因为沙丘的形成条件与沙洲的形成条件相似。面积最大的半咸水湖是北海道的佐吕间湖（150 km^2、20 m）。日本的半咸水湖明显是全新世海侵时代的产物。末次冰期（Last Glacial Period）结束，海洋水位上升，海水侵入陆地形成海湾（5 000～7 000 年前最高海平面上升 3～7 m），然后通过沙洲将其与外海隔离，形成潟湖。北海道的佐吕间湖、能取湖（58 km^2、21 m）、纲走湖（33 km^2、17 m）大约在 4 000 年前就进入了半咸水湖的时代。

也有过去是海湾的一部分，但随着沉积作用，被孤立于内陆，形成淡水湖的湖泊。例如，霞浦湖（168 km^2、7 m）、北浦湖（34 km^2、10 m），过去的海湾出口被利根川的沉积物堵塞，地基同时向西北方向沉落，加大了湖泊深处的深度。位于钏路之北的塘路湖（6.4 km^2、7 m）与霞浦湖一样，过去该地域曾是半咸水域，栖息着黑褐新糠虾。滨名湖大海侧较浅，朝向内陆方向逐渐变深。这是内陆侧沉降，海水由此侵入，后来海湾出口被沙洲堵塞而形成的。

福井县的水月湖和鹿儿岛县上甑岛的贝池（0.16 km^2、12 m）等，属于流入的海水在深层蓄积，而在其上覆盖了淡水的半咸水湖。因为上层和下层湖水的密度显著不同，所以全年都不会发生垂直混合，在深层盐分较高的湖水半永久性地滞留。正因如此，深层水处于无氧状态，来源于海洋的深层水中的硫酸离子被还原，含有大量的硫化氢。这样的湖泊称为部分循环湖，在水温分层、化学成分分层、初级生产、物质循环等方面都表现出特殊的性状。

2.1.3　因其他成因形成的湖泊

因人类以外的生物活动而形成的湖泊的代表有尾濑原和雾峰等藓类沼泽的池塘等。在此类湿地生长着大量的水苔，其遗骸因为分解较慢，所以变成泥炭一层层地向上堆积，形成堆高的地形。不过，如果由于某种原因蓄积了水，则在该部分不会生长水苔，其周围会逐渐升高，形成池塘。藓类沼泽湿地的池塘的营养盐主要靠降落水面的雨水供给，所以属于异常贫营养水域。在较狭窄、流速缓慢的河流中，因为水生植物繁茂、动物筑巢等会形成堰塞形态的小湖。海狸湖就是因海狸筑巢，碎木块等沉埋河谷而形成的堰塞湖。

在湖泊的成因中，有的因素虽然在世界范围内极为重要，但在日本却几乎不存在，冰川作用就是其中之一。在北欧、南北美洲或其他的高山等存在这类成因，但在日本，除位于北海道和北阿尔卑斯山山顶附近的盆地谷底的小湖外，几乎没有因冰川而形成的湖泊。还有就是与永久冻土有关的湖泊，在西伯利亚、阿拉斯加、加拿大北部分布的无数小湖就属于此类。

干燥地区的草原、半沙漠、沙漠地带，往往因风化作用等形成洼地或者在风化沉积物上形成洼地，此类洼地上如果蓄积水则会形成许多湖泊。位于巴西 Maraniyon 州的拉克伊斯（Lencois）沙丘湖群就是主要靠风化作用形成的湖泊。日本在新潟湖等地也发现小型的沙丘湖。在石灰岩地区，雨水溶解石灰岩形成洼地，在此类洼地里蓄积水而形成的湖泊（溶蚀湖），在中国云南省昆明附近和南斯拉夫的亚得里亚海沿岸等地较多。日本仅冲绳发现有小型溶蚀湖。

2.1.4 人工湖泊

从公园的池塘，到灌溉用的蓄水池、自来水和水力发电等用的水库（贮水池）等，有各种各样的人工建造水体。尤其近年来，在水陆过渡地带为了治水和确保水资源供给等水利目的，在河流上人工建造了许多水库。

日本的河流在丰水期沉埋堆积作用较强，所以不少水库建成后仅 20～30 年就明显变小。此外，水库因水资源利用导致的水位变化较为显著。

湖泊研究时应该注意，许多天然湖泊也被人为地调节水位，如日本的琵琶湖和诹访湖等，俄罗斯的贝加尔湖等世界范围内的许多湖泊，为了治水都使用出湖河流对水位进行控制。最为极端的事例就是青木湖，为了进行水力发电，冬季水位大幅降低，无法维持天然湖泊的生态系统。

2.2 湖盆形态的变化

湖泊自诞生后，正如在 12.2 节中介绍的那样，遵循自然的富营养化变迁过程，结束湖泊的一生。现有的湖泊，因为波浪与入湖河流的侵蚀和沉积作用，湖盆逐渐发生变化，最终形成的湖盆形态如图 2-5 所示。

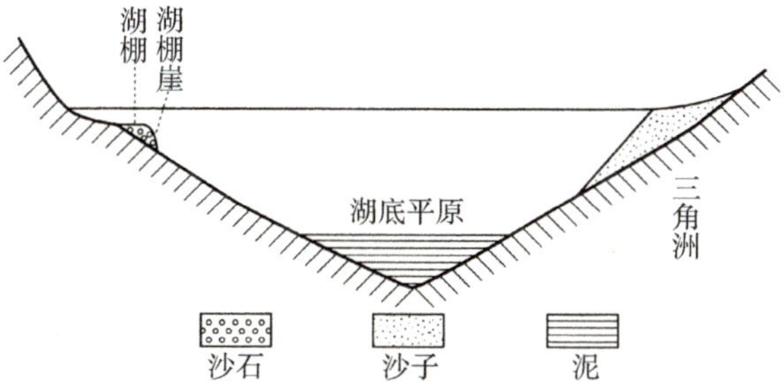

图 2-5　湖底的地形

［吉村信吉 . 湖沼学 . 三省堂（1937）. 有部分改动］

2.2.1　湖棚和湖底平原

许多湖泊沿湖岸分布有较广的浅湖底，这片相当于海洋大陆架的水域称为“湖棚”，在小湖泊中仅分布数米，但在琵琶湖和纲走湖中大约分布有 1 km，可在此采用底拖网和固定安置网的方法捕鱼。湖棚作为湖岸的一部分被波浪侵蚀，其土沙随着波浪的回退和湖水的流动被搬运到湖水中沉积后形成平坦地形。水位固定、波浪与湖流较强，并且湖岸平缓、地质脆弱的湖泊，其湖棚较为宽阔。比起上风方向，下风方向的湖岸的湖棚更宽、更深。

从湖棚朝向湖心，湖水急剧变深，这部分倾斜区域被称为湖棚崖，有的甚至倾斜达 30°。从湖棚崖至湖心底部，即使原来凹凸不平，但因沉积物覆盖，也会变成平坦的地形，这部分平坦区域被称为湖底平原。

2.2.2　三角洲、沙嘴、水道

从河流搬运而来的泥沙在河口附近沉积后形成三角洲。琵琶湖的安云川和野州川、宍道湖的斐伊川等就是典型的事例。三角洲地带一般土地较肥沃且湿润，所以常被垦成良田。

与大海沿岸一样，沿湖岸流动的湖水在岬角等端部形成沙石突堤，被称为沙嘴。沙嘴有时进一步横贯海湾入口，形成内湖。山中湖（山梨县）和琵琶湖的内湖等就是如此。内湖一般水深较浅，水生植物繁茂，是鱼类产卵和生长的场所。虽然日本的许多内湖由于填水造田逐渐减少，但内湖除了上述所介绍的生态功能，还具有水利、水源利用、观光、景观、水产等许多功能，所以要充分认识内湖存在的重要性，恢复和保护内湖的呼声也越来越高。

湖水流动较强的场所，如在岬角的端部以及连接湖泊与湖泊的水路等，湖底会被侵蚀形成深而细长的沟槽，被称为“水道”。三方五湖中三方湖的水流出到水月湖的区域就是如此，三方湖的最深部就是该水道的一部分。

第3章 湖泊的水文

地面上较大的洼地蓄满水即形成湖泊。因湖水的流入 / 流出、风等引起的湖面的晃动、流动等水的运动，营造出与陆地不同的特异环境。

3.1 湖水的水收支

3.1.1 湖水的流入与流出

学者们常常将湖泊当作一个半封闭系统来考虑。尤其从湖水的流入 / 流出，即所谓水收支的角度考察湖泊时，必须将湖泊当作地球上水循环过程中的一个容器。湖水的主要收支有雨水的降落和从湖面的蒸发、河流的流入和流出、地下水的涌出和渗漏，以及伴随人类活动的发电、自来水、灌溉等的取水和排水。

湖面降水根据降水量计算。湖面蒸发量一般达到湖面降水量的 1/3～1/2，不过该数值可以根据观测资料或者关系式进行计算。估算从河流的流入量，可以使用下述简便的间接方法，即首先估算整个流域的蒸发蒸腾量（土壤表面的蒸发量，以及在土壤里生长的植物释放的蒸腾量的合计）。然后从降水量中减去该值获得的数值即可视作流入量。

此时，最大的问题是蒸发蒸腾量的计算。例如，霞浦湖流域的蒸发蒸腾量估算为年均 700 mm。地下水的流入 / 流出量最难估算。一般来说，在平原地区的湖泊，地下水的作用较小，但是在山地的湖泊，地下水却发挥着巨大的作用。虽然各种取水量都由用水者做了记录，但对于灌溉用水却很难把握实际状态。图 3-1 表示的是霞浦湖年间水收支的案例。

3.1.2 各种湖泊的水收支

作为湖水的供给源，来源于流域的地表径流和地下水的流入量较大。不过像破火山口湖和火山口湖那样，流域面积小于湖面面积时，湖面的直接降水量在总供水量中所占的比例较大。此外，在干燥地区，因为流域的蒸发蒸腾量较大，流入湖泊的水量显著减少，所以直接降水有时成为湖水重要的供给源。如在赤道附近的维多利亚湖，降水量和径流入湖水量的比例为 2.3：1。湖盆的成因与火山活动有关的湖泊，往往在湖底和湖岸附近有地下水涌出，在日本日光的汤之湖，湖水总供给量的 90% 来源于地下水。

湖水从湖盆流失，主要靠湖面蒸发、河流流出、地下水的渗漏等。在热带的干燥地区，蒸发量较大，湖泊的水供给大多都主要依靠河流。如非洲东部的坦干伊克湖，相对于湖面的年间降水量 950 mm，其湖面的蒸发量高达 1 500 mm。

许多分布于火山地区的火山口湖和破火山口湖都没有流入和流出的河流，属于所谓的闭塞湖。在地表没有流出河流的闭塞湖，当地下水的流入水量较多时水位会上升，与此同时地下水的渗漏水量也将增加，水位降低则漏水也将减少。如此，其水位保持着微妙的平衡且水位变化较小。

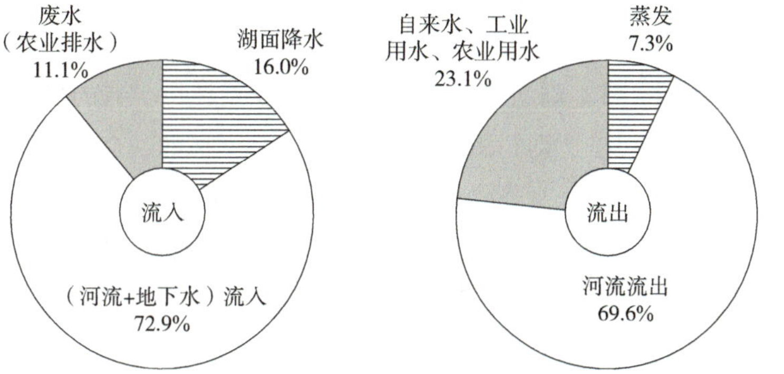

图 3-1 霞浦湖的年间水收支

［摘自村冈浩尔 . 国立公害研究所发表预备稿集 . SS OT-4、80（1981）］

3.2 湖水的滞留与交换

湖水的平均滞留时间，可以使用总流入（或者总流出）速度除湖泊的贮水量（容积）来计算。可是，如果不是小而浅的湖泊，地形也并不单一时，在该计算的滞留时间内将无法完成所有湖水的交换。实际上，流入的一部分水会长期滞留于湖泊中，有一部分水又会在更短的时间内流出湖泊。湖岸线的出入湖水路如果比较复杂，则湖中的主要水流通道水域与湖水易于滞留的湖湾水域，其湖水滞留时间会有所不同。此外，表层水的滞留时间为深层水滞留时间的 1/10 以下也不罕见。在较深的湖泊，夏季成层期流入的河水，会潜入湖水中与河水处于相同水温的水深层，该层的水则会朝向出口流出。

一般来说，淡水湖的湖水密度由水温决定。不过当洪水等流入了密度较大的浊流时，从河口部会以密度流的形式沿着湖底流入湖泊深层，这种现象可以在琵琶湖等湖泊中观察到。

近年来，由于与水质污染的问题有关，人们非常关注湖水的滞留时间。湖水的流入、流出速度，在下述两个方面与湖泊中浮游植物的增殖相关。一方面，浮游植物是否具有足够的增殖时间。例如，即使营养盐流入了湖泊，但湖水的交换速度过快（在湖泊中的滞留时间较短），在浮游植物尚未充分生长时营养盐就从湖泊中流出，则将导致浮游植物量减少，初级生产量降低。相反，湖水的交换速度过慢，湖水如果在浮游植物获得充分生长后仍然没有进行交换，则浮游植物将完全用尽水中的营养盐，导致生长减缓，即初级生产量降低。因此，当湖水的交换速度恰当时，浮游植物量将达到最大，初级生产量也将达到最高。浮游植物充分生长所需要的时间，因水温等因素而不同，不过在夏季大约需要 1 周时间，在冬季则需要 2 周左右的时间。

如表 3-1 所示，日本湖泊的湖水滞留时间（交换速度）有的长达 50 年之久，有的短至仅半个月左右。水库中的水滞留时间更短。例如，在日本的水库中，水滞留时间在 1 年以上的仅有几个，0.2～0.5 年的约有 10 个，其他的滞留时间更短。不过，此类数值终究是平均值。此外，诹访湖的湖水滞留时间依据表 3-1 为 1 个多月，但如果发生暴雨，则湖水中的大部分浮游植物会被流水冲走，此前因水华而变浑浊的湖水有可能会再次变清澈。

河水流入湖泊，并非等同于流入量的湖水流出，流出的是河水和湖水的混合水。因此在使用流出量除湖泊总水量获得的滞留时间内，湖水并非全部交换，而是湖内的湖水呈指数减少。表 3-1 就是基于这一思路即采用所谓的“滚动式”或者“机械式循序方式”进行计算获得的湖水滞留时间（交换速度）。湖水因雨水、地下水和流域河水的流入而被稀释，如果从这个角度考虑，采用“稀释方式”进行计算时，获得的湖水滞留时间则更长。例如，对于琵琶湖，采用“滚动式”计算时约需 5 年湖水即可完全交换，但采用“稀释方式”计算时琵琶湖水的 95% 需 19 年才能完成交换。因此，如表 3-2 所示，琵琶湖水即使经过 5 年平均滞留时间，仍然还有 39% 的水残留湖内，湖水一旦被污染则很难恢复。换句话说，这意味着越是不易污染的湖泊（湖水滞留时间较长的湖泊），其污染越难以被恢复。此外，湖水的滞留时间，根据湖水垂直循环的季节变化、湖盆形态、人类活动中的水资源利用情况等而发生变化。

表 3-1　日本湖泊的湖水滞留时间

湖泊	容积 / ($\times 10^6$ m^3)	平均水深 /m	滞留时间 /a
池田湖	1 300	120	53
屈斜路湖	2 200	28.4	12.0
洞爷湖	8 200	117.8	9.3
十和田湖	4 190	71.0	8.5
田泽湖	7 200	280.0	7.9
中禅寺湖	1 100	94.7	6.5
本栖湖	320	49.0	6.5
琵琶湖	27 500	41.2	4.85
阿寒湖	210	17.8	1.2
野尻湖	25.6	5.6	1.01
松原湖	128	12.0	0.87
沼泽湖	85	27.0	0.84
霞浦湖	800	4.0	0.70
大沼	32.8	6.4	0.60
湖山池	19	2.8	0.24
宍道湖	344	4.2	0.24
中海	533	5.5	0.16
网走湖	233	7.2	0.15
诹访湖	64	4.6	0.12
汤之湖	1.7	5.2	0.11
秋元湖	32.8	9.9	0.09
河北潟	14.7	1.8	0.057
印旛沼	19.7	1.5	0.044

[摘自环境厅（1980），有部分改动]

表 3-2　琵琶湖水的残留率

经过时间 /a	0	5	10	15	20
残留率 /%	100	39	15	5.9	2.3
残留量 / 亿 t	275	107	42	16	6

[摘自冈本 严 . 琵琶湖调查笔记 . 人文书院（1992）]

3.3 湖泊水面的变化

3.3.1 波浪

与海洋不同，因月球引力的影响导致的湖汐，除了如贝加尔湖那样面积广阔的湖泊，一般都较小可以忽略。风力对湖流及其扰乱等的影响，一般可以波及1/2 m的深度。吹送距离、吹送时间越长风浪越高。因此，在上风方向的湖岸附近虽然只是起涟漪，但在下风方向有可能变成危及小船的大波浪，这在琵琶湖等湖泊中经常发生。在诹访湖，春季和秋季西北风较强，夏季则是西南风较强。此外，上午风势较弱，下午风势较强（平均每秒2～3 m），一个月中有数日以每秒10 m以上的风势，吹起波长6～7 m的波浪，直至湖底附近的全部水层混合。

3.3.2 湖水的湖震

风力产生的影响中比波浪更大的是吹送效果。例如，在琵琶湖，1961年9月发生室户台风时，因为是来自南部的暴风，所以在琵琶湖南端，从1961年9月16日14时开始水位急剧下降70 cm，17时下降至80 cm，达到最低水位。此后，水位因湖面的振动而发生变化，19时达到最高水位，最低水位和最高水位之间的水位差达到135 cm。

一般来说，湖泊水面会因风力、气压的变化、暴雨、涨水等因素而发生振动（上下运动），并且发生后会持续很长时间。这种振动称为“湖震”。这个词语起源于莱芒湖（LacLeman）地区渔民的方言“Seiishu”（法语干燥的意思），本意是指湖岸的土壤每隔一定时间变干燥的现象，由湖沼学的创始人Forel首次使用。日语译成“静振”（湖震）。

调查湖泊表面的湖震（表面湖震）时，一般在湖泊的一端，使用自动水位计连续测量水位，然后描绘水位曲线，求取振幅和周期。在细长的湖泊，如图3-2所示，除了两端为波腹（振幅最大的位置）、波谷为波节的单节波湖震，还发生在中央再形成一个波腹的、具有两个波节的双节波。此外，在湖泊短轴方向的两岸之间等也会发生湖震。

波及琵琶湖全域的主轴方向的湖震的周期约为4 h，水位的振幅通常为数厘米；在霞浦湖，周期为140 min的振动较为显著，振幅约为1 cm，风力较强时可达到5 cm左右。湖震对于小型湖泊来说并非重要现象，但在大型湖泊，因水位变化大，有时可能会造成浸水等灾害，但也可以促进湖水的交换。

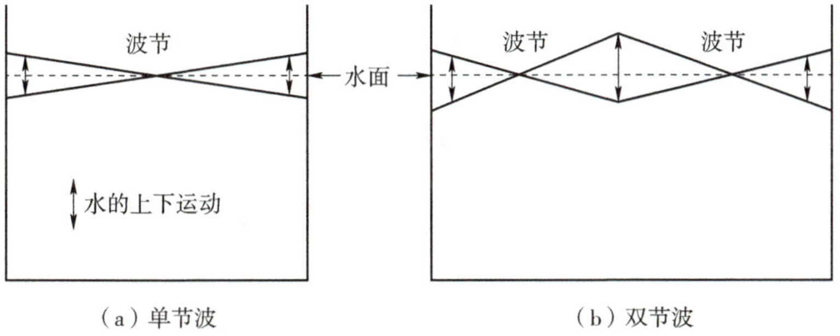

图 3-2　表面湖震的模式

3.3.3　内部湖震

湖面的湖震是因湖水的密度和与湖水接触的大气的密度之间存在较大差异而在水面产生的振动。湖水中密度不同的水层分界（温跃层、半咸水湖中的盐度跃层）间也会产生同样的驻波。可以按下述原理制成模型，即在玻璃容器中加入油和水，使用不同的颜色进行着色，在其分界面慢慢地产生较大的振动。如图 3-3 所示的琵琶湖案例，强风长时间吹过后，温跃层也发生倾斜，由此发生较长周期的振动。该振动与湖面的湖震相比，上层和下层之间的密度差较小，恢复能力也较弱，所以周期比较长，可从数小时到数日，振幅（深度变化）也可达数米到数十米。这就是如图 3-4 所示的内部湖震。

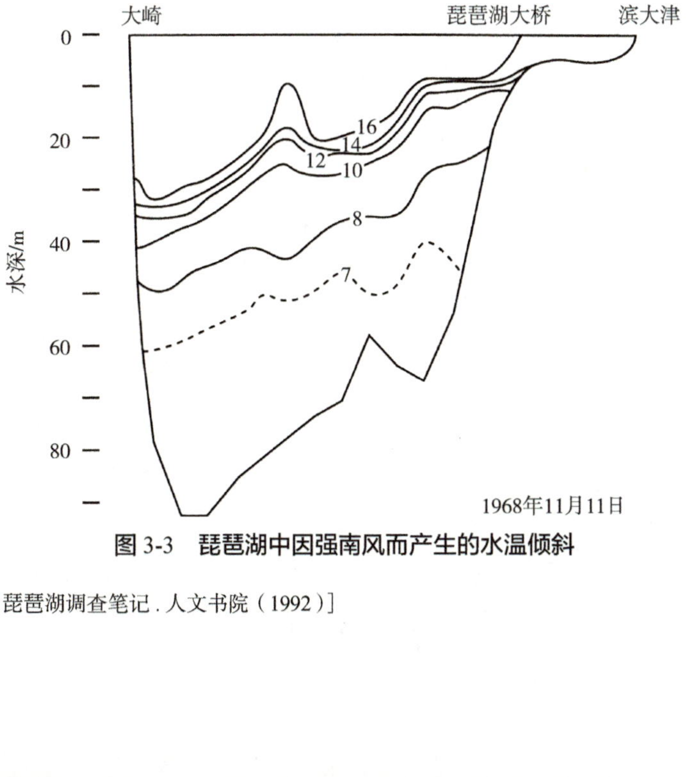

图 3-3　琵琶湖中因强南风而产生的水温倾斜

［摘自 冈本 严 . 琵琶湖调查笔记 . 人文书院（1992）］

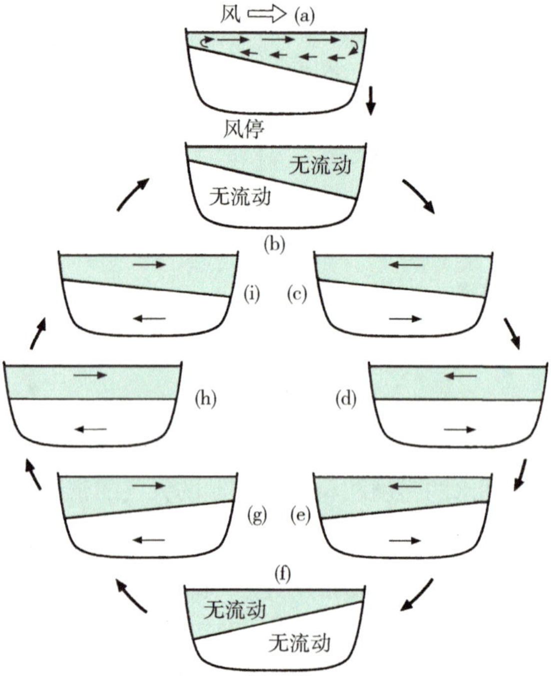

图 3-4 内部湖震的模式

根据温跃层深度的时间变化获得的内部湖震的观测案例如表 3-3 所示。在琵琶湖，伴随内部湖震，经常观测到每秒 10～20 cm 的流动。在中禅寺湖，一旦因风力发生内部湖震，则振动会持续数日。此时，在东西湖岸附近发生 5 m 的垂直往复流，在湖心部发生 500 m 的水平往复流，在温跃层附近水温以相同周期变化 5～6℃。

表 3-3 内部湖震的观测案例

湖泊	湖泊的长度 / km	湖泊的宽度 / km	湖泊的深度 / m	振动周期	振幅 /m	观测者
尼斯湖	38.6	1.5	230	14 d	18	Wedderburn（1907）
琵琶湖	68.0	22.6	104	约 43 h	约 10	冈本（1971）
中禅寺湖	7.0	3.7	163	14～16 h	约 5	村冈（1984）

内部湖震受科里奥利力（偏向力：地球自转的效果）的影响。例如，琵琶湖北湖的内部湖震受科里奥利力的影响，通过数值试验证实振动面向逆时针方向旋转。

在富营养湖，夏季深水层形成低氧或者无氧层时，会因暴风等发生内部湖震，或者表层水被吹送到一侧的湖岸，由此在相对侧，深层水上升，鱼类有时会因硫化氢或者溶存氧缺乏而闷死。在海洋，这称为黑潮或黑斑现象（译者注：在湖泊，有时也称湖泛）。

3.4 湖水的流动

3.4.1 发生湖水流动的原因以及湖水流动对物质分布产生的影响

湖水的流动是由风力、河水的流入和流出、水的密度差等因素引起的，在同一个场所，也不断地进行着水的交换。在与海洋有关的半咸水湖，还受潮汐的影响。

如果有风吹过，则表层水会发生流动，强烈的流动不仅发生在水平方向，在垂直方向也会发生。因为日照、辐射冷却、与大气之间的热交换，湖水通过湖面发生热量的吸收和释放，引起表层附近水温的变化，导致产生水团的密度差，从而引起垂直和水平方向的湖水流动。河水的流入和流出会导致强烈的湖水流动并影响到附近湖水的水平方向流动。

流入的河水的水温和化学成分与湖水不同，所以还会因密度差产生流动（密度流）。如图 3-5 所示，河水的水温比湖水的水温高时，流入表层水。河水的水温比湖水的表层水温低时，则流入其下层，而在成层停滞期，流入温跃层中相同温度的水层。流入水中含有大量的泥沙等物质时，则一边沉降泥沙一边沿着湖底流入底层。

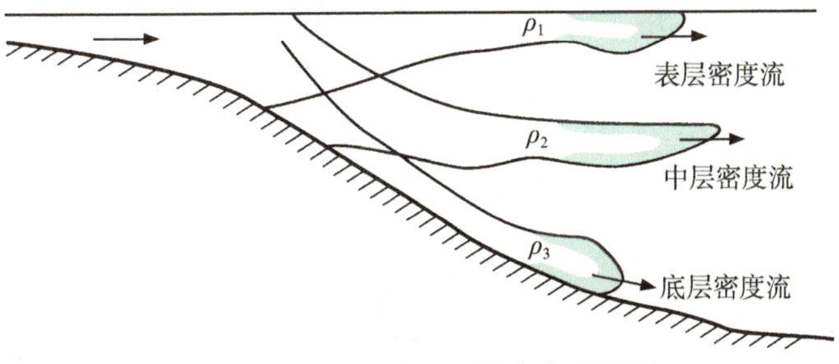

图 3-5 河流的流入水的密度流类型

［摘自村冈浩尔，国立公害研究所发表预备稿集 .SS OT-4、80（1981）］

在琵琶湖，湖水从南湖的南端通过濑田川流出，所以一般认为琵琶湖湖水从北湖流向南湖，然后再流向濑田川。可是，在琵琶湖南湖东岸的填埋施工中产生的大量浊水，扩展至整个南湖，并波及北湖，很快就扩展至整个北湖。这一现象表明，还存在着从南湖向北湖的流动，溶解性物质和悬浮物质与湖水一起被搬运到了远方。有关南湖和北湖的湖水交换，根据上述几种结果也获得了新的发现。

通过湖流不仅扩散物质，而且出现独特的朗缪尔环流（Langmuir circulation）时，相反还具有聚集物质的作用。例如，在琵琶湖，来自松林的散落花粉，通过风与潮流聚集于湖面，这种现象也与淡水赤潮的发生有关。

3.4.2 环流

在对湖流正式开始认真研究涉及的日本湖泊中，琵琶湖是首例。1925 年，神户海洋气象台实施了相关观测，发现了琵琶湖从北向南存在第一、第二、第三环流。这是使用传统的流速计进行测量，花费了大量人力和物力获得的结果。1960 年实施了漂流瓶试验，在北湖的北部再次确认存在逆时针流动的第一环流。同年，通过水温和电导率仪器的监测，确认存在第一、第三环流。其后，施放带反射板的浮标，使用雷达监测，确认存在着第一环流和顺时针流动的第二环流（图 3-6）。

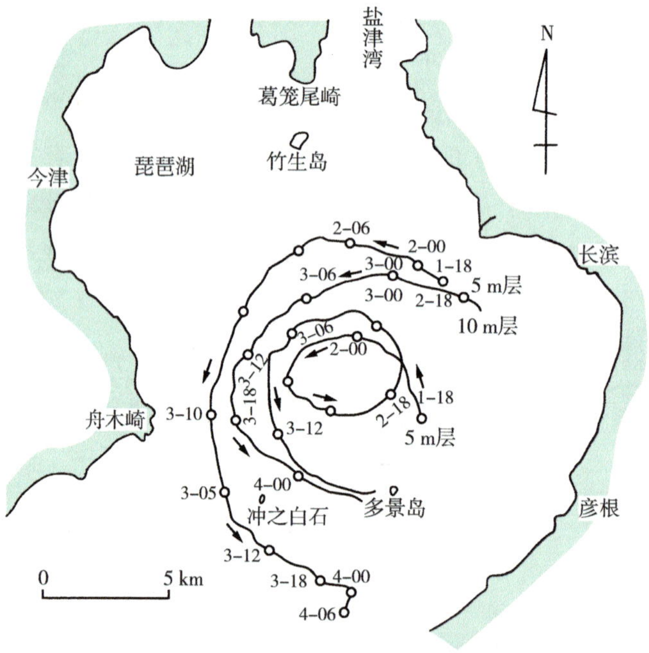

图 3-6　琵琶湖第一环流的观测案例

［摘自远藤修一等 . 滋贺大学教育学部纪要 . 37（1987）］
根据设置在多景岛的雷达，追踪到浮标的流动轨迹，数字表示日期和时间（从 1983 年 9 月 1 日至 4 日）。

20 世纪 80 年代 ADCP（利用多普勒效应的超声波流速仪）开始应用，将其安装在湖泊调查船上，可以随船只的移动精密地测量流速分布。

第 4 章　湖水中的光照条件

4.1　来自太阳的辐射能

太阳不断地向地球上辐射的电磁波（辐射能），为地球上的生物带来光和热，支撑着生物的生活。抵达地球表面的辐射线的波长范围如图 4-1 所示，在 300～2 600 nm，范围较广，从紫外线部到红外线部。其波长在 400～700 nm（因人而异，也有说在 360～830 nm）在这一范围，人类的眼睛能够感觉到明亮的可见光线，大约相当于全部辐射能的 1/2。波长比可见光线长的部分是红外线，而波长较短的部分是紫外线，这部分可以划分为紫外线 A（315～380 nm）、紫外线 B（280～315 nm）、紫外线 C（200～280 nm）等。由于全球性的臭氧空洞问题，大量对生物光合作用有利的紫外线能够抵达地表，其中紫外线 B 可能对植物光合作用等生命活动产生影响。

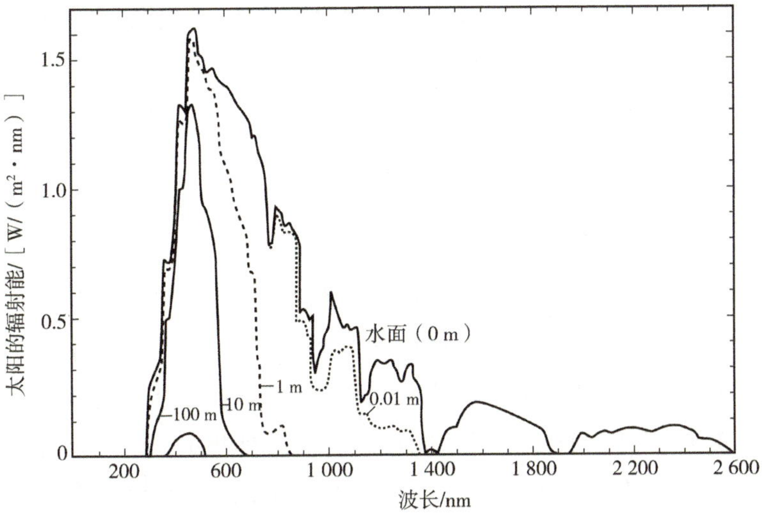

图 4-1　抵达地表的太阳辐射能的波长分布和透射纯水时随深度的变化

［摘自 Jerlov，N，G.，Marine Optics，Elsevier（1976）］

4.2 光的测定

4.2.1 辐射线总量的测定

测定光或辐射线时，根据目的不同而使用不同的单位。了解从太阳抵达地表的全部辐射能，这是探究湖泊的光和温度条件的重要基础。通常使用光照仪测定抵达地表的总辐射能，全年自动记录。每隔 1 小时记录累计值的装置也被广泛使用。

来自太阳的辐射能因季节而异，夏至较高，冬至较低。而辐射能抵达地表（湖面）的量受气候的影响明显。所以在日本约北纬 35° 的地区，5 月平均日照量最高，每日每平方厘米约 600 cal①。一般来说，春夏的晴朗之日在 500 cal/（cm^2・d）左右，冬季的月平均日照量约为春夏的一半［250～300 cal/（cm^2・d）］。植物光合作用可利用的光的波长范围为 400～700 nm，与上述介绍的可见光的波长范围基本相同。不过，在湖水中植物光合作用实际利用的光能不到 0.5%。

4.2.2 肉眼可感的明亮度的测定（照度）

照度的测量是以测定肉眼可见的明亮度为目的一种光的测定方法。照度的单位为 lx（勒克斯），是指 1 流明（lm）的光束均匀分布在 1 m^2 面积上时的表面照度（1 lx=1 lm/m^2）。

由于以前测定水中光强度的仪器种类较为单一，所以常用带硒光电池的照度计以勒克斯为单位进行测定，现在也时常被使用。如图 4-2 所示，该光电池具有类似于人眼的敏感特性，在 550 nm 附近敏感性最高，短或长于该波长敏感性都会降低。一般来说，浮游植物光合作用最强时的照度约为 2 万 lx，相当于比较明亮的阴天之日户外的明亮度。除北海道和东北地区外，日本夏季晴朗之日的白天，照度都超过 8 万 lx。

4.2.3 有利于光合作用的光的测定

近年来，测定植物光合作用中被利用的辐射量（光合有效辐射：PAR）的光量子仪被广泛使用。光量子仪可以测定光合作用中能够利用的波长范围内（400～700 nm）的总光量子数，测定与光合作用有关的水中照度最好使用该仪器（因为并不是明亮度，而是类似于能量，所以最理想的表达是水中光度），如图 4-2 所示，实际上测定勒克斯的照度仪和光量子仪在波长上的敏感性各不相同。但是，以光合作用测定为目的时，在可视光线的范围内，以水中光强度相对

① 1 cal=4.186 8 J。

于水面光强度的比例（%）进行计算时，无论使用哪种测定仪进行测定，都不会有较大的差异。此外，传感器分为水平的 Cosine 型和球形 Scalar 型。后者可以测定来自所有方向的光，可以获得 Cosine 型 1.2 倍左右的值。而在求取相对于表面水光量的不同水深的光量时，两者几乎没有差异。此外，表示被光合作用利用的辐射量时，除光量子［quantum/（m^2·s）］外，还可以使用爱因斯坦（E）［Einst/（m^2·s）］等单位表示。

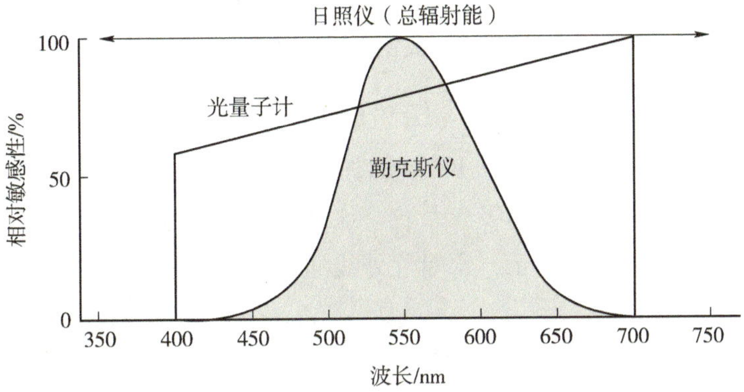

图 4-2　不同辐射照度仪的相对敏感性曲线

［摘自岸野元彰．湖岸环境调查手册Ⅱ．恒星社厚生阁（1990），有部分改动］

4.3　太阳光在湖水中的变化

4.3.1　在水面因反射损失的光

抵达水面的太阳光，包括直接来源于太阳的光（直接辐射），以及来自蓝天和云彩等的散射光（天空辐射）。直接辐射的一部分与太阳的高度有关，在水面发生反射而损失。在早晚阳光较弱时该损失量较大，白天则微乎其微。散射光被反射的部分因风浪状况而异。例如，海洋因水面的反射而导致光的全部损失量，所以，为了方便采用 15% 这一数值。

4.3.2　因深度导致的光的衰减

透射进水中的光，一部分被散射，一部分被吸收变成热量，整体上随着深度的增加而急速衰减。假定在充满纯净水的湖泊中，从表面进入水中的太阳光量设定为 100%，则抵达深度 120 m 的光量只有约 1%。

从太阳抵达地表的辐射线拥有较广范围的波长（图 4-1）。但当光在纯净水中仅通过 1 cm 时，波长超过 1 400 nm 的全部辐射能，以及波长在 1 000～1 400 nm 的辐射能的一半左右都被吸收。在深 1m 的纯净水层，包括几乎全部的红外线和大部分的长波辐射能的 53% 被吸收而转换成热量。也就是说，从太阳抵达湖面的辐射能中约有一半在湖面附近被吸收，使湖水升温。

透射进水中的光照的衰减方式，以指数曲线表示。在水面附近随着深度的增加急剧衰减，不过随湖水加深，光衰减变得缓慢。可从图 4-3 中了解到纯净水中不同波长（颜色）的光，随着深度的增加是如何衰减的。其衰减的程度由下述朗伯 - 比尔（Lambert-Beer）定律的公式中的吸光系数（也称为消光系数）决定。

$$I_z = I_0 e^{-\alpha z}$$

这里，I_0 和 I_z 为表面水（1～10 cm 的深度）和深度为 z 米处的辐射能量，e 为自然对数的底数，α 为湖水的吸光系数。这个关系式就透射进水中的光照的各波长而言均成立。如图 4-3 所示，水对红外线的吸收能力最强，按红、橙、黄、绿

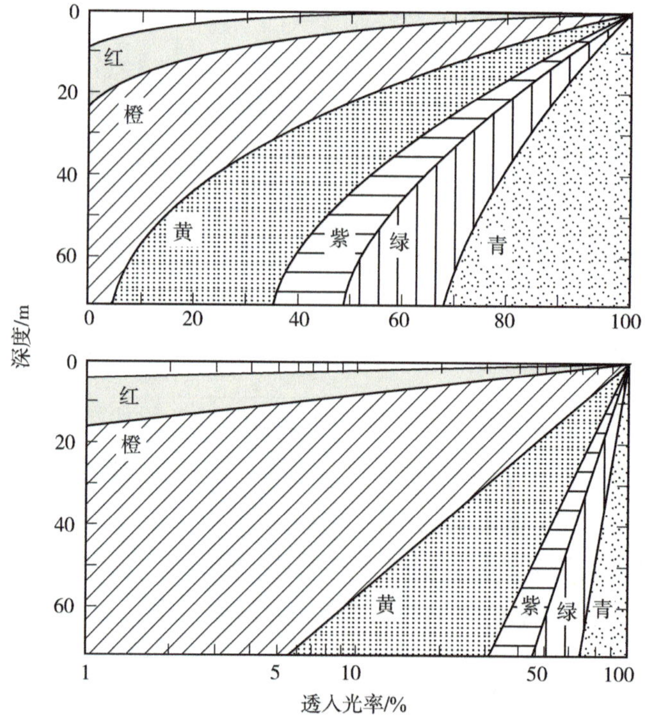

图 4-3　透过纯净水中的太阳光，不同波长的光因深度的增加所产生衰减的差异

注：上图使用普通数值表示透入光的强度，下图使用对数表示透入光的强度。图中使用红、橙、黄、绿、青、紫表示的波长大致是红（640～700 nm）、橙（590～640 nm）、黄（550～590 nm）、绿（490～550 nm）、青（430～490 nm）、紫（380～430 nm）。

［摘自 wetzel，R，G.，Limnology（2nd ed.），Saunders College Publ（1983），有部分改动］

的顺序减少，蓝光最容易透过。纯净水就如具有选择性的玻璃过滤器只能透过波长为 480 nm 的光（蓝光）。对波长比蓝光更短的紫光、紫外线，水的吸收度逐渐增加，紫外线不同于红外线，能轻松透过。此外，实验时需要注意的是，普通玻璃瓶吸收紫外线，但石英玻璃却很容易透过紫外线。

前面所述的吸光系数（α）受 3 个因素影响：水自身的吸收、水中悬浮物质的吸收，还有溶解性物质和水色的吸收。透明度在 30 m 以上的湖泊和海洋中不同波长的光的透射，与在纯净水中的趋势基本一致。

近年来，出现了能够在短时间内按波长测定水中光量的装置。其测定结果可以很好地体现不同湖泊的特性。例如，在世界水深排名第六的北美火山口湖（最大水深 610 m），蓝光（430～490 nm 中的 480 nm 附近）最容易透过。如图 4-4 所示的木崎湖中，绿色、黄色光（490～590 nm 中的 565 nm 附近）最容易透过。在诹访湖中，黄色（550～590 nm 中的 585 nm 附近）最容易透过。

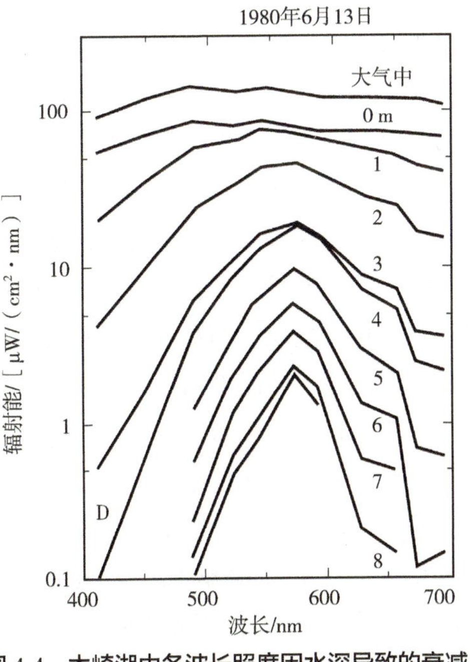

图 4-4 木崎湖中各波长照度因水深导致的衰减

［摘自 Kishino，M.et al.，Limnology and Oceanography，29（1984）］

关于湖水中光的衰减，究竟有哪些影响因素？其影响程度有多大？虽然湖泊的特性因季节不同而异，但对于对光的衰减的影响而言，水分子整体占 10%、溶解有机物占 20%、浮游植物占 30%、悬浮物占 40%。而在洪水时或者小型湖泊中，来源于陆地的外源性有机悬浮物的影响较大。浮游植物的量异常增多时，由此产生的吸收比例会增加。另外，如湿地的池塘中，因腐殖质而呈褐色的水中，溶解有机物吸收的比例变大。一般来说，随着湖水浑浊度的增加，光抵达深水层的透过量减少，同时，透入光的波长逐渐转变为较长波长（红）。

此外，湖泊中光强度的变化和浮游植物进行的光合生产之间的关系，是探讨湖泊生态系统非常重要且基本的问题。这将在第 9 章进行论述。

4.4 透明度的测定及其重要性

在获取湖水浑浊程度、光照条件等信息的研究中，透明度这个概念一直被人们广泛使用。

传统的透明度测定方法简单、易行，无须现代精密仪器参与，所以在较长的时间尺度上也具有可比性。最能够简单明了地表征湖泊因人为富营养化导致的水质污染状况的指标，就是透明度的下降程度。透明度的大小和水中悬浮物的量成反比关系。降雨时，透明度虽然也受从流域供给的悬浮物的影响，但一般来说与浮游植物的量有着更为密切的关系。因此，根据透明度的测定值，可以推测湖泊中浮游植物的多寡，以及湖泊属于贫营养湖还是富营养湖。透明度根据季节而变化，不过夏季透明度在 10 m 以上的湖泊应该是贫营养湖，如果在 2 m 以下则应该是富营养湖。尤其是在同一个湖泊进行持续观测，则透明度的变化和浮游植物的增减之间的关系非常明了。在此需注意的是，因为透明度与水中照度的衰减有着密切的关系，所以透明度的值，反映了湖水中溶解有机物、浮游植物和悬浮物量的大小。因此，根据透明度的值，可以推测浮游植物大致的增减情况。但是，即使在同一湖泊的沿岸区和敞水区这样性状不同的水域间，或者不同的湖泊间（尤其是湿地湖泊和浊水湖泊等之间），也不能根据透明度的大小比较浮游植物的量。

根据透明度的值，可以推测 1 天的光合量和呼吸量相等的深度（补偿深度）。将湖泊水面正下方的相对照度设定为 100% 时，在透明度深度以下的水其相对照度将降低至 12%～20%（平均 15%）。由于光强度在水中呈指数曲线式下降，所以在透明度 2～2.5 倍的深度，约相当于相对照度的 1%，该处的照度接近补偿深度的照度。假定透明度为 5 m，则可以推测补偿深度为 10～12 m。

4.5 湖水的色

由于受反射到水面的天空颜色和对岸山峦及森林颜色的影响较大，调查湖泊时所观察到的湖水颜色，许多时候不仅是水的颜色。晴朗之日湖水看上去呈蓝色，阴天呈灰色，正是这个原因。真正的湖水颜色（水色），是从正上方朝下观察湖面时的颜色，从船边和湖岸陡崖向下观察时的颜色与之相近。

水色的测定，从蓝色到黄色的水色，一般使用福莱尔（Forel）水色标准液和乌勒（Ule）水色标准液。

如 4.3.2 中所述，清澈的湖水有选择性地吸收光，浅蓝色光最容易透过，该颜色的光因水分子而发生散射，返回水面而使湖水看上去呈蓝色。如摩周湖那样透明度较高的湖水呈现深蓝色，正是这个原因。海洋的“黑潮”一词就源于这种深蓝色。在海洋学方面，有“蓝色是海洋的沙漠”这种说法。这是指蓝色的海洋浮游生物较少，生物生产量也较低。湖泊也同样如此。

此外，光在水中因浮游生物和黏土等悬浮物发生散射，悬浮粒子的粒径越大，水对光的选择性吸收作用越会减弱甚至丧失。随着悬浮粒子量的增加，光在水深较浅的地方发生散射，返回湖面的光增加，包含许多长波长的光。由此，富营养湖的湖水颜色呈现绿色、黄色或褐色等。

另外，湖水中的溶解有机物有选择性地吸收可视光中的短波长部分。含有大量腐殖质的湿地池沼和热带的湖泊呈现褐色（咖啡色），正是这个原因，尾濑原的池塘也是因腐殖质而呈现褐色。

虽说与湖水的颜色不同，不过浮游植物在水面附近显著增殖会引发水华，而改变湖水的颜色。蓝藻的微囊藻和鱼腥藻大量繁殖引起的水华现象就是典型的事例，使水面宛若覆盖着一层绿色的绒毯。在水库发生的甲藻门中多甲藻（*Peridinium*）的大量增殖，以及在琵琶湖发生的黄绿鞭毛藻中辐尾藻（*Uroglena*）的大量增殖，被称为淡水赤潮，水面呈深褐色（酱油色）。

第 5 章 水温

来自太阳的日照量具有地域性和季节性变化特征。这种变化会带来湖泊光照条件和水温的改变，对湖泊中的生物和物质循环将产生巨大的影响。这种影响大致可以划分为两种方式：其一，水温对生物活动的直接影响。伴随温度的升高，生物的活性增强，一般以 Q_{10}=2 这种形式表示，也就是说如果温度上升 10℃（极端低温或者极端高温时另论），则生物活性大致增强 2 倍。例如，浮游植物对营养物质的吸收速度，就是以 $Q_{10}\approx 2$ 的形式与温度联系起来。其二，因水温的季节变化导致湖水的停滞（分层）和垂直循环（混合）而产生的影响。

5.1 与水温有关的水的特性

湖水自身与水温相关的几种物理特性具有重要的意义。首先，在各种物质中水的比热容特别大，使 1 g 的水上升 1℃所需要的热量，在 1 个标准大气压①的条件下为 1 cal。这约是同样加温陆地上岩石时所需热量的 5 倍。水冷却时也需要释放等量的热量，水是一种不易加温也不易冷却的物质。

此外，在 1 个标准大气压的条件下，1 g 水凝固时需要释放 80 cal 的热量，1 g 冰融化时也需要等量的热量。而 1 g 水蒸发时，在 25℃条件下需要消耗 583 cal 的热量，在 100℃条件下需要消耗 540 cal 的热量。由于这种蒸发要消耗巨大的热量，在日本从春季到夏季，日照量的 1/4 左右都因此而损失。

水在 1 个标准大气压的条件下并在 4℃（严格讲在 3.98℃）时，其密度最大。水温比该温度高或者低时，密度都会变小。如果凝固，则密度会更小，因此固体冰块会漂浮于液态水上。这是水非常特别的性质。几乎所有的物质，如果温度下降则密度逐渐增大，如果变成固体则密度更大。

关于水的密度变化，还有一点必须注意的是，水温相差 1 ℃时密度的变化，在最大密度（4℃）附近时最小，从该温度开始，随着温度的升高密度变化加大。

① 1 标准大气压 =1 × 10^5 Pa。

如表 5-1 所示，在水温垂直变化较大的温带湖泊水温成层不会成为问题，而在热带湖泊的表层水与深层水的水温差仅有 2～3℃，却能够保持稳定的分层正是这个原因。

表 5-1　水温的变化和水密度的变化

水温的变化 /℃	密度的变化量 / (g/cm^3)
4～5	-0.000 01
10～11	-0.000 09
20～21	-0.000 21
30～31	-0.000 31

5.2　表面水温的变化和对气温的影响

湖泊的表面水温与该地区的气温有关。与气温相比，一年中水温的最大值和最小值差（年较差）要小得多。例如，琵琶湖的月平均气温的年较差为 25℃左右，而水温的年较差在 20℃左右。在日本中部的湖泊，与气温的年较差相比，水温的年较差要小 2～6℃。在同一个地区，与深水湖相比，浅水湖水温的年较差较大。表面水温的季节变化，春季的变化比气温小，从秋季到冬季比气温大。正因如此，大型湖泊可以缓和沿岸的气温变化。例如，在贝加尔湖，湖上的气温与周围的陆地相比，夏季低 6～8℃，从晚秋到初冬高出 10～15℃。

5.3　水温的垂直分布和季节变化

来自太阳的辐射线中，较长波长的部分在湖泊表层大量被吸收，使湖水的水温上升。虽然与水面接触的大气或者湖底，也会向湖水传导热量加温湖水，但是其量与太阳向水中辐射的热量相比微乎其微。另外，从湖水损耗的热量主要通过红外辐射、水面的蒸发、向大气的热传导而发生。河流水或者地下水向湖泊的流入和流出，也常常是湖泊热收支的重要因素。

具有一定深度的湖泊的水温垂直分布如图 5-1 所示，春季和秋季从表层到湖底的水温均一，而在夏季，水温在表层附近较高，深水层无法加温所以水温较低。此时，形成所谓的水温分层（正列分层）。冬季湖面如果结冰，则形成表面附近的水为 0℃，深层水为 4℃的水温分层（逆列分层、逆分层）。这种类型的湖沼称为温带湖（二次循环湖）。

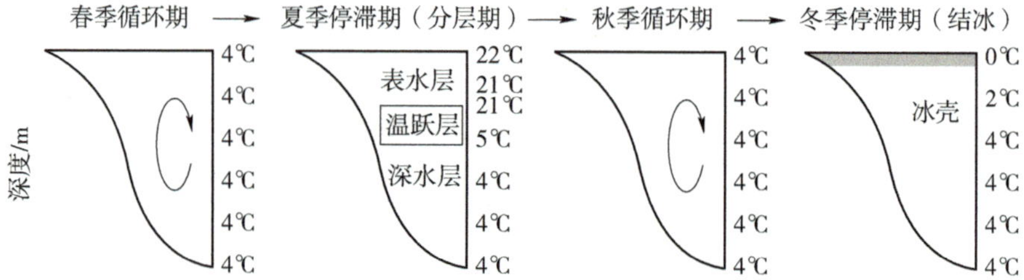

图 5-1　温带湖泊中水温垂直分布的季节变化

［摘自 Welch，P.S.，Limnology，McGraw Hill（1952），有部分改动］

5.3.1　水温分层的形成

进入春季后，太阳光一天比一天强烈。在温带的湖泊，冬季覆盖湖面的冰层融化，从表面到湖底的湖水，利用风进行混合。此时水温约 4℃。这称为春季循环期。

接着，湖水从表面开始逐渐被加温，但被加温的水因为密度较小，所以停留在表面附近。可是，表面水因为风而被搅拌，而到了夜间，表面水又被冷却，密度增加而向下沉降，与相同密度的水层进行混合。如此（图 5-2）形成至某一水深的水温均一水层，即所谓的表水层。此外，该表水层的水称为表层水。

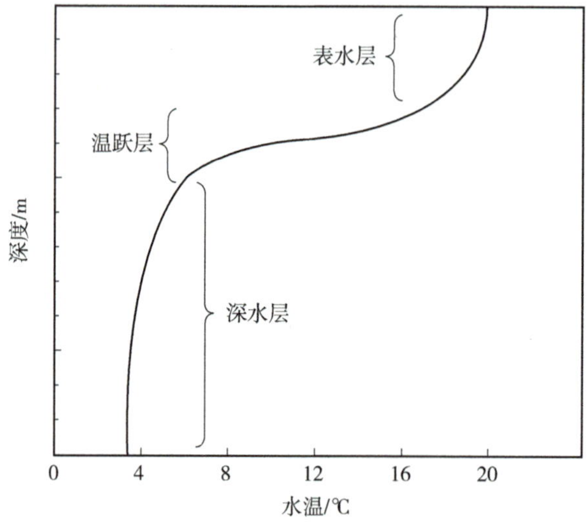

图 5-2　温带湖中夏季水温的垂直分布

另外，在湖泊深层，水温与冬季几乎一样低，水处于停滞状态，这就是深水层（该层水称为深层水）。在如前所述的表水层与深水层之间，形成水温急剧下降的温跃层（变温层：该层的水称为变温层水或者跃层水）。此季节，湖水上下密度差较大，加之风力的影响无法抵达，所以形成比较稳定的水层。这就是夏季停滞期（成层期）。表水层和深水层形成不同的水团，不能发生水的垂直混合。此外，并不是水温有垂直变化的所有水层都是温跃层。水层每 1 m 水温变化大致在 1℃以上的水层才是温跃层。

在温带的湖泊中，夏季停滞期的温跃层中的水温降低，深度每增加 1 m 温度降低 3℃左右，有时甚至达到 10℃。一般来说，越是风势强烈的大型湖泊，表水层越厚。相反，在不易受到风力影响的小型湖泊，表水层的深度较浅。

夏季深水层的水温，接近冬季不结冰的深湖在冬季时的表面水温。例如，琵琶湖夏季深水层的水温为 7～8℃，该温度范围与冬季循环期的水温基本相同。冬季结冰的深湖的深层水水温接近 4℃。但是，水能显现出最大密度的温度为 4℃，在 1 个标准大气压的条件下，深度每增加 100 m（约 10 个标准大气压），最大密度的水温约按 0.1℃逐渐降低。可是，在实际的湖泊中，因为垂直混合等现象的存在，所以受上述因素的影响较小。例如，田泽湖 8 月在 420 m 深度处，测量到了 3.71℃的水温。

5.3.2　水温成层的消失

温带湖的表面水温随着气温的下降开始逐渐降低。秋天的冷却开始后，被冷却的表面水的密度变大后下沉，逐渐抵达深层，通过对流进行混合。这期间表水层逐渐变厚，温跃层被向下挤压。最后，对流抵达湖底，全层的水进行混合而逐渐趋于等温状态。这就是秋季的循环期，湖泊的水质从表面到湖底也基本一样。进入秋季循环期的时间，日本本州中部的湖泊大致在 11 月或者 12 月，琵琶湖则从 12 月到翌年 1 月。

对于冬季湖面结冰的温带湖，随着气温的下降，湖水逐渐冷却，水温下降到 4℃以下后，在严寒并且几乎无风的夜间，湖面将结冰。湖面一旦结冰，湖面附近的水接近 0℃，水温随着深度的增加而上升，湖底附近约达到 4℃。如此上层低而下层高的水温垂直分布（此时的水温分布称为逆分层），一直维持到初春湖面冰块融化时。将这个时期称为冬季成层期（冬季停滞期）。

到了春天冰块融化后，表层水被加温，密度增加，加之风的影响，直至深层水进行混合，全部水层变成等温状态（春季循环期）。

由于气温不太低或者湖泊较深、其容积较大，所以冷却需要花费时间的湖泊（例如，北海道的支笏湖和洞爷湖），湖面不会结冰，在温带湖“秋季循环期”的状态一直保持到春天。该循环期为了与夏季停滞期进行比对，有时也称为冬季循环期。这种不结冰湖泊的水温季节变化的情况，使其被归类到亚热带湖（温暖一次循环湖）。琵琶湖也是亚热带湖。琵琶湖水温的垂直变化和季节变化的观测结果如图 5-3 所示。

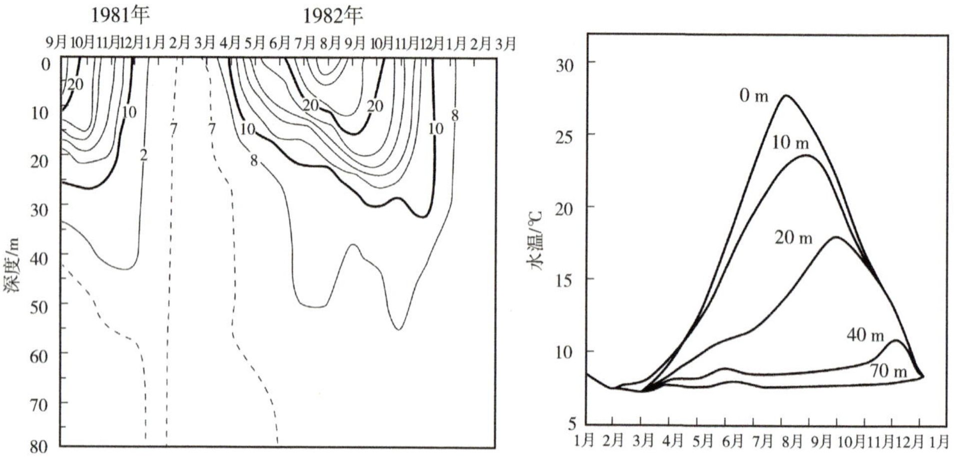

图 5-3　通过等温线表示的琵琶湖水温垂直分布的季节变化（左图），以及各深度水温的季节变化（右图）

［摘自冈本 严，琵琶湖调查笔记，人文书院（1992）］注意深层水温在一年中几乎没有变化。

5.3.3　利用水温季节变化对湖泊的分类

如上所述，表面水温在 4℃以下的湖泊，如图 5-1 所示，湖水在夏季和冬季进行二次成层，在春季和秋季进行二次全层循环。另外，水温在 4℃以上的琵琶湖等，在夏季分层，从秋天到次年春天进行循环，所以成层期和循环期只有 1 次。

湖沼学的创始人 Forel，将全年水温在 4℃以上的湖泊称为热带湖；将表面水温最大在 4℃以上、最低在 4℃以下的湖泊称为温带湖；将全年水温在 4℃以下的湖泊称为寒带湖。其后，吉村先生进一步将热带湖划分为表面水温全年在 20℃以上的热带湖和表面水温全年在 4℃以上的亚热带湖。此类分类的名称与实际的地理分布并不相符。

根据世界各国湖泊的水温数据，并基于循环型，进行了如图 5-4 所示的湖泊分类。这种分类充分考虑了湖泊的纬度和海拔高度。其中，高纬度的无循环湖（极地湖）是指全年被冰面覆盖的湖泊；寒冷一次循环湖是指仅在夏季短时间内冰面融化但水温在 4℃以上的湖泊。这两种湖泊相当于 Forel 说的寒带湖，仅分布于北极和南极地区、冰川和永久性冻土地区、高山等特别地带。因为一般冰面融化后，水温会马上升高到 4℃以上，所以温带地区的二次循环湖相当于温带湖；温暖一次循环湖相当于亚热带湖。

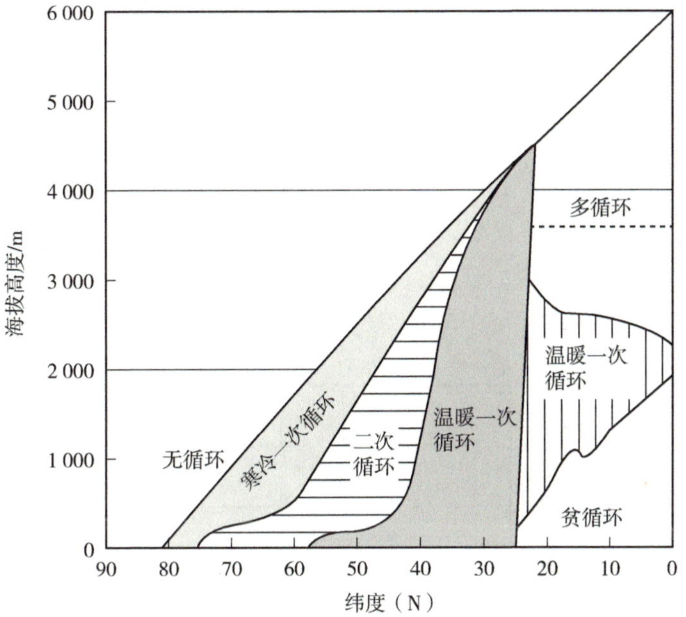

图 5-4 基于湖泊纬度和海拔而分类的湖水循环类型

[Wetzel，R，G.，Limnology（3rd ed.），Academic Press（2001）修订 Hutchinson，G.E.and Loffler，H.，Proc.Nat，Acad.Sci.USA，42（1956）后的内容，有部分改动]

被称作多循环湖的热带湖是指在高原地区，因为夜间的强烈冷却而频繁进行循环的湖泊。南美洲的喀喀湖（Lake Titicaca）等归入此类。另外，以非洲的坦噶尼喀湖（Lake Tanganyika）和马拉维湖（Lake Malawi）为代表的热带深湖，往往全年都不会发生抵达深层的循环，所以称为贫循环湖，是属于部分循环湖的一种。此外，热带的一次循环湖也广为人知，大多在旱季的低温期间进行循环。热带湖的特点为即使是在成层期，表水层和深水层的水温差多在 2～3℃以下。不过，如前面所述，水温较高时，水温只要有 1℃的差异，密度就会发生巨大变化，所以湖水能够维持稳定的成层。

如日本的霞浦湖和诹访湖，有一定程度的面积，并且容易受风力影响的浅湖，夏季如果弱风之日持续则水温开始分层，强风之日全层进行混合。这种变化每隔数日或者 1～2 周反复进行。此外，在 1 天中，白天从水面开始加温，但夜间从水面开始冷却，所以抵达某个深度的湖水会发生垂直混合。在诹访湖，从 8 月到 9 月，在 0.5 m 和 4 m 的水深处每隔 1 小时记录水温，结果发现夜间有明显的冷却。

如图 5-5 所示，在 4℃附近时水密度的变化相对于水温变化并不大，但随着水温的升高，密度的变化逐渐加剧。在温带湖的夏季停滞期（正列分层期），水温的垂直变化导致的密度变化较大。正因如此，水温成层不易被风破坏。另外，冬季停滞期（逆列分层期）的湖面不结冰时，因水温的垂直变化导致的密度变化较小，所以湖水很容易因风力而发生垂直循环。这种稳定的夏季水温成层在亚热带湖也观测到同样的结果。在热带湖，湖水全层的水温常常较高，尽管热带湖的表层水和深层水的水温差较小，但却能够维持温跃层的稳定，这是因为随着水温升高，水的密度变化较大。例如，水温 4～5℃之间的密度变化，与 30～31℃之间的密度相比其变化相差 30 多倍（表 5-1）。

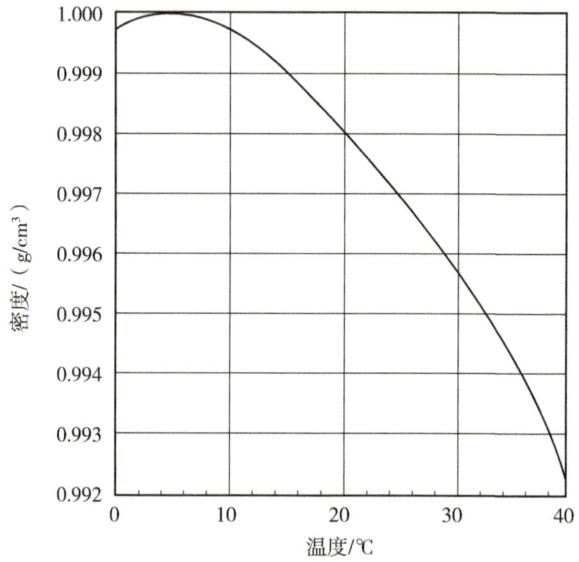

图 5-5　纯水的温度和密度的关系

5.3.4　即使冬季也无法到达湖底的循环

即使是水温高于 4℃的湖泊中，在水深较深的湖泊或者不易受风影响的湖泊，有的年份即使到了冬季，湖水的循环也无法到达湖底。某年冬天异常严寒湖水冷却显著，在深水层形成的低温高密度水层。如果在来年冬季并非那么寒冷，则到了秋天，在表面被冷却沉降的水的水温，比此时的深水层的水温高，所以垂直循环不能抵达湖底。正因如此，深层的水没有发生循环，直至下一个冬季继续停滞。例如，在鹿儿岛县的池田湖，深水层停滞有寒冷冬天的水，到达湖底的循环的频率并不高。

5.3.5 水库的水温

人造水库有下述特点：①建有堰堤（水坝）；②进行人工取水；③进行水位调节等。即使是天然湖泊，如果设置了取水口，进行取水时，水文方面也以水库为准。

天然湖和水库的水温差异如图 5-6 所示，与取水和水位调节的方法以及相对于总水量的流入和流出水量的占比有着紧密的关系。取水时，取水量和取水口的深度对水库的水温将产生很大的影响。如果深层的水被取用，则其后中层和上层的水会沉降下来。如果表层的水被取用，则中层以下的水会停滞。此外，水库的水温受蓄水时期影响。例如，东北地区的水库，许多时候蓄积的是冰雪融化水，于是贮存了冷水。

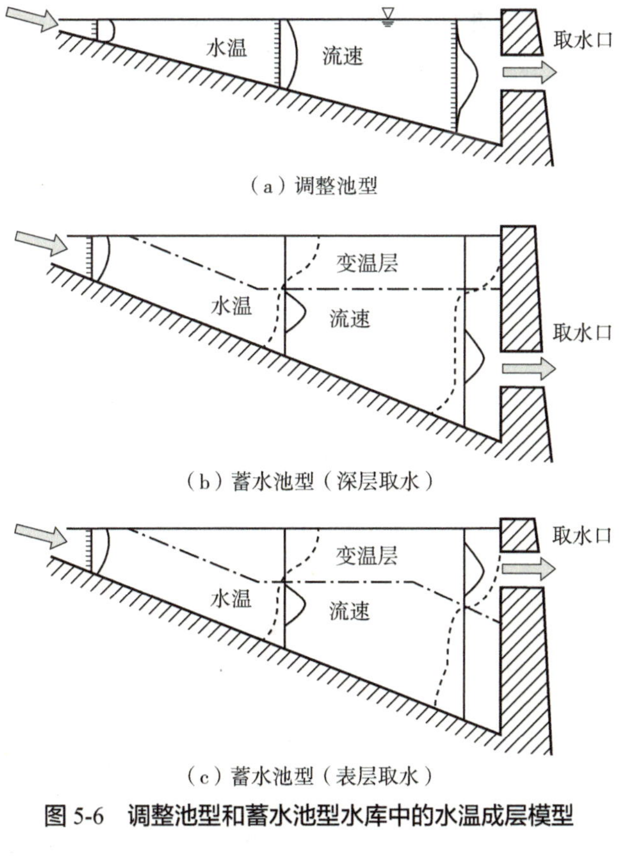

图 5-6 调整池型和蓄水池型水库中的水温成层模型

［摘自新井正．日本的水——及其风土的科学．三省堂（1980）］

与蓄水量相比，过水量较少的水库的水温分布与变化，接近天湖然泊的特点。可是，过水量较大时，水库将表现出特有的水温分布特点。另外，如果过水量显著增多，则水库的水温类似于河流的水温变化。例如，天龙川水系的秋叶调整池，起着将来自于佐久间水库（静冈县、爱知县）的排放水进行平均化的作用，与其容积相比，过水量较大。正因如此，水的上下混合激烈，即使是夏季也几乎不会产生水温的垂直变化。

与此相对，如只见川水系的田子仓水库（福岛县），蓄水量特别大，而流出水量较小时，会与天然湖泊一样形成温跃层。比表层水温低的流入水，由于其比重较大，所以变成密度流，流入到水温与其相等的水层，并在该水层的上下形成变温层。此外，洪水时浊水变成密度流，流入到水库的深层，而流出量较少时，该浊水有时会长期存在。在水库建造之前，虽然在数日内河流的浊水便会消去，然而对下游的自来水和渔业有可能会产生长期影响。

位于取水口之下的水团，在夏季成层期，不会与上层的水发生混合而处于停滞状态。正因如此，如果取水口附近的水被排出，则上层的水团会不断移动而来，该位置的温跃层的水温垂直变化逐渐变得显著。因流入水或者取水的影响，会形成多层温跃层，这是水库型水温分布的特点。不过这样的水温分层从秋季到冬季也会因循环而消失。

第 6 章　湖水的主要化学成分

6.1　淡水湖、盐湖和半咸水湖

海水中约含有 35 g/L 的盐分（无机盐类的量）。对于湖泊而言，盐分少于 0.5 g/L 的湖泊被称为淡水湖，盐分大于等于 0.5 g/L 的湖泊被称为盐湖。

内陆湖泊的盐湖，有时进一步将湖水中的盐分划分为 0.5～3 g/L、3～20 g/L、20～50 g/L、50 g/L 以上 4 类，都被称为盐湖。死海（230 g/L）和南极唐璜池（DonJuanPond）（390 g/L）的盐分比海水要高出许多。日本虽然没有如大陆干燥地区那样的盐湖，但火山地带的湖泊中，也有相当于盐湖的盐分的湖泊。例如，强酸性湖泊草津白根的汤釜，就是含有 10.3 g/L 盐分（1949 年的观测值）的盐湖。

另外，虽然因有海水流入湖水的盐分较高，但却不归类到盐湖中，被称为半咸水湖的湖泊。半咸水湖根据沙洲形态，有时划分为封闭型半咸水湖、限制型半咸水湖、漏出型半咸水湖等。虽然同属半咸水湖，但大都是所含盐分与海水相似的限制型或者漏出型半咸水湖，例如北海道的佐吕间湖、厚岸湖、静冈县的滨名湖等。此类半咸水湖，也有研究者不将其视作内陆湖泊，而是作为海洋的内湾或者海湾内侧部。流入海水量较少的低盐分半咸水湖，如青森县的小河原湖、十三湖、岛根县的宍道湖等封闭型或者限制型半咸水湖等。

6.2　化学物质的存在状态

天然湖水中含有的化学物质，很难按尺寸大小进行划分。因此，并非按化学领域中那样，划分为真正的溶液（通过半透膜，大约在 1 nm 以下）、胶体颗粒（1～0.1 μm）、粒子（大致 0.1 μm 以上）等，而是大致划分为溶解物质（溶解状态）和浮游粒子（悬浮状态）。两者的关系是不连续的，不能截然划分。一般来说，为了方便，使用孔径 1 μm 左右的滤纸进行过滤，将通过的物质视作溶解态，在滤纸上残留的物质称为悬浮态。因此，细菌等尺寸大小大致在 1 μm 以下的微生物，也作为溶解态对待。

淡水的主要构成成分有 Na^+、K^+、Mg^{2+}、Ca^{2+}、Cl^-、SO_4^{2-}、HCO_3^-、SiO_2 8 种（主要 8 种成分），除硅酸的一部分外，全都以离子状态溶解于水中。淡水的主要 8 种成分中除碳酸氢离子和硅酸外，湖泊、河流水中的主要 6 种离子成分与海水的主要 6 种离子成分为相同的构成。淡水中，来源于大气中二氧化碳气体的碳酸氢根离子成分赋存量较多的原因是，通过碳酸氢根离子保持阳离子成分总量（当量）和阴离子成分总量（当量）之间的平衡。

6.3 日本的降雨和河水

以雨和雪的形式降落，即所谓降雨的化学成分，在考察湖水的水质时显得非常重要。近年来，因为酸雨的问题，在这个领域的调查研究快速发展。表 6-1 表示的是 1986—1988 年由日本环境厅实施的降雨调查而获得的化学成分的平均浓度。这些数据，因为调查时采用开放式降雨采样器进行采样，所以还包含降雨以外的沉降物的影响。研究报告表明降雨的 pH 平均值为 4.7，由于与大气处于平衡状态的蒸馏水的 pH 约为 5.6，表明降雨明显受酸性物质的影响。从氯化物离子的量中减去来源于海盐（风送盐）的硫酸根离子的量后，硫酸根离子的量为 2.14 mg/L（0.17 mg/L）。尤其引人注目的是硝酸根离子为 0.96 mg/L［0.22 mg/(N・L)］、铵离子为 0.39 mg/L（0.30 mg/L），作为营养盐的氮量明显较高。这对于湖泊（人为性）富营养化问题也是一个不可忽略的量。

表 6-1　日本 29 个地点降雨成分的平均浓度（1986 年 4 月—1988 年 3 月）

单位：mg/L

	pH	NH_4^+	Ca^{2+}	K^+	Mg^{2+}	Na^+	NO_3^-	SO_4^{2-}	Cl^-
平均值	4.7	0.39	0.52	0.18	0.26	1.97	0.96	2.64	3.82
最大 / 最小值	5.0*	8.0	13.0	29.0	15.0	14.0	7.0	4.1	166.0

注：* 表示氢离子浓度之比。

［摘自原弘，季刊化学总说（陆地水的化学），No.14（1992）］

如表 6-2 所示，在河流水中，除了硅酸外的 7 种成分，阳离子成分和阴离子成分之间大致保持平衡。而在陆地，对于上述所说的降雨和地下水（温泉水）等，还需考虑硝酸根离子和氟化物离子等赋存量的作用。此外，如果对日本和世界河水中的主要化学成分浓度进行比较可知，日本河流水的特点是钙离子较少，硅酸较多。

表 6-2　日本和世界河流水中主要化学成分的平均值

单位：mg/L、me/L

	Ca^{2+}	Mg^{2+}	Na^{+}	K^{+}	4 阳离子	HCO_3^-	SO_4^{2-}	Cl^-	3 阴离子	SiO_2
日本平均	8.8	1.9	6.7	1.2	18.6	31.0	10.6	5.8	47.4	19.0
（毫当量）	0.44	0.16	0.26	0.03	0.89	0.51	0.22	0.16	0.89	—
世界平均	20.4	3.4	5.8	2.1	31.7	71.5	12.1	5.7	89.3	11.7
（毫当量）	1.02	0.28	0.25	0.05	1.60	1.17	0.25	0.16	1.58	—

[摘自 小林 纯、农学研究、48（1958），有部分改动]

6.4　主要无机成分

6.4.1　钠离子、钾离子

湖水中的钠离子与氯化物离子主要来源于海水和因人类活动导致的水污染。来源于海水的钠离子以风送盐和降雨的形式被搬运而来。钾离子对于陆地上植物的生产来说，是一种与氮和磷一样容易缺乏的成分。不过，虽然湖水中含有的量比较少，但不会像氮和磷那样成为植物光合生产的限制因素。

6.4.2　钙离子、镁离子、硬度

欧美的许多湖泊中钙离子的含量较高。所以如果沿岸带水生植物的光合作用活跃，水中的二氧化碳大量被消耗，则溶解度较低的碳酸钙将沉积到水草的叶和茎上或者湖底。此外，日本的淡水湖泊因为钙离子的含量不高，所以贝类的生产较低，几乎不存在欧美湖泊沿岸带到深水区所发现的贝壳带。

利用天然水时，硬度是表示水质的重要指标。虽然硬度的定义因国家不同而有异，不过一般都实际定义为钙离子和镁离子的合计。在日本，根据水中的钙离子（Ca^{2+}）和镁离子（Mg^{2+}）的浓度，使用式（6-1）计算其硬度。

$$硬度（mg/L）=2.5\,Ca（mg/L）+4.1\,Mg（mg/L） \tag{6-1}$$

一般将硬度在 60 mg/L 以下的水称为软水，将硬度在 60～120 mg/L 的水称为中硬水，将硬度在 120～180 mg/L 的水称为硬水，将硬度在 180 mg/L 以上的水称为高硬水。钙离子和镁离子较多的水为硬水，其含量较少的水为软水。日本

河流、湖泊水几乎都是软水。这也可以理解为日本矿泉水软水较多，而欧美矿泉水多为硬水。

6.4.3 氯化物离子

湖泊和河流中氯化物离子浓度的测定，对了解水的来源和人类活动导致的污染程度非常重要。湖水中氯化物离子的主要来源有下述 3 种途径。

海水的影响：海水中约含有 19 g/L 的氯化物离子，这一数值约是淡水湖的 1 000 倍。因此，根据湖水中氯化物离子的浓度可以衡量海水的影响。

此外，虽然不是直接由海水流入，但海水的飞沫上升到大气中后，被雨水吸收，以海盐的形式在大气中被搬运，从而受到其影响。日本全国的河流水中氯化物离子的平均浓度为 3～4 mg/L，越是靠近大海这一浓度值越大。此外，湖泊与大海的距离，和湖水中氯化物离子浓度之间呈直线关系。

因人类活动导致的污染：人们每天需食用 10～20 g 的食盐，并向体外排出。此外，工厂的废水里也含有盐分。作为氯化物离子，在日本全国年间达 150 万 t，全部流入河流，其浓度如果使用日本河流水量进行平均则约为 3 mg/L。在通常的河流和湖泊中，如果考虑了大海的影响，仍然含有较高的氯化物离子时，则应该考虑生活污水和工业污水的影响。

温泉和火山的影响：在大海的影响以及因人类活动导致的污染影响较小的场所，如果水中的氯化物离子浓度较高，则需要考虑温泉和火山的作用。

6.4.4 硫酸根离子和硫的循环

硫酸根离子多来源于海盐和化石燃料的燃烧产物等。后者，近年来因酸雨的问题而受到关注。此时，如果测定氯化物离子的量，那么由于海水的硫酸根离子和氯化物离子的比例是一定的（重量比 0.140、当量比 0.103），所以可以据此推算来源于海盐的硫酸根离子的量，能够与其他来源的硫酸根离子区别开来。此外，也有从农业废水和工业废水流入的硫酸根离子。

在日本颇具特色的火山酸性湖泊中，有的含有硫酸和盐酸，表现出强酸性。酸性最强的是草津白根的汤釜（pH 0.7），湖水中约含有 4 g/L 的硫酸和 5 g/L 的盐酸，其次是潟沼（pH 2.0），分别含有约 2 g/L 和 1 g/L 的硫酸和盐酸。此外，还有因矿山的污水的流入而含有硫酸呈酸性的洞爷湖（北海道）等。

夏季如果湖泊的深水层溶解氧消失而成为厌氧环境，则硫酸还原细菌会将硫酸根离子还原成硫化物离子。这种异养细菌一般在湖底沉积物表层附近利用有机物进行硫酸还原。结果会产生硫化氢，偶尔还会形成黑色的硫化铁。污水和湖底中的黑色淤泥正是这个原因形成的。

深水层中含有硝酸根离子时，根据氧化还原电位，首先进行脱氮作用。硝酸根离子消耗尽，溶解氧完全消失后，再发生硫酸还原反应。尤其是有海水流入的半咸水湖深层，海水中含有大量的硫酸根离子，深水层中硫化氢的浓度会增高。

此外，在部分循环湖或者夏季的富营养湖的深水层下部，上有氧的水层和下有无氧的水层之间的氧化还原分界层的正上方，经常可以发现从深层扩散上升的硫化氢和微量的溶解氧共存的现象。

硫化物离子如果接触到氧分子，则生成单体的硫（硫粒子或者硫胶体）。这种硫很难进行化学氧化反应，不过通过由氧化硫而获得能量的自养硫细菌，在好氧条件下，可以将其氧化成硫酸根离子。同时红色或绿色光合成硫细菌也在氧化还原分界层进行光合作用过程中，将硫化物离子氧化成硫酸根离子。湖泊中硫的循环详细如图 6-1 所示。

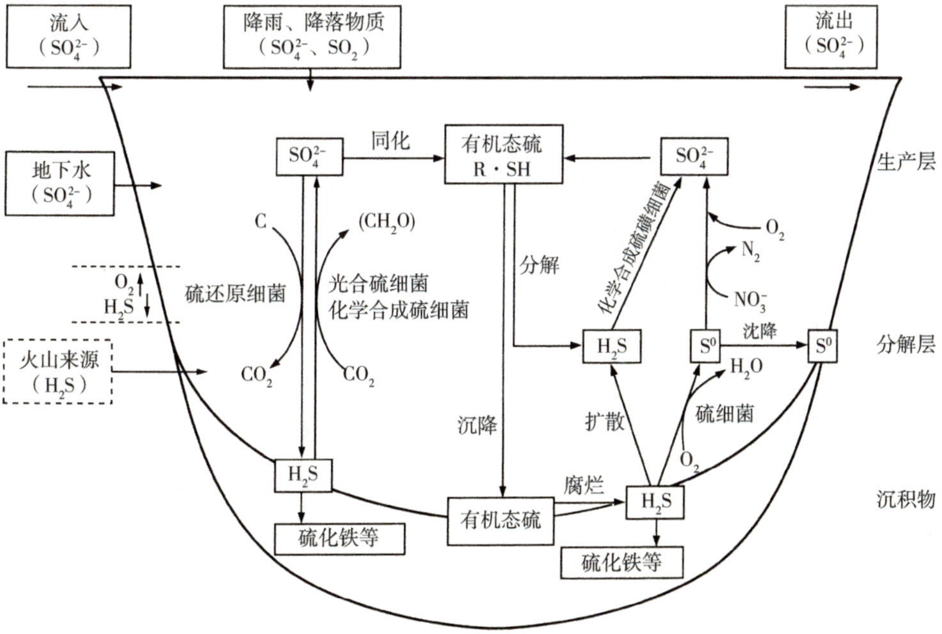

图 6-1　以微生物过程为中心的湖水中硫的循环

［摘自 Wetzel，R.G.，Limnology（2nd ed.），Saunders College Publ.（1983），有部分改动］

6.4.5　硅酸态硅

硅酸作为构成硅藻壳的物质非常重要。日本湖泊中硅酸的浓度一般都较高，在 10～50 mg SiO_2/L。海洋和欧美的湖泊中，硅酸态硅有时会因其浓度低而成为浮游植物生产的限制因子，但在日本的湖泊中，除了琵琶湖等一部分湖泊外，硅酸态硅很少成为浮游植物生产的限制因子。在琵琶湖，流入的河流水中硅酸态硅的浓度为 5～10 mg SiO_2/L，湖水中硅酸态硅的浓度在 1～2 mg SiO_2/L 较低水平，在硅藻增殖的季节则会变得更低。硅藻中含有的硅酸态硅，在湖水的总硅量中占有很大的比例。

近年来，建造了许多水库，在水库中，硅藻大量增殖，结果导致水库中的硅赋存量减少，在水库下游地区有可能发生硅缺乏的问题。这与以往的作为因浮游植物种类的异常增殖导致的环境问题不同而备受关注。

6.4.6 铁、锰

湖水中溶解氧充足时，铁以 3 价的形式存在，锰以 4 价形式存在。只要不是 pH=6 以下，几乎都为不溶性悬浮态，逐渐沉降并堆积于湖底。因此，在氧化环境的水中，因为缺乏溶解的铁，所以铁时常成为浮游植物生长的限制因子。此外，湖水的一部分铁，形成有机物和络合物，这作为浮游植物的营养源，可以缓解铁的不足。

另外，夏季如果富营养湖的深水层中溶解氧减少变成还原状态，则湖底表层附近的铁和锰同时被还原，变成 2 价形式释放到水体中。可是，到秋季，如果湖水进行全层混合而变成氧化环境，则 2 价的铁和锰再次被氧化，吸附微量金属和有机物沉淀并堆积于湖底。湖底深层全年都残留有一定程度的溶解氧而处于氧化环境的湖泊，这种铁和锰将半永久性地处于沉积状态。

此外，在部分循环湖和富营养湖的深水层，溶解氧消失的情况下，在其氧化还原分界层附近，常可观察到粒子状的铁和锰化物的聚集。此时，前者与后者相比，处于稍浅的水层。

6.5 电导率

作为大致了解水中离子成分量的简便方法是测定其电导率（导电率）。电导率由溶解于水中的离子的量和各离子的当量电导率以及水温决定。在淡水湖这样的稀薄电解质溶液中，电导率与离子成分的浓度大致成比例，不过，各离子成分的当量电导率不同，此外，不带电荷的成分不会反映到电导率。因此，测定得到的电导率值可作为衡量水中化学成分多少的大致参考标准。

电导率是指将面积为 1 m^2 的 2 对电极，间隔 1 m 的距离相对设置时，位于电极间的湖水拥有的电阻的倒数，其单位使用每 1 m 的 S（西门子）表示。此外，日本河流水的电导率平均值为 13 mS/m（水温 25℃时）。

在水质调查中，测定电导率，能够起到下述作用：

（1）可以在现场了解湖水中离子成分总量的大致情况。但是，必须注意的是，根据电导率的值无法推测各离子成分的构成比及其量。

（2）对于大型湖泊和大型河流的水，在其离子构成比明确，且该比值比较稳定的情况下，可以根据电导率的值推算水样中主要离子成分的含量。

（3）与 pH、水温等一起有助于辨别系统不同的水体。

（4）有效了解河口附近等河流水和湖水的混合程度，有助于调查地点的确定等。

（5）根据水温和电导率，可以清楚地把握水质的分层（化学成层）。

6.6　蒸发残留物

这是对湖泊、河流的天然水和自来水等进行测试的方法之一。除去小石子尺寸以上（2 mm 以上）的粒子后，根据一定量水的水分蒸发后的残留物质，了解水中所含物质的量。但是，大部分溶解气体成分和低分子有机酸，因为在测定操作过程中被排出到大气中故无法测定。

蒸发残留物可以划分为蒸发残留物的总量“总蒸发残留物”，去除悬浮物质后测定的“溶解性蒸发残留物”，以及对此类残留物进行高温蒸发后进行测定的“高温蒸发残留物”。而对于饮用水，其溶解性蒸发残留物在 500 mg/L 以下。

6.7　BOD、COD

在水域的环境标准中，作为表示因有机物导致的污染程度的指标，使用 BOD 和 COD。

BOD（生化需氧量）是指根据在避光及 20℃的条件下放置了 5 d 的水样中的溶解氧减少量，推算“水样中通过异养细菌消耗的有机物有多少”的方法。

COD（化学需氧量）是测定“在水样中添加氧化剂并加热，被氧化分解的有机物有多少”的方法。作为氧化剂，可以使用过锰酸钾或者重铬酸钾。作为有机物量的测定方法，虽然最好以碳量的形式进行测定，但是因与环境标准和测定装置有关，所以一般采用 COD。

此外，在河流的环境标准中一般采用 BOD，在湖泊和海洋的环境标准中一般采用 COD。这是因为湖泊和海洋比起河流水，栖息着更多的浮游植物，其呼吸导致的耗氧量会影响 BOD 的测定值。就同一水样测定获得的 BOD 和 COD 值，虽然大致上具有可比关系，但根据污染的程度、生长的生物种类等，有时会有差异。另外，水样中有机物的浓度较低时，BOD、COD 测定值的可信度都较低。

各种水域的环境类型和 BOD、COD 值之间的关系，如表 6-3 所示。

表 6-3　根据 BOD 值和 COD 值判定的河流和湖泊的环境标准

1. 河流的环境标准

类型	AA	A	B	C	D	E
BOD/（mg O_2/L）	<1	<2	<3	<5	<8	<10

注：AA 指上游非常清洁的河流。A 指栖息着山女鳟（*Oncorhynchus masou*）、岩鱼等的河流。B 指栖息着鲑鱼科鱼类和香鱼的河流。C 指污染严重，栖息着鲤鱼、鲫鱼等的河流。

2. 湖泊的环境标准

类型	AA	A	B	C
COD/（mg O_2/L）	<1	<3	<5	<8

注：与河流一样，AA 指栖息着红鲑鱼等，清洁的贫营养湖。A 指栖息着鲑鱼科鱼类和香鱼等的贫营养湖。B 指栖息着鲤鱼、鲫鱼等的富营养湖。

第 7 章 碳酸、pH、碱度

7.1 碳酸

碳酸是植物通过光合作用进行有机物生产的最主要的原料之一。在湖泊内，碳酸因光合过程而被消耗；另外，碳酸通过包括呼吸作用在内的有机物的分解而被释放。因此，在了解湖泊内有机物的生产和分解时，与溶解氧一样，碳酸的变化极为重要。

碳酸物质以二氧化碳（CO_2）、碳酸（H_2CO_3）、碳酸氢离子（HCO_3^-）、碳酸根离子（CO_3^{2-}）4 种状态存在。诸种形态根据湖泊的环境条件，各自保持化学平衡，并以一定的速度快速地按下述化学式发生变化。

$$CO_2(大气) \rightleftharpoons CO_2(溶解)+H_2O \rightleftharpoons H_2CO_3 \rightleftharpoons H^++HCO_3 \rightleftharpoons 2H^++CO_3^2$$

湖水中碳酸物质的赋存量原则上由大气中二氧化碳的分压（在 0℃、1 T 标准大气压条件下为 0.000 40）和吸收系数，以及湖水水温和主要离子成分的赋存量决定。各种化学形态的碳酸物质在水中的存在比例，由 pH、水温和盐分决定。反过来说，如果 4 种化学形态的存在比例不同，则 pH 会发生变化。例如，如果因植物的碳酸同化作用（光合作用），（已知部分植物利用碳酸氢离子）导致二氧化碳被消耗，则其他离子的量的关系将发生变化，pH 也会发生变化。因此，从与植物光合作用和生物的呼吸、分解有关的碳循环这一角度考察，不应只关注碳酸物质的变化，而应把握所有无机碳化合物（$\sum CO^2$：称为总碳酸）的动态。此外，近年来，大气中二氧化碳的分压从 0.000 35 上升到了约 0.000 40，因人类活动中的化石燃料燃烧导致的地球温暖化引人担忧。

这里为了方便，将 CO_2 和 H_2CO_3 一并当作 CO_2 考虑，CO_2、HCO_3^-、CO_3^{2-} 的存在比和 pH 之间的关系如图 7-1 所示。例如，在不含盐分的淡水湖（水温 20℃）中，pH 为 5 时碳酸物质的大部分为 CO_2（H_2CO_3），HCO_3^- 仅为 3.8%（摩尔比），CO_3^{2-} 不存在；pH 为 9 时碳酸物质的大部分为 HCO_3^-，CO_2 为 0.3%，CO_3^{2-} 仅有 4%。

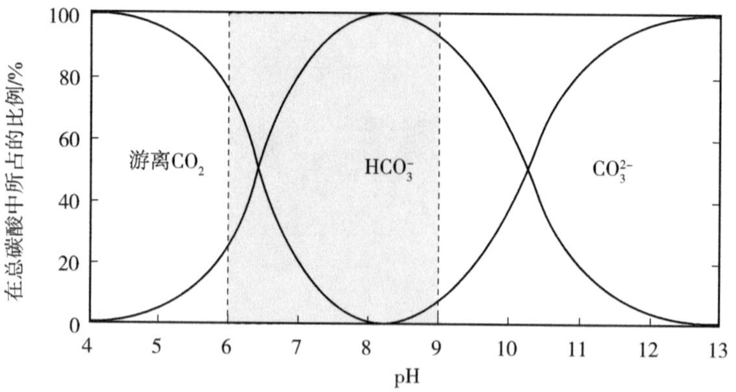

图 7-1　碳酸所占比例的变化

注：图中中间部分表示的是通常情况下湖水的 pH 范围（6 ~ 9）。

7.2　pH

因为溶液中氢离子（H^+）的浓度（正确说法应是氢离子的活度）可在较广的范围内变化，所以替代活度一般按 1 L 水中氢的克离子数（摩尔数）之倒数的常用对数，计算获得 pH，以 pH 的形式表达，表示式（7-1）。

$$pH = -\log(H^+) \tag{7-1}$$

一般来说，pH=7 为中性，pH 低于此值时表示酸性，高于此值时表示碱性。不过，这是在接近 25℃水温时的数值（表 7-1）。如果水温升高，则 pH 变低；水温降低，则 pH 升高。例如，水温为 35℃时 pH=6.8 为中性，水温为 5℃时 pH=7.4 为中性。不能因测定得到的 pH 稍低于 7.0，就认为是弱酸性，或者测定得到的 pH 稍高于 7.0，就认为是弱碱性。此外，pH 计等测定仪器许多都显示的是使用 25℃进行修正的数值。

纯净水（蒸馏水）的 pH 在 25℃时为 7.0。可是，如果稍微放置一段时间，纯净水则会吸收大气中的二氧化碳，发生下述变化。

$$CO_2 + H_2O \longrightarrow H_2CO_3$$

$$H_2CO_3 \longrightarrow H^+ + HCO_3^-$$

$$HCO_3^- \longrightarrow H^+ + CO_3^{2}$$

表 7-1　纯净水的温度和 pH

温度 /℃	K_w*	pH
0	0.113×10^{-14}	7.47
5	0.185	7.37
10	0.292	7.27
15	0.450	7.17
20	0.681	7.08
25	1.008	7.00
30	1.468	6.92
35	2.089	6.84
40	2.917	6.77

注：*K_w=［H^+］［OH^-］

［摘自 半谷高久、小仓纪雄、水质调查法、丸善株式会社（1995）］

在这个反应式中，如果二氧化碳增加，则化学平衡向右推进，H^+ 增加，pH 降低。如果大气中二氧化碳的浓度为 0.040%，则按照上述的化学反应，与大气中二氧化碳处于平衡状态的蒸馏水的 pH 大致表现为 5.6。因此，以 pH=5.6 为标准，pH 低于该值的雨水可以说就是成为地球环境问题的酸雨。实际中因为雨水中含有盐分等，所以不能将 pH 小于 5.6 的雨水严格定义为酸雨。尤其是有海盐影响的沿岸地区以及尘土飞扬等导致大气污染时，雨水的 pH 即使高于 5.6，也应该视作酸雨。

湖水的 pH 由湖泊集水区域的地质条件决定，近年来，还需考虑人类活动的影响。普通的湖泊 pH 为中性，但是在湖泊的生产层（有光层），因为浮游植物活跃的光合作用导致二氧化碳被消耗，结果，上述化学反应式的平衡向左移动，H^+ 减少，pH 升高，即 pH 表现为碱性。

另外，湖泊的深层水（分解层或者无光层）中的光照变少，光合作用降低，二氧化碳的消耗减少。此外，因沉降的浮游生物的遗骸等有机物的分解、动物和细菌的呼吸等也会导致二氧化碳增加。因此，在深水层中，伴随二氧化碳的增加，上述化学反应向右移动，H^+ 增加，pH 降低。如图 7-2 所示，在深度比较大的湖泊中，夏季光合作用非常活跃时，经常观测到 pH 显著的化学成层正是这个原因。

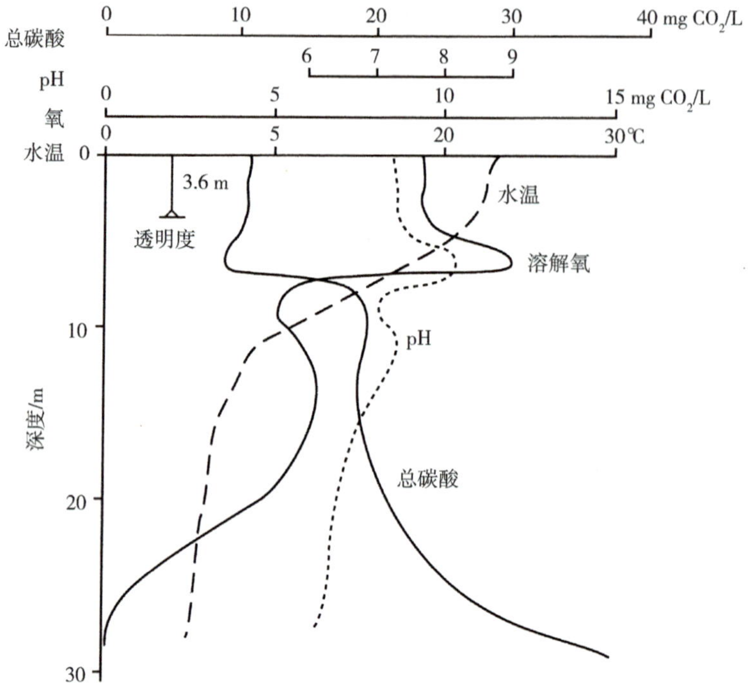

图 7-2 木崎湖中夏季的水温、pH、溶解氧和总碳酸的垂直分布

[摘自 林秀刚等(1985)]

在非调和型湖泊中，因为湖水中含有大量的酸性物质或者碱性物质，所以pH许多时候表现出特异的性质。如图7-3所示，在日本的火山无机酸性湖中，因为湖水中的硫酸和盐酸，其水质常常表现出较强的酸性。泥炭地和湿地含有大量的腐殖酸，所以pH为4～6的湖泊较多。在东非大裂谷，含有大量碳酸钠的碱性湖泊(pH为9～11)众多。

半咸水湖因为受海水(pH为8.4)的影响，所以多呈现为碱性。

受地下水(涌泉)影响的湖水，在地下水形成过程中，因为土壤微生物等的活动产生的二氧化碳，过剩地溶入水中，所以有时会观测到较低的pH。因此，测定与大气中二氧化碳处于平衡状态的湖水的pH(不由过饱和或者未饱和的二氧化碳量决定的pH)，即所谓的RpH，对了解水质非常重要。在同一个湖泊中，测定不同深度湖水的pH，即使该值不同，但许多时候RpH都相等。这表明pH的不同是由二氧化碳等赋存量的差异所导致的。此外，RpH还与下面所述的碱度有着密切的关系。

1—屈斜路湖（pH4.0～pH4.4）；　2—洞爷湖（pH5.0～pH7.0）；
3—恐山湖（pH3.4～pH3.6）；　4—田泽湖（pH5.5）；
5—潟沼（pH1.8～pH2.1）；　6—藏王御釜（pH2.9）；
7—赤沼（pH3.8）和五色沼湖；　8—赤泥沼（pH3.0）；
9—猪苗代湖（pH5.3～pH5.6）；　10—大沼池（志贺高原、pH4.3）；
11—三角池（pH4.4）；　12—汤釜（草津白根、pH0.9～pH1.1）；
13—不动池（pH3.8）和雾岛湖泊群。

图 7-3　日本主要的火山性无机酸性湖

［摘自 佐竹研一、Jap.J.Limnol.，41（1980）］

7.3　碱度

碱度的内容虽然复杂且较难理解，但是对于了解自然的水质非常重要。所谓碱度定义为“在 1 L 水温为 20℃的水中存在的弱酸根离子解离所需要的离子毫克当量数”。

碱度有几种测定方法，不同的方法，其内容和意义也不同。一般情况下，用强酸滴定一定量的水样，使用达到一定的 pH 时所需要的酸的当量数表示。例如，pH=4.8 时，测定氢氧根离子和解离常数（Dissociation Constant）较小的弱酸根离子物质。也就是说，碱度表示的是因为添加酸而导致的 pH 降低（pH 达到

4.8）的缓冲能力的大小。

酸雨成为环境问题被人们重视，碱度作为缓和酸雨影响的因素，其作用巨大，使得其测定变得很重要。

pH 为中性时的普通湖泊和河流中，弱酸根离子物质几乎全部是碳酸氢根离子，所以测定得到的碱度可以视作表示的碳酸氢根离子量。可是，在大量含有硅酸、磷酸、硼酸等无机弱酸和有机酸、腐殖酸的湖水中，因为还要测定此类物质，所以根据碱度计算获得的碳酸氢根离子量会被过大评估。

碱度因为是水与岩石和土壤发生反应生成的，所以其数值主要由湖泊流域的地质条件决定。含有二氧化碳的水与土壤中的碳酸化合物发生反应，以碳酸氢盐的形式溶出钙和镁等。此外，其还会以硅酸化合物的形式溶出硅酸。因此，如石灰岩那样，含有大量碳酸盐的沉积岩和碱性火成岩流域的湖水，其碱度会如石灰岩一样表现出较高值。此外，碱度一般在气温较高的夏季时较高，冬季时较低，这与土壤中的生物二氧化碳的生成量和岩石、矿物之间的化学反应速度有关。除此之外，碱度在高纬度地区较低，在低纬度地区较高。

第 8 章　溶解氧

8.1　测定湖水中溶解氧的意义

湖水中物质循环的中心过程是指伴随有机物的生产和分解的物质变化和输送过程。其主体是通过植物的有机物合成，以及利用包括植物在内的所有生物的呼吸和分解作用而进行的有机物的分解和无机化。在光合作用过程中，植物从二氧化碳和水合成有机物，释放出氧分子。另外，在呼吸和分解作用过程中，植物消耗氧气，氧化分解有机物，释放二氧化碳。氮和磷等营养盐被利用和合成均与此类过程有关。另外，合成的有机氮和有机磷被分解，再一次以营养盐的形式释放到水中。

正因如此，为把握湖泊中有机物的生产和分解过程的进展状况，调查水中溶解氧浓度或总碳浓度的变化，是最为准确切实的方法。但是，水中的溶解氧量经常因有机物的分解和生物的呼吸而被消耗，与此相对的是，总碳在溶解氧用尽后，虽然分解效率降低但其含量仍会增加，以此能够了解厌氧分解的程度，这是其优点。可是，在总碳的测定方面，目前仍然没有简单而又高精度的测定方法，相反溶解氧能够使用 1888 年由 Winkler 研发的方法进行简单而又高精度的测定。正因如此，有关湖泊溶解氧的分布和变化方面的知识，已经有超过 100 多年的累积，我们可以根据湖泊的水温和溶解氧量的垂直分布及透明度，大致了解湖泊的生态系统。

8.2　溶解氧的测定法

湖泊中的溶解氧量一般除了体积（mLO_2/L）、重量（mgO_2/L）外，经常使用饱和度（%）来表示。溶解氧的饱和量是将大气与水进行充分混合、大气中的氧浓度和水中的氧浓度达到平衡状态时水中的溶解氧量，视作 100%。超过该值时称为过饱和，低于该数值时称为不饱和。如表 15-8 的例子所示，纯净水（蒸馏水）的溶解氧饱和量水温越高，则该值越低。普通淡水湖的水也与此基本相同。

表面水温可达到 30℃的温带地区的湖泊，其夏季溶解于水中的氧分子只有冬季的一半左右，而生物的呼吸量一般随着温度的上升而增加。在养鱼池中，夏季夜间溶解氧不足导致鱼类死亡正是这个原因。此外，在浮游植物大量增殖，或者水草繁茂的水域，因为白天光合作用活跃，所以水体溶解氧易处于显著的过饱和状态，尤其是在夏季。可见，溶解氧的饱和度对于大致了解当时水中氧分子的供给和消费之间的关系非常有帮助。此外，溶解氧的饱和量随着盐分的增加而降低。位于高山等地区的湖泊，因为气压较低，所以饱和量也较小。

8.3 溶解氧的垂直分布和季节变化

湖泊表面附近的溶解氧，如果因浮游植物活跃的光合作用变成过饱和状态，则被释放到大气中；如果因有机物的分解消耗而变成不饱和状态，则从大气中进行补给，所以溶解氧一般保持在接近饱和量的值。可是，在几乎无风的晴日，过饱和的氧分子并非全部被释放到大气中，在湖泊表面附近有时甚至可观察到 200% 的饱和度。

循环期，湖水从表层到湖底进行均匀混合。在这个时期，湖水与大气充分接触，溶入与大气之间平衡浓度相同的氧分子。就如同是“湖水像生物一样充分吸收氧气”，即所谓的“湖泊在循环期进行深呼吸”。

到了夏季，阳光逐渐变强。水面附近由于光合作用而供给了大量的氧分子，不过变为过饱和状态的氧分子会逸出释放到大气中，风一吹就会非常接近 100% 的饱和度。此外，一般浮游植物的光合作用，在水面附近由于光线过强，会产生所谓的光抑制，所以光合作用的活性有降低的倾向。

夏季停滞期会形成水温分层现象，白天在温跃层（变温层）上部，浮游植物非常活跃地进行着光合作用。但是，在温跃层内部，因水深度导致的水密度差异较大，即使溶解氧变成过饱和状态，也不会向上下层扩散，所以有时会观测到较高的饱和度。在温跃层以下的水层，浮游植物自身也会遮挡阳光，所以随着光照减少，光合量也减少。如果抵达某个深度（补偿深度），全天的光合量和呼吸量将相等。

深度更高的水层，其光合量进一步减少，动植物和细菌的呼吸，或者从上层沉降的生物残骸和粪便等有机物的分解非常活跃。在深水层，溶解氧量从水温成层开始就随时间而逐渐减少，显著时甚至几乎全部消失（可将此称为贫氧层的形成），最终变成无氧状态。溶解氧量在表水层和深水层呈差异巨大的垂直分布，一般在生物生产较高的富营养湖和中营养湖中都能够观测到，尤其在富营养湖，深层水经常处于无氧状态。像这种深水层溶解氧减少的现象，从有大量有机物沉积的湖底表层附近开始逐渐向上层迁移。

另外，在湖水较深的贫营养湖，因为表水层浮游植物的光合生产也较少，所以即使在温跃层上部，溶解氧也不会呈现出显著的过饱和状态。此外，因沉降的有机物也较少，所以即使在深水层中溶解氧也不会减少。如图 8-1（a）所示，直到湖底含有接近饱和量的溶解氧。

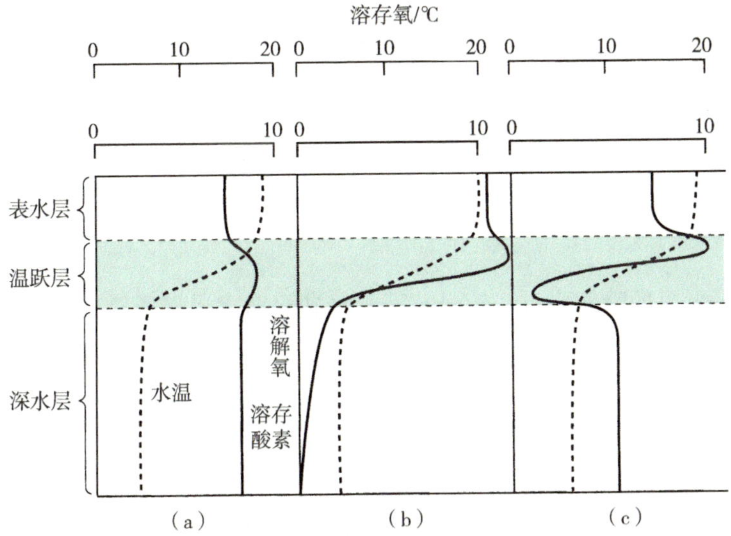

图 8-1 夏季溶存氧的垂直分布

注：1. 典型的贫营养湖，在深水层溶存氧几乎没有减少。

2. 中 - 富营养湖的一般状况。在温跃层上部增加，在深水层减少。

3. 中 - 富营养湖的温跃层中，在光合量最大水层的正下方，也存在分解最为活跃的水层。

[摘自 Home，A.J.et.al.，Limnology（2nded.），McGraw Hill（1994）]

在水深较浅、面积较大的温带湖泊，夏季虽然其表层和深层会形成数度的温度差，但因夜间冷却和强风的影响，上下水层之间的水进行混合，所以直到深水层都有充足的溶解氧供给。不过，此类浅水湖泊由于生物较多，一般在富营养水域下层的水温也较高，所以下层水和湖底沉积物上有机物的分解非常活跃。如果弱风持续数日，则下层水的溶解氧浓度会急剧减少而经常处于无氧状态。

夏季水温分层显著、深层无氧层较薄的湖泊，到了秋天，表层水被冷却，一旦通过对流逐渐混合至很深的水层，则由大气供给的氧分子会逐渐抵达深层水。进入循环期，从表面到湖底附近的全部水层充分吸收大气中的氧。

冬季结冰的湖泊中，在冰面下水温为0℃，深层水为4℃，可出现水温分层（逆列分层、逆分层）。在水中，因为水温较低，所以生物活动较少，有时会出现溶解氧减少。

在浮游植物较多的富营养湖（尤其是在冰块没有被积雪覆盖呈透明时）中，因为透过冰块的阳光，浮游植物增殖，在冰面正下方会观测到溶解氧处于过饱和的状态。诹访湖即是这方面的典型例子。

因此，根据溶解氧随水深的分布及其季节变化，可以大致了解湖泊中因浮游植物（也包括水草）进行的有机物生产，以及各种包括生物呼吸在内的有机物的分解等的进展程度，或者作为其结果的贫营养湖、富营养湖的营养特性。

8.4 溶解氧垂直分布的思考

8.4.1 在表水层出现极大值的情形

在几乎无风的晴朗之日，较浅的富营养湖表面水温较高。这种情形下，如果不易发生光抑制的蓝藻中的微囊藻（水华）等覆盖水面，则在湖面可观测到溶解氧饱和量的最大值。

8.4.2 在温跃层出现极大值的情形

如图8-1（b）所示，在夏季水温成层期，温跃层（变温层）有时会出现溶解氧的极大值。一般表水层会因风力而进行混合，所以通过浮游植物光合作用产生的氧分子，如果其在水中变成过饱和状态，则被释放到大气中。此外，在湖水表面，因为阳光过强，所以许多时候光合成作用相反会降低。因此，溶解氧饱和度的极大值，有时会在上下混合较少、拥有适度光强的温跃层中观测到。

8.4.3 在温跃层出现极小值的情形

水深数十米的中营养湖中，其深水层的溶解氧虽然表现出朝向湖底逐渐降低的倾向，但即使在温跃层有时也会出现极小值［图8-1（c）］。这一现象在美国威斯康星州的湖泊中被研究发现后，陆续在各地也都有相关的研究报告。如

图 8-2 所示，夏季经常观测到木崎湖的温跃层中溶解氧极少的现象，在夏季经常观测到。

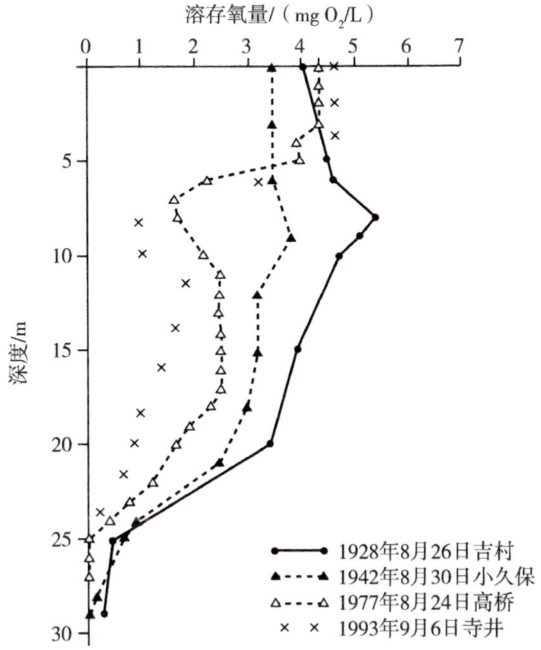

图 8-2　8 月下旬木崎湖溶解氧垂直分布的长期变化

木崎湖中，在浮游植物最多的温跃层上部 5 m 附近，可以观测到溶解氧饱和量的最大值。而在比此处深 1～1.5 m 的水层则观测到溶解氧饱和量的极小值，在该深度附近，也发现了有机氮化合物初期分解物铵态氮的极大值水层。因为温跃层处于深度 4～8 m，所以在 5 m 附近由浮游植物产生的有机物及其残渣缓慢地沉降，在 6～7 m 的深度其分解量变得最大。

8.4.4　在深水层出现极小值的情形

深水层出现极小值是在中营养湖和富营养湖经常观测到的现象［图 8-1（b）］。比补偿深度深的水层，被称为无光层或者分解层，光合作用较小，呼吸和分解等耗氧过程显著。此外，在湖底表层沉积有未分解的生物遗骸等有机物，如果在夏季形成水温分层，则由于这些有机物的分解，湖底上覆水中的溶解氧开始减少，并逐渐波及上层。在不易受风影响的小湖（如深见池），湖底上覆水有时会处于无氧状态。一般来说，在秋季的垂直混合抵达深水层之前，溶解氧量有时会表现出极小值。

8.4.5 深水层的有机物没有减少但溶解氧减少的情形

在木崎湖的夏季成层期，尽管深水层上部 10～20 m 水层中的悬浮有机氮和溶解有机氮量都没有减少，但在该层却观测到了溶解氧减少和硝态氮增加的现象。原因之一是自上层沉降的有机物（可被沉淀物捕集器捕捉）被分解。

以往对海洋的认知中，即使浮游植物等不断死亡并向下沉降，但其沉降速度只不过为每天 2～3 m。但实际上，根据物质的不同，其沉降速度也不同，浮游动物的粪便每天可以沉降数百米。这种现象表明，海洋表层浮游植物的生产，在很短的时间内可以波及数千米的深层，完全改变了迄今为止人们的认知。相同的现象在湖泊中也同样存在。此外，在琵琶湖夏季停滞期的深水层中，设置沉淀物捕集器 1 天，将捕集到的沉降浮游植物放入玻璃瓶中，受阳光照射后，发现其具有很强的光合作用活性。出乎意料的是在此前被认为由于浮游植物丧失活性而沉降到深水层的粒子束，会对食物链和物质代谢产生质的影响。

8.4.6 湖底上覆水很难变成无氧状态的现象

使用 Winkler 法测定溶解氧时，很难精确地测定出细微的差异。不过，如果通过提高精度来进行测定，或者使用最新的测定仪器测定微量的溶解氧浓度，则可以区分是有微量的氧分子存在还是完全处于无氧状态。

在中营养湖（如木崎湖）的湖底上覆水中，溶解氧量一旦减少到 0.1 mL O_2/L 以下，则其减少速度会变缓，很难变成无氧状态。在此期间，微生物的呼吸等所需要的氧分子由水中的硝态氮等进行补充。也就是说，伴随脱氮作用，湖底上覆水中的溶解氧也慢慢地减少，硝态氮消失时，完全变成无氧状态。但是，在湖底沉积物的表层产生硫化氢时，没有发现这种溶解氧微量减少的现象。

8.4.7 根据深层水中溶解氧的减少推测湖泊的营养度

在太阳光充分透过的生产层，浮游植物非常活跃地进行着有机物的生产。不过在比补偿深度深的深水层中，从上层沉降而来的有机物的分解变成主要的过程。因此，可以认为深层水中溶解氧的消耗量反映了初级生产量。从这个角度考虑，人们很早以前就开始尝试根据水温成层期时深层水中溶解氧的减少量来推测湖泊的初级生产。这在湖泊定性分析方面可以说是一种正确的想法。

一般而言，在中营养湖、富营养湖中，夏季湖底附近的溶解氧显著减少，经常处于无氧状态，这早已成为共识。如图 8-2 所示，在木崎湖，从 8 月下旬的温跃层下部到深水层上部的溶解氧量逐年减少，充分表明湖泊人为性富营养化的进展情况。

8.5　溶解氧量的饱和度

湖水中溶解氧的饱和度，通常依据湖面海拔高度的气压进行计算。不过，如果仔细思考一下，由于湖水的深度每增加约 10 m 就增加 1 T 标准大气压，所以饱和量应该随深度而增加，可是目前仍是以湖面的气压为标准计算饱和度。这是因为，以湖水中溶解氧仅与大气中的氧进行交换为前提，是从表面水的饱和（与大气中氧之间的平衡状态）角度来考察溶解氧饱和度的。因此，在湖底有地下水涌出并且地下水中含有大量溶解氧的湖泊，以及有氧喷出的区域的湖泊，其停滞期深层水中溶解的氧作为过饱和来计算。

第9章　光合生产

浮游植物的生产占湖泊中有机物生产的大部分。这一过程也是湖泊生态系统中物质循环的起点，是维持物质循环的原动力。本章将从这一观点详细论述浮游植物的光合生产，同时也涉及由自养细菌等进行的生产。

9.1　浮游植物的生物量

湖泊中的初级生产与陆地上的初级生产最大的不同点之一是，如果除去生长在湖泊沿岸一带或者沼泽等地的大型水生植物外，则作为生产者的植物大部分由使用显微镜才能看到的微细的藻类构成。这种微细藻类可以划分为附着藻类和浮游藻类。附着藻类栖息于大型水生植物的表面、岩石和沙砾质的表面等，但其数量较少。浮游藻类即浮游植物，其生活于水中，是湖水中的主要微细藻类。因为许多时候很难区分两者，所以本章将它们统称为浮游植物来介绍。

因此，在讨论物质循环时，把握浮游植物的量（赋存量）及其光合生产量（初级生产量）非常重要。

9.1.1　浮游植物的优势种和叶绿素 a 含量

首先，使用网眼较细的浮游生物网，从透明度为 3～4 倍的深度到湖水表面，垂直地拉网采集水样。无须使用福尔马林等固定，直接在显微镜下进行观察，这样不仅可以观察到浮游动物，而且还能观察到许多浮游植物利用鞭毛移动。如此事先观察识别浮游生物很重要。此外，如果对同一湖泊使用网眼大小不同的浮游生物网采集到的水样进行比较，则会呈现出不同的形态。事先对这些认知有所了解也很重要。

事先了解浮游植物的主要种类构成，尤其是了解观测时是何种优势种非常重要。因为浮游植物的大小不同，所以从初级生产和物质循环的角度来看，对于了解浮游植物生物量最为实用的方法是测定在植物光合作用中发挥基础作用的叶绿素的量。植物以外的生物（进行光合作用的细菌例外）不含叶绿素。不过，浮游植物中含有的叶绿素也因种类不同而存在一些差异，如表 9-1 所示。

表 9-1 藻类中含有的叶绿素的种类

藻类	叶绿素种类
绿藻类	叶绿素 a、叶绿素 b
硅藻类	叶绿素 a、叶绿素 c
甲藻类	叶绿素 a、叶绿素 c
金藻、黄藻类	叶绿素 a、叶绿素 c
蓝藻	叶绿素 a

其中，叶绿素 a 以外的色素［天线色素（Antenna Pigment）］也具有吸收光能的作用。不过，使用光能进行光合作用的主体是叶绿素 a。因此，叶绿素 a 和光合量之间存在着紧密的关系。由叶绿素 a 吸收的光能可以用于光合作用系统中的光化学反应。

研究发现，湖泊的透明度和叶绿素 a（浮游植物量）之间存在很好的相关关系。此外，叶绿素 a 和湖水中的总氮、总磷之间也存在着一定的关系。

9.1.2 叶绿素 a 与主要构成成分之间的关系

湖水中浮游植物的量有时可基于碳、氮、磷的量，并根据叶绿素 a 进行推算。不过该比值会根据浮游植物的种类和生理状态等而变化，如表 9-2 所示。构成浮游植物的碳、氮、磷的比值，一般使用在海洋获得的 Redfield 比值（作为原子比，C∶N∶P=106∶16∶1）。

表 9-2 浮游植物中叶绿素 a 和碳、氮、磷的关系（重量比）

C（Chla）	30～100
N（Chla）	5～15
P（Chla）	2～4

9.1.3 测定脱镁叶绿素的意义

一般情况下，在使用吸光法测定色素时，还可以通过在提取液中添加酸来测定从叶绿素分子中去除镁的分解物脱镁（Pheo）色素。叶绿素的分解过程及其生成物如图 9-1 所示，此类生成物统称为脱镁（Pheo）色素。

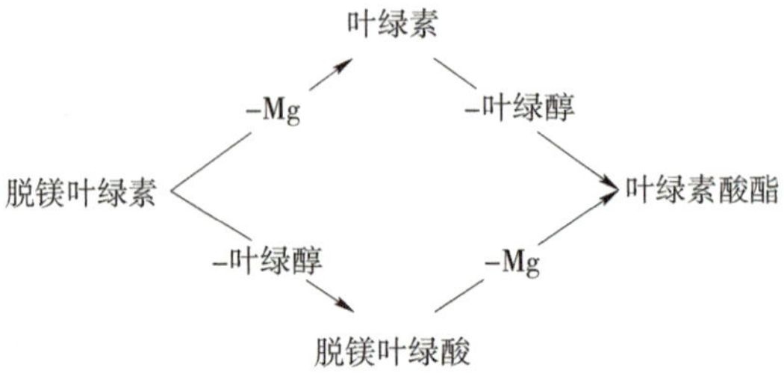

图 9-1　叶绿素的分解过程及其生成物

叶绿素的分解分为两个过程。其一是去除镁（Mg）的过程，其二是去除叶绿醇的过程。仅去除镁后的分解物为脱镁叶绿素，仅去除叶绿醇后的分解物为叶绿素酸酯，去除镁和叶绿醇两者后的分解物为脱镁叶绿酸。统称为脱镁色素，一般包括脱镁叶绿素和脱镁叶绿酸两者。

为了正确测定此类单个分解物，必须依靠色谱法等。单纯添加酸进行测定是比较简便的方法，有助于了解浮游植物对于光合作用的活性。例如，通过动物消化道的浮游植物，以及从基质上剥落的附着藻类，其脱镁色素相对于叶绿素的比例明显较高，另外，持续健康生长的浮游植物其脱镁色素的比例较低。

9.2　光合作用与呼吸

在植物的光合作用过程中，植物利用太阳的光能，将二氧化碳和水合成有机物，同时向水中释放氧分子。这是从无机物合成有机物的过程，即所谓的有机物生产（初级生产、基础生产）。不过与此同时，植物不管有无光照，它们总是在进行着呼吸，消耗体内的有机物和氧分子，向水中释放二氧化碳。动物和细菌也总是进行着呼吸。呼吸作用是指氧化有机物获得能量，进行无机化的过程。

根据水样中溶解氧和总碳的变化计算浮游植物的光合量时，存在的问题就是呼吸量不固定，光合作用活跃时呼吸量较高，光照不足光合量降低时呼吸量也有降低。此问题目前仍有争论，尚未明确。

9.2.1　光强度和光合量之间的关系

植物的光合作用与光强度有着紧密的关系。表示这种关系的曲线称为光合作用 - 光曲线（图 9-2）。在阴暗场所，植物不进行光合作用，其通过呼吸从水中吸收氧分子，并释放二氧化碳。弱光时，植物虽然进行微弱的光合作用，但光合量比呼吸量小。如果光照增强，则在某一光强度下，植物因光合作用而导致的氧分子和二氧化碳的释放与吸收，与因呼吸而导致的二氧化碳和氧分子的释放与吸收会变得相等，此时的光强度称为补偿点。此时，因为有机物的合成量（生产量）和消耗量（分解量）相等，所以不能进行有机物的正值生产（净生产或者生长）。补偿点的光强度相当于微暗房间内的明亮度。不过，该强度值并不固定，会根据相应浮游植物的种类和生长时的光照条件而发生变化。例如，在光照较弱的场所生长的浮游植物可以适应暗光，以降低补偿点的光强度，在弱光条件下生长。

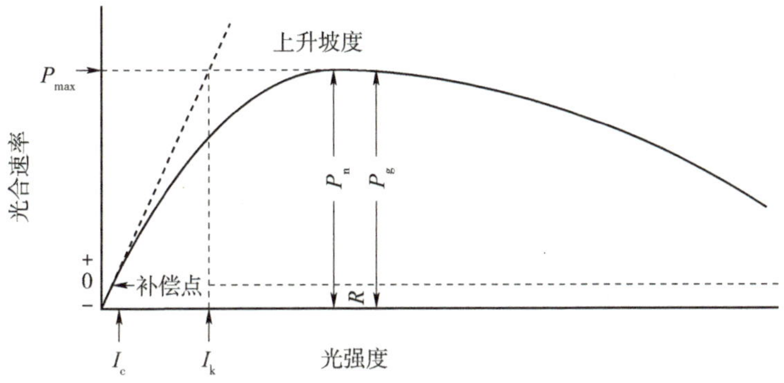

图 9-2　光合作用 – 光曲线

注：P_{max} 为最大合成量；I_c 为补偿光度；R 为呼吸；P_n 为净光合速率；P_g 为总光合速率；I_k 为参阅正文。
［摘自 Parsons，T.R.et al.，Biological Oceanographic Processes（3rded.），Pergamon Press（1984），有部分改动］

从阴暗场所开始逐渐增强光照，光合速率与光强度成比例直线式地上升。这是因为此处的光合速率仅由光化学反应决定。但是，如果光照进一步增强，则其倾斜逐渐平缓，并表现为一定的值，此时的光合量称为最大光合量（P_{max}），光强度称为光饱和点。在此，因为光合量由酶促反应决定，所以根据水温的不同，光合量也会有差异。

Taringu 基于光合作用 – 光曲线的图形因浮游植物的生理状态不同而异这一特点，求取了光合作用 – 光曲线在弱光时的上升直线与光饱和点水平线之间的交点，该点的光强度称为 I_k。光照如果进一步增强，则会妨碍色素的生产，发生褪色现象，导致光合量降低。这种现象称为光合作用的强光抑制。

9.2.2　关于光合作用的强光抑制

根据最近的研究显示，发生强光抑制的主要原因在于光的近紫外线区（大致在 300～400 nm 附近）。一般而言，光饱和点（光合量最大时的光强度）相当于微阴之日正午前后的明亮度。

如日本这样的温带地区，从春天到秋天的晴朗之日，由于在湖泊表面附近光照过强，所以浮游植物发生强光抑制导致光合量降低是常见现象。在这样的湖泊中，总生产量和净生产量（从总生产量减去呼吸量后的量）的垂直分布如图 9-3 所示。阴天天气的光合量在表面附近变为最大值，作为总量与晴朗天气相比不会减少太多。

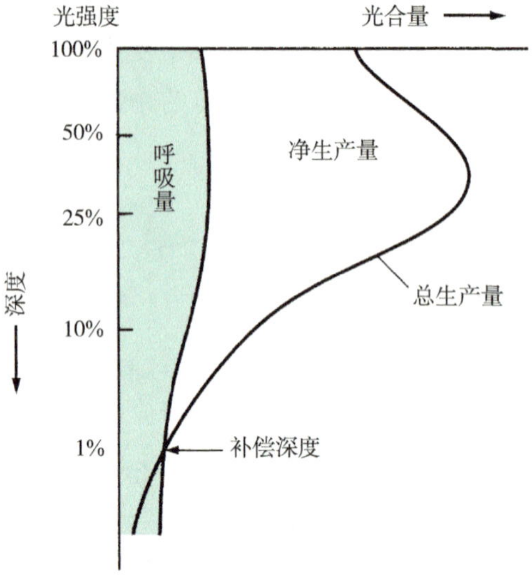

图 9-3　湖泊中的总生产量（光合量）和净生产量的垂直分布

9.2.3　浮游植物对光强度的适应

陆地上的植物也有喜强光的植物和喜弱光的植物。光强度和光合作用之间的关系，在浮游植物间也会因种类不同而异，但在浮游植物生长的水中的光照、温度、营养条件等环境因素也会对此产生很大的影响。例如，低温并且缺乏营养盐时，容易受强光抑制的影响。此外，有研究表明，在自然的浮游植物中，也有未发现强光抑制的事例。例如，在富营养湖泊出现的蓝藻中的微囊藻，很难受强光抑制的影响。正因如此，在夏季光照较强的时期，微囊藻在湖泊表面附近优先增殖，使其下层的光条件恶化，阻碍了其他浮游植物的增殖。

如果湖水分层，则表面附近的浮游植物会逐渐适应强光，生产层下部的浮游植物会逐渐适应弱光。尤其对弱光的适应，在停滞期生产层下部的补偿深度附近经常观测到。这也是所谓亚表层叶绿素最大层形成的主要原因之一。这在补偿深度位于温跃层内时极容易形成，适应弱光的浮游植物利用更深水层内丰富的氮、磷等营养盐而不断增殖。该水层内的光合量非常大，在湖泊的有机物生产中发挥着重要的作用。此时，浮游植物提高了细胞内的叶绿素浓度，有效地利用微弱的光线进行光合作用。在冬季厚冰层下面增殖的浮游植物也处于同样的条件。

9.2.4　停滞期时浮游植物量与光合量的变化

处于停滞期时，浮游植物的生长过程可以总结为图 9-4 所示的模式。循环期，浮游植物在湖泊全部水层中的分布一致，但光合量会因强光抑制和水深所导致的光衰减而产生相应的分布。如果浮游植物增加，其自身会阻碍光透到深层，无论是在光合作用非常活跃的水层，还是在浮游植物分布的水层都向表面附近迁移。如果营养盐充分，则浮游植物将聚集于表面，产生较高的光合量，导致“水华”形成。不过，如果在表层水缺乏营养盐，则依赖于由深层水的营养盐供给，浮游植物量和光合量较多的水层将变深，形成亚表层叶绿素最大层。

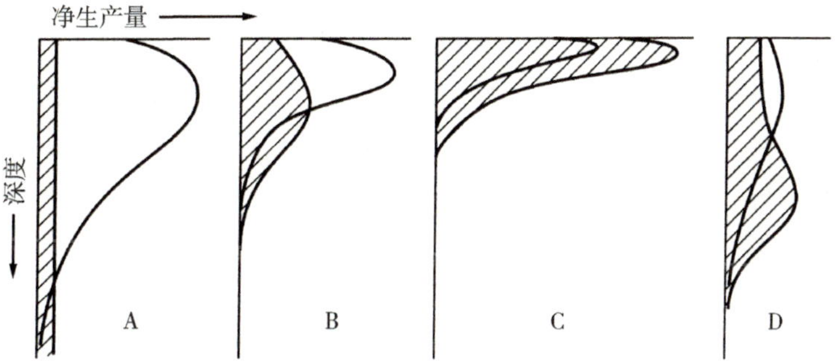

图 9-4　湖泊成层期水中的浮游植物量（斜线部分）和 1 日净生产量（实线）垂直分布的长期变化

注：浮游植物量使用叶绿素 a（mg/Chla.m^3）表示，净生产量（mg C/Chla・d）是从光合量中减去呼吸量后的数值。A→C 表示的是伴随浮游植物的增殖发生的变化，如果表层营养盐进一步缺乏，则有时会如 D 所示那样形成适应弱光的亚表层叶绿素最大层。

［摘自 Parsons，T.R.et.，Biological Oceanographic Processes（3rd ed.），Pergamon Press（1984），有部分改动］

在此应引起注意的是，在浮游植物较多的富营养湖中，虽然其表面附近的光合量较高，但如果水深稍微加深，则因浮游植物自身的遮光导致光照急剧减少，所以每单位面积的总光合量并不多。与此相对的是，在浮游植物较少的贫营养湖中，因为光照一直能透射到深层进行光合作用，所以每单位面积的光合量很大。因此，即使湖水中的叶绿素 a 的量不同，但湖泊的总光合量并没有太大的差异。

9.2.5　光合作用产生的细胞外生成物

浮游植物进行光合作用时，生产的部分有机物会被分泌到细胞外。这种细胞外代谢生产物在光合生产物中占 0.2%～75%。但是，在浮游植物非常活跃地生长的场合，因这种细胞外代谢生产而增加的溶解有机碳量，在利用光合作用生产的总有机碳量中占百分之十几以下。如果在浮游植物生长末期和强光条件下，则可达百分之几十。被分泌的有机物有乙醇酸等有机酸、丙三醇、碳水化合物、多糖类等。

来源于此的溶解有机物，容易被异养细菌利用。最近，备受人们关注的将细菌作为食物链起点的微生物循环的形成过程中，此类细胞外生成物的作用巨大。

9.3 通过细菌进行的光合作用与化学合成

我们往往认为光合作用仅由植物进行。其实，进行光合作用的还有细菌，并且因湖泊的不同而担负着重要的作用。例如，硫细菌中就存在拥有叶绿素（细菌叶绿素）的种类。这种细菌在部分循环湖中经常观测到。

在部分循环湖中，因为上层和下层的水密度差异较大，所以深层水处于半永久性停滞状态，几乎不会发生垂直混合，于是，溶解氧消失并产生大量的硫化氢。光合作用硫细菌利用该硫化氢，按如下化学式进行光合作用，生产有机物。

光合作用硫细菌　$CO_2+2H_2S \xrightarrow{\text{光能}} (CH_2O)+H_2O+2S$

浮游植物　$CO_2+2H_2O \xrightarrow{\text{光能}} (CH_2O)+H_2O+O_2$

如上述化学式所示，光合作用硫细菌进行光合作用的同时，硫化氢被氧化，变成硫。接着，该硫进一步被氧化，变成硫酸根离子。此外，光合作用硫细菌的氢供应体为硫化氢（H_2S），但浮游植物和大型水生植物光合作用的氢供应体则为水（H_2O）。

这种细菌中广为人知的是红色硫细菌和绿色硫细菌，它们可以利用非常微弱的光进行光合作用。如图 9-5 所示，夏季成层期的后半期，这种细菌在部分循环湖或者较深的小型湖泊（如深见池）的深层中，在有溶解氧的上层（好氧层）和无氧层的下层（厌氧层）的分界处，经常如较厚的垫子状而被观测到。这种光合作用细菌，如 10.2 节中介绍的亚表层叶绿素最大层的形成机制一样，利用弱光和更深水层中丰富的营养盐，表现出超过浮游植物的较高生产量。

一般说到细菌，往往想到的都是分解消耗有机物后获得能量的异养细菌。可是，在细菌中，除了与植物一样利用光能合成有机物的光合作用硫细菌，还广泛分布着使用其他能量合成有机物的自养细菌（化学合成细菌）。例如，图 9-5 所示的利用硫化氢氧化成硫后获得的能量来合成有机物的硫细菌、将铁（Ⅱ）氧化成铁（Ⅲ）的铁细菌、将铵态氮氧化成亚硝态氮并进一步氧化成硝态氮的硝化细菌以及氧化甲烷的甲烷细菌等，都属于这种自养细菌。

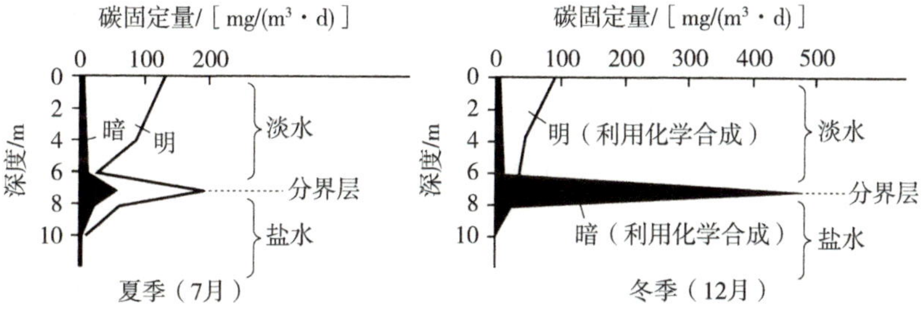

图 9-5　部分循环湖（水月湖）中的碳固定量

化学合成硫细菌与上述介绍的光合作用硫细菌一起，大量出现在好氧层和厌氧层的分界处（氧化还原分界层），该水层中还聚集了以此为饵料的浮游动物和原生动物。

9.4　光合量和呼吸量的测定

测定湖水的光合量和呼吸量时，存在两个问题：其一，浮游植物的呼吸量并非固定不变的，进行光合作用时，呼吸量会明显增大。近年来，这种已经明确的光呼吸达到了无光时植物暗呼吸的数倍。可是，因为目前无法正确测定光呼吸，所以很难正确评估光合量（总生产量）。

其二，光合量仅与浮游植物发生关系，但测定得到的呼吸量不仅有浮游植物的呼吸，还包含浮游动物和细菌等的呼吸，应该说是湖泊生物群落的总呼吸量或者总分解量。

9.4.1　在现场测定光合量的注意点

一是在现场采集水样时的注意点。许多浮游植物和光合作用硫细菌对微量重金属和有机物非常敏感。使用金属制的采水器采集用于调查生物活性的水样时，生物活性有时会显著降低。曾有过使用新的聚氯乙烯制的 VanDorn 水平采水器采集到的水样中浮游植物的光合作用活性几乎完全消失的经历。

二是在实验室测定光合速率时的注意点。与天然水中的光合量相比，将湖水装入瓶子中进行测定获得的光合量会变小。曾有过根据天然水中溶解氧的变化推算获得的光合量达到装入瓶子中测定时的 2 倍以上的案例。

产生这种差异的主要原因是，湖水保持天然状态时和将湖水装入玻璃瓶等容器中时，生物的生长环境条件发生了变化。首先，由于装入容器中后水不会流动，所以浮游植物时常都沉降到了容器底部。浮游植物悬浮于天然状态的水中时，可以一边受光条件变化的影响，一边不断接触新鲜的湖水，吸收营养盐。可是当消耗尽容器底部水中的营养盐后，沉淀后的浮游植物的生物活性会降低。此外，如果将湖水装入容器中，则在容器内侧壁，细菌会随时间的推移而增殖。正因如此，如果在采样现场长时间悬吊，则细菌量显著增加，容器中的氧消耗量将表现出过大的数值。

此时，将湖水长时间装入容器中，在水温和照度都不高时，一般在 4 小时以内几乎没有问题。如果充分考虑到一定程度的误差来进行测定，则最高可到 6 小时。如果超出该时间，长时间放置于现场来进行测定，则获得的数值会存在较大的误差。

此外，在现场测定从日出开始到中午为止，和从中午开始到日落为止这两个时间段的光合量，如果天气没有发生变化，则一般上午的光合量值较高。其原因尚不明确，不过可以认为是浮游植物的生理活性变化和水中营养盐的浓度变化等。

9.4.2 可测定光合量的限度

如果使用放射性同位素 ^{14}C，则即使在浮游植物极少的（叶绿素 a 量在 0.1 μg/L 以下）情形下，也能够使用微量水样进行高精度的测定。不过，目前日本严格限制在野外使用放射性碳，一般广泛使用稳定性同位素 ^{13}C，但这种同位素的测定较为繁杂。

因此，目前广泛使用的方法还是根据瓶子中的溶解氧量的变化进行测定。利用这种方法，采用温克勒法（Winkler Method）测得的明暗瓶中的溶解氧量必须存在显著差异。正因如此，如果不是浮游植物较多的中营养湖或者富营养湖，则很难测定其光合量。

9.5 湖水的垂直混合对初级生产的影响

湖水的垂直混合从各个方面对初级生产产生影响。如果不充分了解这方面的影响，则无法正确进行湖水中初级生产的测定和分析等。

9.5.1 对于深水湖泊而言

在具有相当深度的温带湖，从春末到秋季湖水水温成层，夏季表水层的水（表层水）和深水层的水（深层水）不发生混合。正因如此，在表层水因为浮游植物细胞增殖，所以与利用光合作用进行的碳水化合物生产相对应，在合成蛋白质和脂质的过程中，将大量消耗水中的氮、磷等营养盐。结果，除了由降雨等从湖泊周边（流域）供给，表层水营养盐还处于不足状态。另外，在深水层，由于从上部沉降而来的有机物，以及湖底沉积物表层的有机物的分解，导致营养盐增加。

不过，到了秋季，因为湖水冷却，水的密度增大，水逐渐混合至深层。因此，此前因阳光几乎不能抵达而没有被浮游植物利用的被蓄积在深层水的营养盐被搬运到表层水，浮游植物利用这些营养盐活跃地进行光合生产。这被称为秋季高峰。

如果表水层进一步冷却，则全部水层充分混合使从表面到湖底的水温均一。这是秋季循环期。由此全部水层的溶解氧处于饱和状态，营养盐在全部水层的分布也完全一致。此后，湖水通过表层冷却与风扰动持续进行垂直循环，当冷却到4℃以下，到了严冬，湖面开始结冰。

湖面被冰层覆盖后，风的影响波及不到冰层下的水层，湖水将停止垂直循环。深层水的水温将降到最大密度时的4℃，冰层正下方则降到0℃。即所谓的冬季成层期（逆成层）。在温带地区，冬季也有相当强度的日照。湖面即使覆盖了冰层，但冰层接近透明时，阳光也能很好地透过。冰层下面的水不进行垂直混合，浮游植物可以持续获得太阳的光能。浮游植物利用秋季循环期时从深层水搬运来的丰富营养盐，可非常活跃地增殖。例如，在结冰的诹访湖，在冰层之下溶解氧有时处于过饱和状态。冰层即使不透明时，浮游植物也能适应冰层正下方微弱的阳光进行光合作用进行增殖。这种现象，在其他的榛名湖、红城山的大沼（都在群马县）等湖泊也可观测到。有趣的是，冬季浮游植物的量，在结冰时的量，要比结冰前和暖冬没有结冰时的量多。在南极大陆，有的湖泊浮游植物赋存量在冰层正下方和冰层中较高，就是上述现象的事例。

琵琶湖因为较深，所以冷却需要时间，循环期是12月—次年1月，因为不结冰所以一直持续到4月。补偿深度大致在15 m附近。因此，在比15 m深的水层（在琵琶湖北湖，15 m以下深度的地方占大部分），浮游植物的呼吸量要比光合量大，净生产表现为负值。如果全部水层进行垂直混合，浮游植物在表层到湖底之间进行循环，则浮游植物在15 m以下光照不足的水层中停留的时间比在深度约15 m的补偿深度以上的水层中停留的时间要长。另外，浮游植物随时进行呼吸，因此，浮游植物的呼吸量（分解）要比光合量（生产）大。浮游植物在生长过程中，即使营养盐充足但光照不足时，也无法增殖。

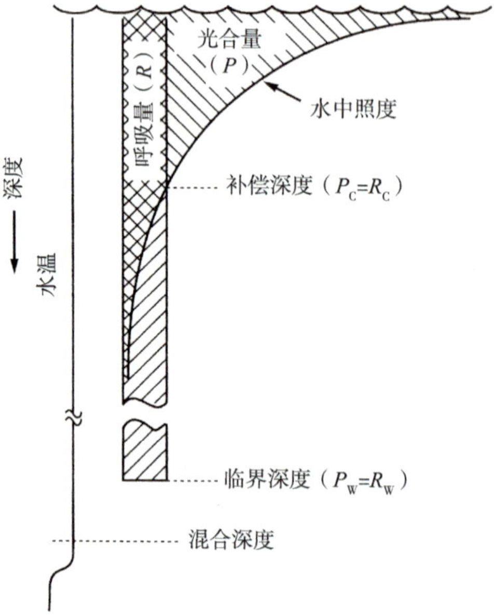

图 9-6　补偿深度、临界深度、混合深度的关系

注：垂直混合抵达补偿深度以下的水层时，在一定的深度，从表层到该深度为止的水柱中，1 天内进行的光合量和呼吸量变得相等。该深度称为临界深度。垂直混合抵达比该深度还要深的水层时，净生产量表现为负值，浮游植物无法增殖。

［摘自 Parsons，T.R.et al.，Biological Oceanographic Processes（3rd ed.），Pergamon Press（1984），有部分改动］

图 9-6 表示的是补偿深度、临界深度、混合深度的关系。每单位水柱 1 天内的光合量和呼吸量相等的深度称为临界深度。也就是说，湖水的垂直混合如果抵达比临界深度深的水层，则净生产表现为负值，浮游植物无法增殖。因此，如琵琶湖那样，冬季湖水进行垂直混合，并且混合深度比临界深度要深的湖泊，即使在有光层中营养盐丰富的冬季循环期，一般浮游植物的增殖都不会多。

9.5.2　能产生较大初级生产量的主因

如上所述，湖水的垂直混合可以将蓄积于深层水的营养盐搬运到表层水，具有提高初级生产作用的同时，又使单个浮游植物接受的光能绝对量减少，起到降低初级生产的作用。因此，想要获得较高生产量的条件是，利用湖水的垂直混合接受营养盐的补给后，湖水停滞一定期间（1～2 周），以便浮游植物能够充分增殖，然后再次进行全部水层的混合后，又停滞一段时间，这一模式反复进行。较浅的富营养湖中的诹取湖和霞浦湖夏季的状态，就接近这种状态。

第 10 章　氮和磷

陆地上草木的自然生长需要氮、磷、钾等营养盐。这与人类培育农作物时需要施予肥料是一个道理。在湖泊中，浮游植物的增殖也需要各种营养元素（生命元素）。其中，最容易成为生产限制因素的是氮和磷。因此，为了了解水域中的初级生产状况，需事先充分把握氮和磷的变化特征。此外，目前已成为社会问题的因闭锁性水域的水质污染所导致的富营养化现象，主要原因就是随人类活动的增加而排出各种污水，污水中含有的氮、磷等营养盐大量输入湖泊，导致水体浮游植物异常增殖。

10.1　藻体中氮磷比值和湖水中氮磷化合物的季节变化

浮游植物中碳、氮、磷的比值，采用 Redfield 比值（作为原子比 C：N：P=106：16：1）。该比值为平均值，根据浮游植物的种类和生理状态存在差异。在湖泊中，除了浮游植物，还受碎屑等赋存量大小的影响，所以该比值变化范围因水域的营养度和季节变化而较大（图 10-1）。根据该比值的变化，可以大致推测湖水中氮或者磷的缺乏状态。

无机氮营养盐有氨氮（NH_4^+-N）、亚硝态氮（NO_2^--N）、硝态氮（NO_3^--N）。亚硝态氮有时会大量存在于污水中，但自然水体中一般较少。有机氮化合物之一的尿素作为营养物质，一般来说应比硝态氮更为重要，但少为人知。关于这个问题，将在 10.5 节介绍。磷虽然经常以磷酸盐（PO_4^{3-}-P）表示，但在水中的存在形态尚未明确。

图 10-2 所示的是琵琶湖北湖的湖水中无机态氮营养盐化合物和磷酸盐浓度的季节变化。在琵琶湖北湖，氨氮全年在所有水层都较少；硝态氮在水温成层期，因在表层附近被浮游植物的消耗而减少，但在深层水较多，从 1 月末到 3 月全部水层进行循环，从表层到湖底的浓度一致；磷酸盐虽然有时在深层水中会有细微的增加，但就全部水层来说全年都比较少。正如 10.5 节和 10.6 节中介绍的

那样，氨氮和磷酸盐在水中的消耗和供给处于动态平衡状态。因此，在叶绿素 a 较高的 11 月，在表层水中，氨氮浓度没有发生任何变化，然而硝态氮浓度却降低了，但不能由此就简单地判定浮游植物喜好硝态氮将其作为氮源利用。而磷酸盐浓度还需进一步考虑与铁化合物之间的共沉淀等物理、化学反应。

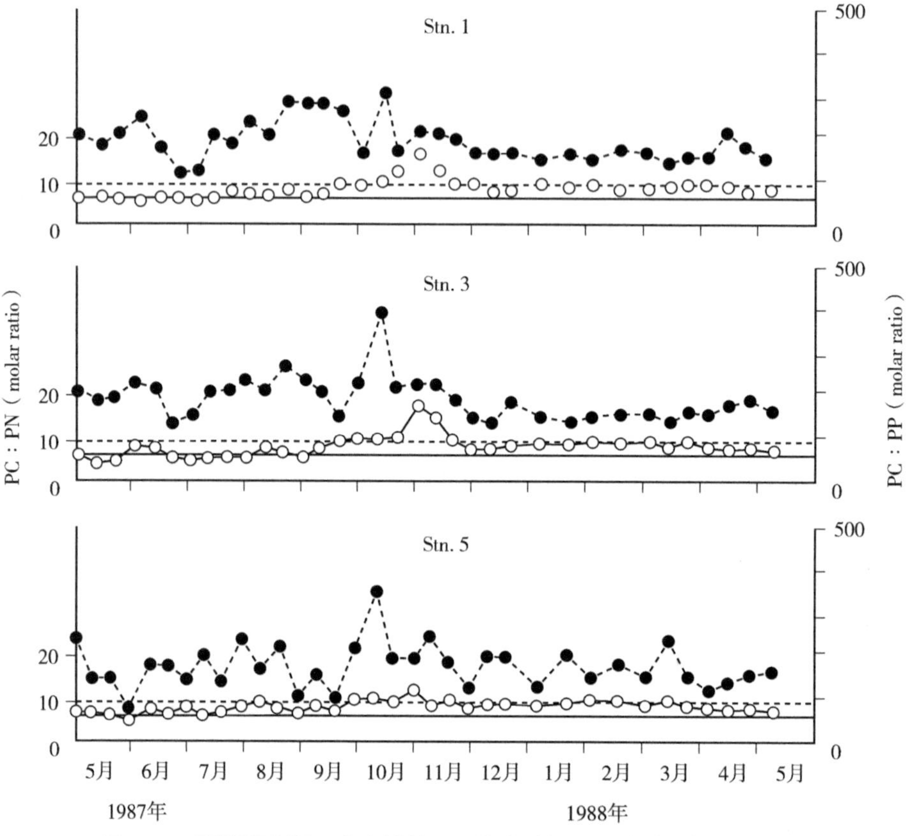

图 10-1　琵琶湖南湖 3 个水域的悬浮物中碳氮比、碳磷比的季节变化

注：图中点位 1（Stn.1）为受流域影响较大的水域；点位 3（Stn.3）为南湖的中央水域；点位 5（Stn.5）为受北湖水影响的南湖北端水域，从中可以观察到各个比值的变动幅度和季节变化。图中的横实线和横虚线分别表示 C：N 和 C：P 的 Redfield 比值。

［摘自 Nakanishi，M.，et al.，Jpn.J.Limnol.，51（1990），有部分改动］

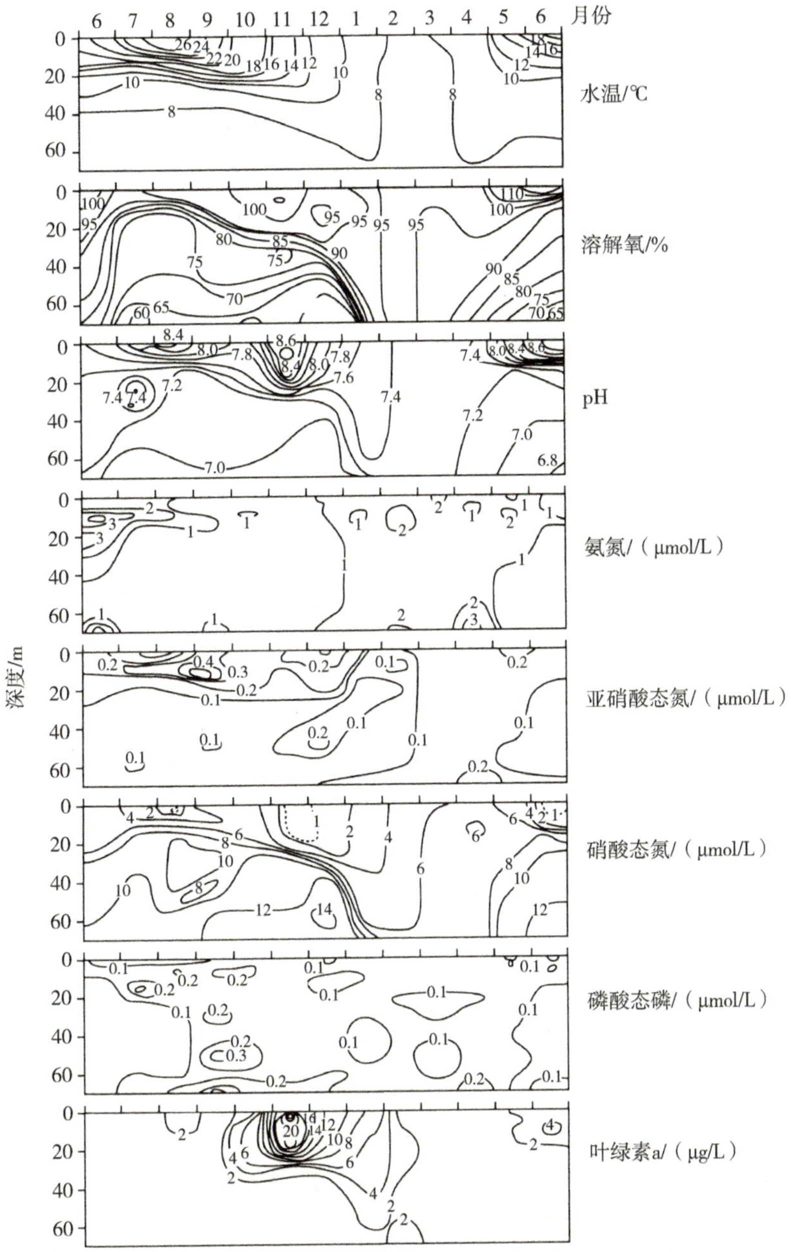

图 10-2　琵琶湖北湖中水温、pH、氨氮、亚硝态氮、硝态氮、磷酸盐和叶绿素 a 的垂直分布的季节变化

［摘自 Mitamura，O and Saijyo Y.，Arch.Hydrobiol，.91（1981），有部分改动］

10.2 总氮与总磷

在光照充足，浮游植物非常活跃地进行光合作用的水层（生产层），对硝态氮和磷酸盐等营养盐浓度测定应该是用剩的量。氮和磷除了以这种营养盐的形式存在，在浮游生物和细菌中也存在，有的也以有机物的形式溶解于水中。为了评估湖水中的氮和磷，需要了解各种形态的氮和磷的赋存量及其总量。

在湖水中，如果总氮和总磷较多，则浮游植物的量也多。例如，在封闭性湖泊浮游植物增殖前循环期的总磷浓度，和增殖后夏季的叶绿素 a 浓度之间，发现如图 10-3 所示的密切关系。因为存在这种关系，所以根据浮游植物的赋存量尚在很低时的总磷测定值，可以大致推算该年浮游植物繁盛期时的生物量。总氮和叶绿素 a 浓度之间也存在着同样的关系。此外，还可以预测因河流、降雨或者湖底沉积物的释放，向湖水中供给的总氮、总磷增加，会产生多少浮游植物。由人为富营养化预测所产生的浮游植物量的方法，也以这种关系为基础。

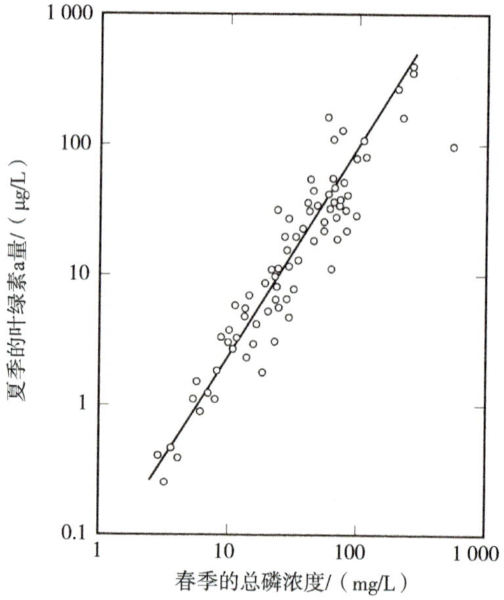

图 10-3 多个温带湖泊中的春季循环湖内总磷浓度和夏季叶绿素 a 的关系

［摘自 Home，A.J.and Godman，C.R.，Limnology（2nd ed.），McGraw Hill（1994），有部分改动］

10.3 湖水中氮的收支

一方面，营养盐从河流、降雨、地下水等不断地供给到湖泊，另一方面，又从河流或地下水流出。水中的硝态氮、氨氮、尿素、磷酸盐等，在表层水被浮游植物以营养盐的形式利用和消耗，另外，随浮游植物自身死亡和分解，或者被浮游动物、底栖动物、鱼类等摄食，然后被排出而供给到水中。这些过程虽然各式各样，但都会再次以营养盐化合物的形式返回到水中。此外，一部分氮、磷以悬浮有机物的形式沉降到湖底后，其中很大一部分被分解再次释放并返回到水中。

10.4 有机氮（DON）与有机磷（PON）

有机氮和有机磷有可溶于湖水的和不可溶而以悬浮颗粒存在两种形态。也就是说，有机氮可分为溶解性有机氮（DON）和悬浮有机氮（PON），有机磷可分为溶解性有机磷（DOP）和悬浮有机磷（POP）。

这种分类并不严谨。正如 6.2 节中介绍的那样，很难按尺寸大小划分化学意义上的溶液、胶体、粒子，此外在天然水中，其尺寸大小非常复杂无法进行区分。一般来说，广泛使用孔径≤1 μm 的玻璃纤维滤纸或者有机膜滤纸来过滤湖水，滤纸上残留的物质为悬浮态，滤液为溶解态。

因此，在溶解态中，有时还包括细菌和部分微细浮游植物。而在悬浮态中，还包括浮游植物、浮游动物、细菌、花粉、生物残骸以及来自陆地的物质等。此外，溶解性有机氮和溶解性有机磷，常常由悬浮有机氮和悬浮有机磷分解产生。

10.5 氮循环过程

湖水中因氮的生物利用而产生的循环过程非常复杂（图 10-4）。为便于理解将众多氮循环中主要的氮循环过程绘制示意，如图 10-5 所示。

10.5.1 浮游植物对氮的吸收

浮游植物的氮源主要有氨氮和硝态氮，有时也利用亚硝态氮。有机态的尿素也经常被使用。还有偏好利用硝态氮的浮游植物（如微囊藻）。不过如果湖水中存在氨氮和硝态氮，大部分浮游植物则首先利用氨氮。当铵态氮几乎耗尽后，则开始利用硝态氮和亚硝态氮。此外，利用硝态氮时需要光照，但氨氮即使在阴暗场所也能被吸收利用。

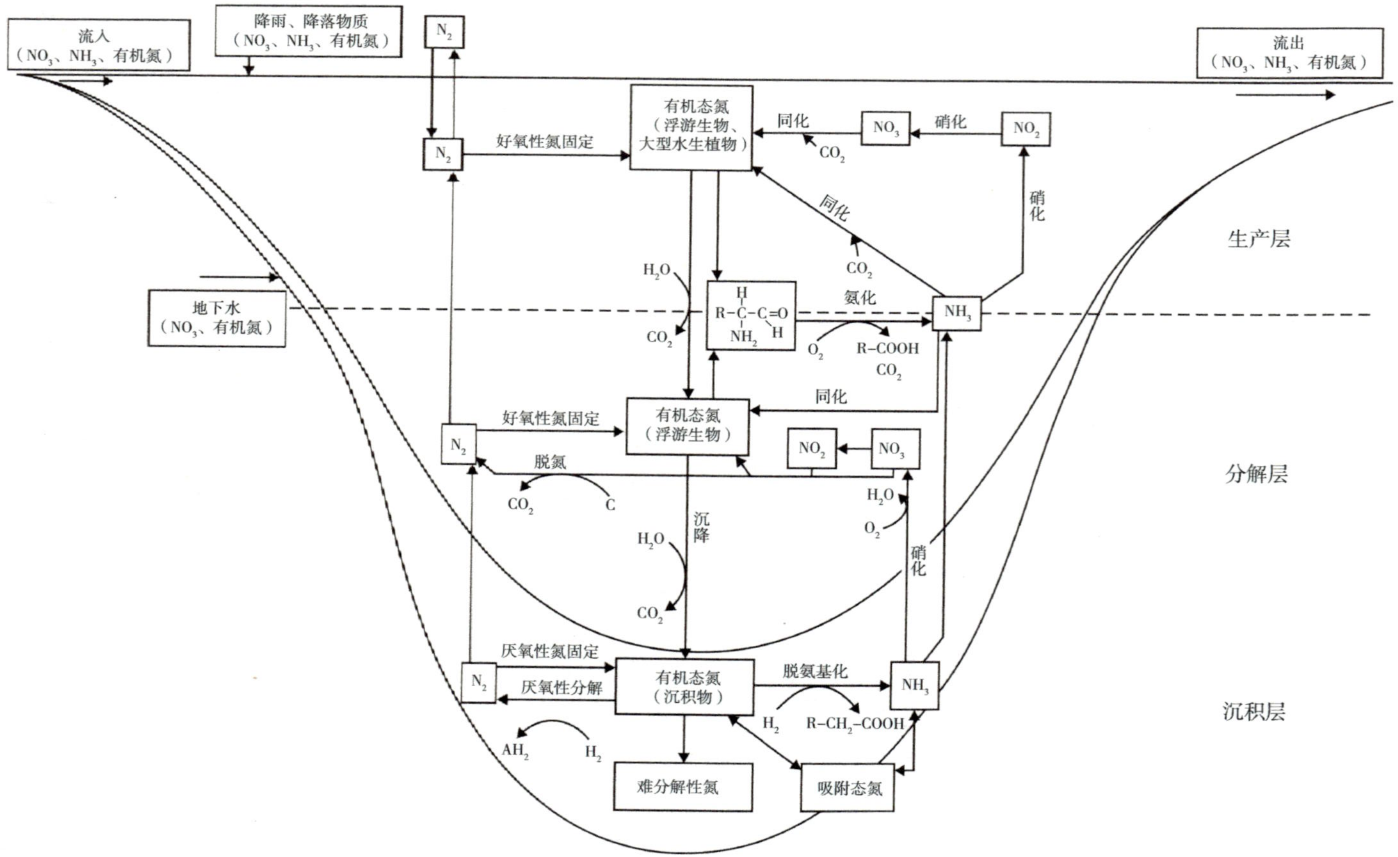

图 10-4　湖泊中氮循环的各种过程

［摘自 Wetzel，R.G.，Limnology（2nd ed.），Saunders College Publ.（1983），有部分改动］

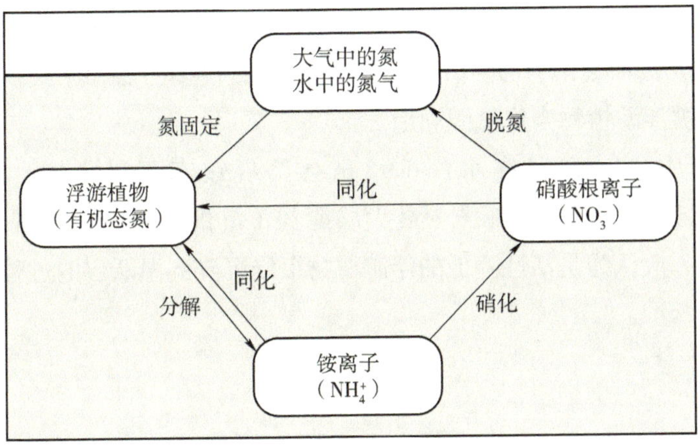

图 10-5　氮循环模式

尿素一般在氨氮耗尽后，相较于硝态氮被优先吸收。吸收利用尿素时，与氨氮一样，与浮游植物的光合作用有关，在一定程度上随光的强度发生变化。此外，尿素与氨氮一样，通过湖泊中生物的排泄和生物残骸的分解等进行供给。此类氮化合物的吸收速度依赖于氮化合物的浓度，氮化合物的吸收速度（V）有时根据下述米氏方程（Michaelis-Menten equation）式（10-1）进行计算。

$$V=\frac{V_{\max}S}{(K_s+S)} \tag{10-1}$$

式中，S（基质浓度）为氮化合物的浓度；$V_{\max}$（最大吸收速度）为吸收速度的饱和值；K_s（半饱和常数）为最大吸收速度 1/2 时氮化合物的浓度。

10.5.2　氮固定

浮游植物中，蓝藻中的某些种类（如鱼腥藻属），如果营养盐氮化合物不足，则利用溶解于水中的分子态氮（氮气）进行氮固定。氮固定是指将大气中的分子态氮作为湖水中有机氮进行的固定过程，可以说是一种极端的湖泊氮的负荷过程（某种富营养化过程）。

例如，在木崎湖，6—10 月的氮固定量小于浮游植物氮吸收总量的 10%，但 8 月在水深 5m 的水层，有时由鱼腥藻属进行的氮固定量较高，可达总量的 40%。

10.5.3　有机氮的分解

湖水的浮游生物等生物残骸、从湖泊外流入的落叶等悬浮物质中含有的蛋白质等有机氮，如果被细菌和动物摄食并分解，则经由氨基酸和尿素等溶解性有机氮，首先变成氨（氨化）。此外，从活着的生物直接排出氨和尿素，正如前文所述，将再次被浮游植物当作氮源利用。

木崎湖中，7—10 月在水深 6～8 m 会出现铵态氮最大层。尤其 8 月铵态氮最大层会出现于比叶绿素 a 最大层深约 1 m 的水层，这一现象值得关注（图 10-6），一般认为是活性降低的浮游植物缓慢沉降到温跃层的过程中被分解的缘故。

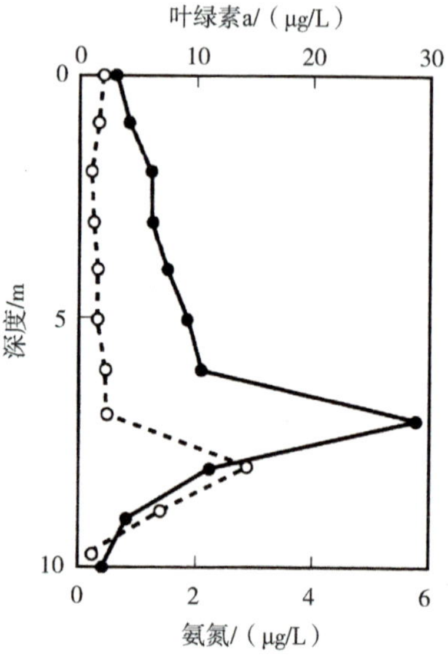

图 10-6　1987 年 8 月在木崎湖发现的叶绿素 a 最大层和氨氮最大层

注：在浮游植物较多水层的正下方，非常活跃地进行着分解。此时的温跃层位于 5 ~ 10 m。
［摘自 Takahashi，M.and Saijyo.Y，. Arch.Hydrobiol.，97（1983）］

在湖泊的生产层，因有机氮的分解导致的铵态氮的再生和由浮游植物进行的铵态氮的吸收，处于动态平衡关系，由铵态氮的再生速度决定浮游植物生产的可能性较大。在氨的再生过程中，浮游动物的排泄起着重要的作用。

10.5.4　硝化作用

铵态氮被细菌氧化变为亚硝态氮，进一步变成硝态氮的过程称为硝化过程。该过程中发挥作用的主要是氨氧化细菌和亚硝酸氧化细菌（统称为硝化细菌）。

$$NH_4^+ \longrightarrow NO_2^- \longrightarrow NO_3^-$$

当水中溶解氧不足时，则无法进行硝化作用。此外，氨氧化细菌、亚硝酸氧化细菌中的任何一种都会因光照的存在而丧失硝化活性。可是，此类细菌只要在阴暗场所生存稍许时间就会恢复活性。恢复活性所需要的时间与光强度和照射时间成正比。如图 10-7 所示，木崎湖春季循环期后，在深层水中氨氮含量增加，但不会生成硝态氮。到 6 月中旬后，从湖底附近开始进行硝化作用，2 周左右深层水中的氨氮就会氧化成硝态氮。从 3 月末到 4 月上旬，全部水层进行垂直混合时，硝化细菌因在表层水接受强烈光照而丧失硝化活性，到 6 月中旬却恢复了活性。此后，深层水中氨氮没有增加，仅硝态氮含量增加。

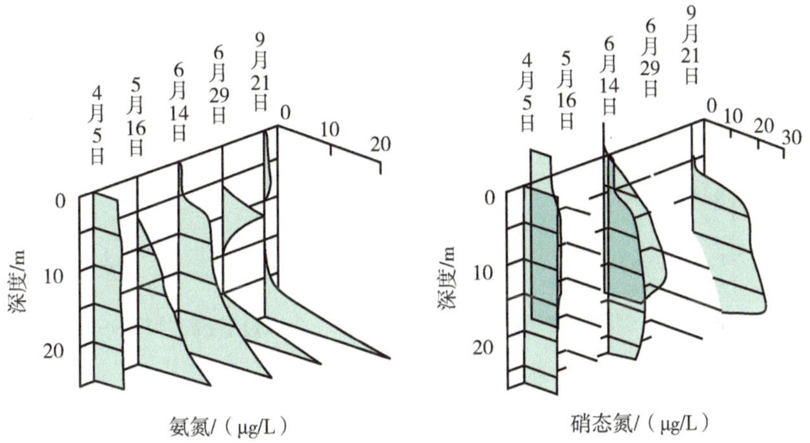

图 10-7　木崎湖从春季到夏季湖水中氨氮和硝态氮的垂直分布的变化

注：6 月中旬 10 ~ 20 m 水层的氨氮含量快速减少，硝态氮含量快速增加，表明发生了硝化作用。
[摘自 Takahashi，M，and Saijyo.Y，.Arch.Hydrobiol.，93（1982）]

10.5.5　脱氮作用

如果水中几乎无溶解氧，硝态氮则通过细菌的作用被还原，经由亚硝态氮、一氧化二氮（N_2O），变成分子状氮（N_2）。这一过程称为脱氮作用（也称反硝化作用）。这一过程因为是从水中去除氮的过程，所以与人为富营养化问题相关而受到重视。

$$NO_3 \longrightarrow NO_2 \longrightarrow N_2O \longrightarrow N_2$$

脱氮从湖底上覆水几乎没有溶解氧时开始，随着溶解氧的减少，逐渐波及上层。例如在深见池中，如图 10-8 所示，随着深层溶解氧的减少，发生脱氮作用，导致硝态氮减少，生成亚硝态氮。尤其近年来发现还生成因与臭氧层破坏或者地球温暖化问题有关而备受人们关注的一氧化二氮。

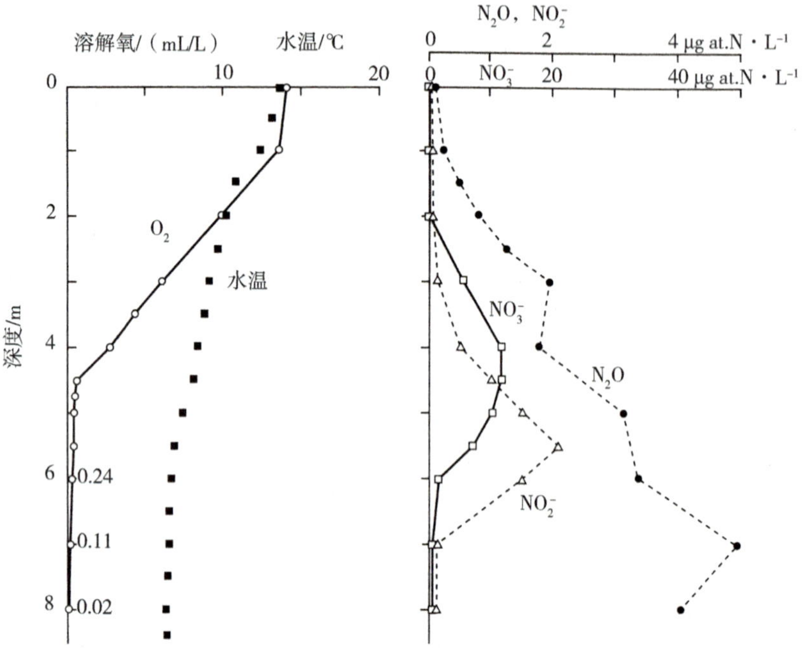

图 10-8　深见池中随着深层溶解氧的减少导致硝态氮减少以及亚硝态氮和一氧化二氮的产生

注：注意硝态氮的单位高出 1 位。

［摘自 Yoh，M.，et al.，Nature，301（1983）］

一般来说，随着来自流域等的氮负荷的增加，湖泊的初级生产会增加，导致湖水的营养程度增加后，向深层水供给的有机物会增加，溶解氧被消耗（还原性），脱氮作用显著。湖水中总氮和总磷的比值在贫营养湖较高，在富营养湖较低，一般认为是因脱氮作用所导致。

在湖泊沿岸带的水陆过渡地带和湿地发现的小型沼泽，因为雨季、旱季和湖水的水位变化，有时会积水形成沼泽景观，有时会因干燥而消失。这种湿地沼泽，洼地如果蓄积水则湖底处于贫氧状态，干燥后则变为氧化性环境，周期性地反复进行硝化和脱氮反应，作为氮净化和氮负荷的典型事例而备受人们关注。

10.5.6　尿素

在琵琶湖采用现场法进行观测时，发现在生产层尿素态氮约是硝态氮的 2 倍，并且作为氮源被浮游植物吸收。更有意思的是，尿素态碳的一部分作为碳源同时被浮游植物吸收。此时，如果在吸收的碳量上加算伴随尿酸的分解而释放到水中的二氧化碳量，则可以了解尿素的分解量。浮游植物进行光合作用吸收的尿素态氮，与该时被分解的尿素态碳之间存在密切的关系，这表明尿素作为氮源被浮游植物利用的过程，其实就是尿素的分解过程。

10.5.7　氮的回归速度

如前文所述，氨氮和尿素可在很短时间内参与浮游植物的吸收、分解和排泄、再次被浮游植物吸收的物质循环过程。

如果从这个角度考察湖水中氮的循环过程，则可以理解浮游植物偏好铵态氮，并将其当作氮源使用的合理性。生物的氮成分被分解后，可以首先生成氨和尿素。浮游植物可以马上利用这种铵态氮和尿素态氮。与此相比，硝态氮形态下对铵态氮进行硝化就较复杂，单是硝化过程就需要一定的时间，浮游植物需要还原后才能利用硝态氮的能量。

浮游植物与氨和尿素之间，随时进行着活跃的循环。在表层水铵态氮和尿素态氮的赋存量很低，因其生成后立即就被浮游植物吸收。另外，硝态氮由于被利用得少，所以在表层水有相当程度的赋存量。依据在琵琶湖南湖对这种循环速度（滞留时间）的测定结果，铵态氮为 2 天，尿素态氮为 3～4 天，硝态氮则长达 160～190 天。此外，在琵琶湖，来源于浮游动物排泄物的氮供给，包括细菌分解等在内的铵态氮总供给量中占 60%～70%；在尿素态氮总供给量中占 50%～60%。此外，排泄的铵态氮和尿素态氮的比值约为 5：1。

此类现象正如已经介绍过的那样，根据在琵琶湖北湖的观测结果（图 10-2），因为铵态氮浓度表面上没有变化，硝态氮浓度发生了变化，所以往往认为浮游植物的氮源是硝态氮。但实际上铵态氮具有快速被植物吸收、快速被排泄、再次被吸收这一快捷的动态循环功能。也就是说在研究湖泊物质循环时需要综合思考，充分了解动态平衡后弄清楚真正的物质循环。

10.6　磷循环过程

浮游植物进行生产时，吸收浮游生物可以利用的化学形态磷（磷酸盐等）。虽然浮游植物与其他微生物一样都以颗粒态磷的形式存在，但这在分解过程中将变成溶解有机磷。然后被细菌等分解，变成无机态的磷酸盐，再次被浮游植物利用。在溶解氧充足的湖水中，磷酸盐与铁（Ⅲ）等发生共沉淀，沉积到湖底。在停滞期，湖底附近溶解氧消失的湖泊中，以铁（Ⅱ）的形式释放到水中时，磷酸盐也被释放到水中，再次被浮游植物利用。

在霞浦湖中，各种形态磷如图 10-9 所示产生季节变化，并通过湖泊中浮游动植物和底栖动物等，如图 10-10 所示进行循环。

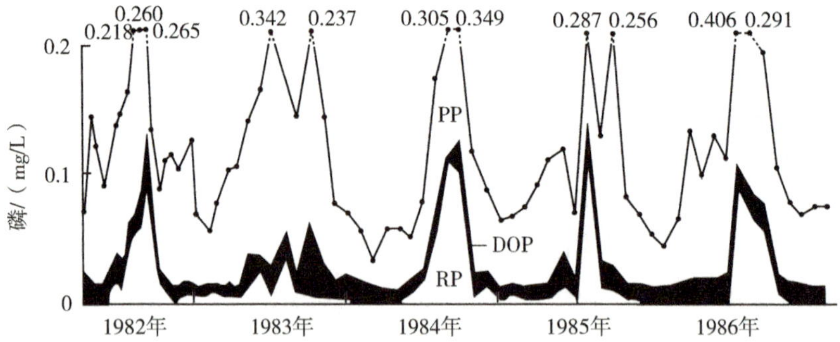

图 10-9　霞浦湖高滨湾水域中总磷、颗粒态磷（PP）、溶解有机磷（DOP）和磷酸盐浓度（RP）的经年变化

［摘自 Otsuki A.，et al.，Jpn.J.Limnol.，48（1987）］

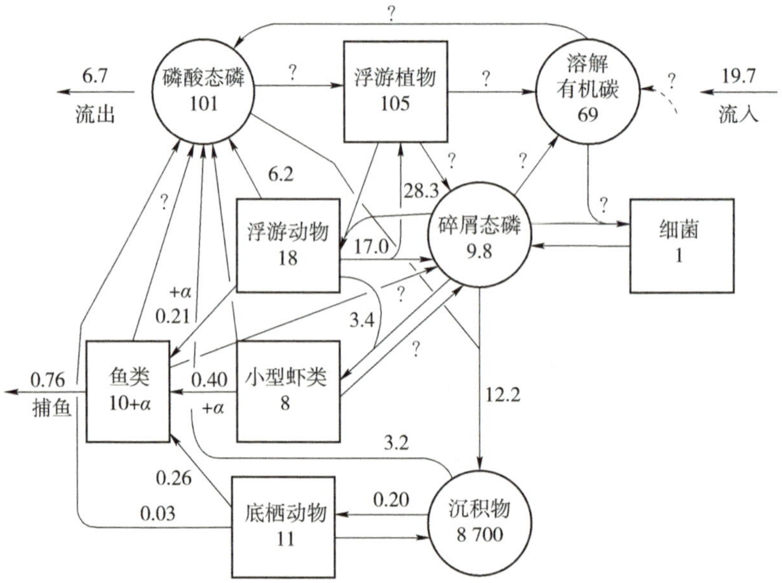

图 10-10　霞浦湖中磷的循环

注：单位：赋存量（框内），mg/m²；变化速度（箭头）：mg/（m²・d）。
［摘自 安野正之等、国立公害研究所报告，R51-'84（1984）］

10.6.1　通过浮游植物产生的磷的蓄积

某些种类浮游植物在细胞内过多地吸收了水中可供利用的磷，即使水中缺乏磷后，也可以利用体内蓄积的磷继续增殖。通过用热水对这过剩吸收到细胞内的磷进行处理并进行测定，可以了解浮游植物的磷供给状态。在细胞内磷的蓄积程度，根据浮游植物的种类存在显著差异。

10.6.2 颗粒态磷的作用

从河水流入湖泊的磷主要是磷酸盐、颗粒态磷和溶解有机磷。例如，流入琵琶湖的姉川平水期时的磷平均浓度为 28 μmol/L，其中磷酸盐约占 50%、颗粒态磷占 40%、溶解有机磷占 10%。颗粒态磷随着河水流量的增加而增加，这种颗粒态磷 70% 以上都是与铁结合的磷。

水中的磷酸盐浓度较高时，在铁化合物上将吸附磷酸盐，当磷酸盐浓度较低时，被吸附的磷将被释放到水中。磷酸盐的吸附在 pH<8 时大量发生，在 pH 较高时，被吸附的磷会游离到水中。这意味着在生产层浮游植物光合作用活跃时，水中的磷酸盐减少，不过湖水经常表现出较高的 pH，结果可以推测颗粒态磷将作为浮游植物的磷源发挥作用。

10.6.3 从有机磷生成无机磷

碱性磷酸酶（phosphatase）是一种起催化作用的酶，它可以促进水分解磷酸单酯，生成磷酸根离子的反应。这种酶从供给生物体必要的无机磷酸的意义上来说，在湖泊的循环中发挥着重要的作用。例如，分析霞浦湖的溶解碱性磷酸酶的活性与磷酸盐浓度之间的关系，则在磷酸盐缺乏时期，溶解性磷酸酶的活性增加，其后，随着磷酸盐浓度的增加，酶活性降低。由此可见，磷酸盐浓度和碱性磷酸酶活性之间存在紧密的关系。

第11章　湖底沉积物

11.1　湖底沉积物研究的意义

湖水中的有机物可以大致分为在湖泊生产层生产的浮游植物、水生植物等各种生物的残骸、排泄物等内源性有机物，以及以落叶、污水等形式从湖泊外部流入的外源性有机物。其中溶解于水即所谓的溶解性有机物将随着水而流动，但是不溶解于水即所谓的悬浮性有机物中的一部分，如果丧失了浮力则逐渐沉降。在沉降过程中，或者被其他动物捕食，或者被细菌分解，剩余的部分则沉积到湖底表面。随后进一步被捕食和分解，剩余的很少一部分变成永久性的湖底沉积物。在湖泊的物质循环过程中，有机物在沉降堆积的过程中会发生什么样的变化？有多少量成为永久性的沉积物？又有多少量返回到湖水中？了解这些内容，对阐明湖泊物质循环来说非常重要。湖底的表层附近是摇蚊幼虫和颤蚓等底栖动物（水底生物）的栖息场所。此外，底栖动物在湖底沉积物的分解等变化过程中，也发挥着巨大的作用。这种颗粒比较微细的泥质湖底沉积物有时被称为“底泥”，不过此类用语一般不加以区分。

如前文所述，每年按一定厚度堆积的永久性沉积物内，含有生物残渣有机物、硅藻类的硅酸质外壳和水蚤的甲壳质外壳、外源性植物的残渣、花粉（花粉很难被分解，被长期保留）、火山喷发物、洪水时的沉淀物等。甚至遗留了海水入侵时的影响、地磁方位的变化等。这样的沉积物层相当于记录了湖泊和流域历史的书中的每一页。利用同位素进行年代测定等各种方法，来阐明其中遗留的过去的记录，这一研究领域称为古湖泊学（或者古陆水学）。

图 11-1 所示的就是这种研究的一个案例。使用在英国的湖泊（Esthwaite Water）（最大水深约 15 m）采集到的湖底沉积物钻芯样品（柱状沉积物），调查历史上 2 000 年间主要的摇蚊、水蚤等水生生物的构成变化。该湖泊最初是贫营养湖，但大约从 1 000 年前开始，该湖泊夏季深水层的溶解氧逐渐减少，表现出

了向富营养湖转变的富营养化过程。这一相关领域的研究，近来获得了快速的发展。

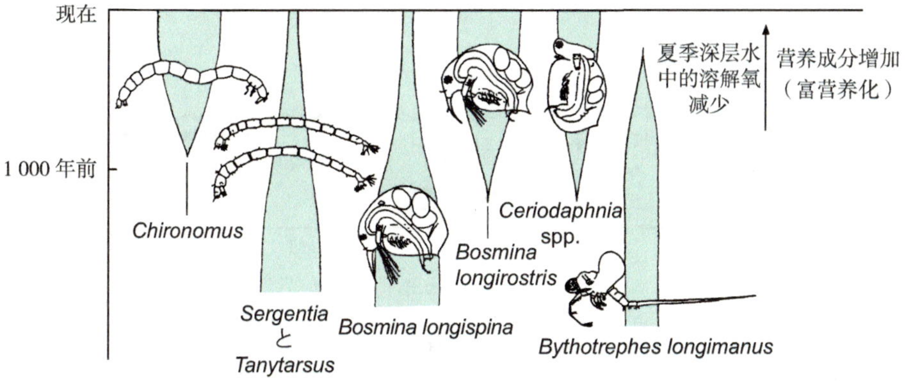

图 11-1　利用在英国湖泊 Esthwaite Water 采集到的钻芯样品口（柱状沉积物），调查过去约 2 000 年间主要的摇蚊、水蚤等的构成变化，表明大约从 1 000 前开始，该湖逐渐富营养化

［摘自 Fryer，G.，A Natural History of the Lakes，Freshwater Biological Assoc.（1991）］

11.2　从生产层到湖底的物质沉降

在生产层生产的有机物中，有多少按什么样的速度沉降？在沉降途中有多少被分解？又有多少抵达湖底？了解沉降性有机物的变化，对分析湖泊的物质循环非常重要。在日本自从菅原健在高须贺沼进行这方面的研究以来，一些研究人员也在几个湖泊尝试了这方面的研究。

观测琵琶湖中氮的沉降变化，结果如图 11-2 所示，在有光层（生产层）被生产的浮游植物，因为被浮游动物捕食，被微生物分解等，其中大部分在有光层很快被分解，产出的有机物的 80% 以上以无机物的形式返回到了水中。没有被分解的部分，以颗粒状有机物的形式，进一步向湖底沉降，最后抵达湖底的有机物，约为在有光层所生产有机物的 5%。因为湖泊水深等条件，各个湖泊的具体数值会有所不同。不过，在具有一定深度的湖泊，在有光层所生产有机物中有相当大的部分在同一水层中就已被分解。在木崎湖，夏季在水深 5 m 处发现叶绿素 a 最大值时，在水深 6～7 m 处观测到表明氮分解活跃的铵态氮最大值水层。

而对于海洋，在各种深度设置了捕集容器（沉淀物捕集器），收集来自表层附近的沉降物质，实施了大规模的试验。试验结果表明，浮游植物的残渣等需要花很长时间才能沉降到海底附近，与此相对的是，浮游动物的粪块等却能以较快的速度沉降。这不得不改变人们迄今为止对海洋中物质循环的认识。与此相同，在湖泊中有机性悬浮物质的沉降方面，也需要充分认识到微细颗粒缓慢沉降的情形和粗大颗粒快速沉降的情形，来阐释测定结果。

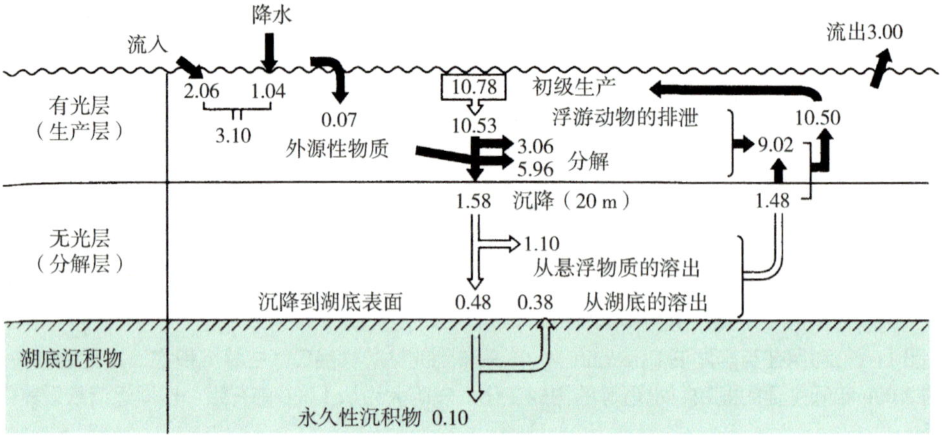

图 11-2 琵琶湖北湖中的氮循环［g/（m²·a）］

［摘自 西條八束、坂本满（1970）］

11.3 湖底沉积物的分布

11.3.1 湖底沉积物的一般性状

湖底沉积物的性状，从湖岸附近朝向湖心逐渐发生变化。

沿岸带的湖底沉积物：正如 1.1 节中所介绍的那样，沿岸带是指从受波浪冲击的湖岸起，经过各种水生植物生长的地带，直到有轮藻生长的深度附近。大致可达相当于透明度深度 2～2.5 倍的补偿深度附近，如果从水温角度看，则相当于表水层和温跃层（变温层）的上部。在风势较强的湖岸，因为在岸边浪花四溅，水的扰动激烈，所以泥土和生物残渣等细微粒子、体积大但较轻的物质都会被冲走，其底质由岩石、漂砾、沙石、沙等构成。

另外，湖湾的深处等因为水的晃动较小，所以水生植物繁茂，水生植物反过来又使水更加静止。在这样的场所，如图 1-1 所示，大型水生植物根据深度变换种类呈带状生长。湖底厚厚地沉积有植物的残渣等。

如此，沿岸带和从沿岸带向深底部的延伸斜面，虽然以往研究相对较少，不过来自沿岸区域的有机物供给量较多，并且溶解氧也丰富，所以有机物的分解也非常活跃，在湖泊的物质循环中发挥着重要的作用，因而近年来备受人们关注。

深水区的湖底沉积物：在湖泊中央平坦水域的湖底，除像洞爷湖那样，近年因火山喷发物沉积变成沙石质的湖泊等之外，湖泊湖底大多都覆盖着微细的泥质沉积物。

湖底沉淀并堆积着各种有机物。这种有机性沉积物可以大致划分为包括浮游植物、大型水生植物、浮游动物、昆虫、鱼类在内的生物残骸及其碎片等在湖泊中产生的内源性有机物和从湖泊外流入的落叶等外源性有机物。

这些物质堆积而成的褐色物质被称为骸泥。这种骸泥在无氧状态下，因硫化铁等而呈黑色的沉积物被称为腐质黑泥（淤泥）。如湿地的池塘、高纬度地区的湖泊那样，泥炭质沉积呈褐色并含有大量有机物的沉积物被称为腐殖泥。

11.3.2　湖底沉积物的粒度

湖底沉积物的粒度分布反映了沉降物质堆积的环境，所以人们很早以前就对此进行调查。如表 11-1 所示，利用沉积物的粒径对沉积物进行分类被广泛使用，以平均粒径值（Mz）和中央粒径值（Mdφ）来表示。以粒径（d）2 mm 和 1/16 mm 为界，划分为“砾”“砂”“泥”；“泥”又进一步以 1/256 mm 为界划分为“粉砂”和“黏土”。

近来对此进行研究的案例较多。例如，在琵琶湖（图 11-3），在全水域 161 个监测点进行了详细的调查。在北湖的安云川水域可以看到微细粒子呈环状分布，而这与湖盆地形不一致，位于湖底很平缓的斜面上，颇让人寻味。此外，在北湖中央粒径值比 4 粗的沉积物的区域，与 10 m 等深线基本一致，在这一深度波浪的影响波及不到，所以有沙质沉积物。

11.3.3　沉积物的化学成分

人们经常对与湖泊物质循环有关的湖底沉积物中的碳、氮、磷等进行分析。例如，对日本 53 个湖泊的湖底沉积物的表层样品进行分析，结果表明，在 46 个调和型湖泊（包括半咸水湖在内）中，作为平均值（针对干重量），烧失量为 15%、碳为 4%、氮为 0.4%、C/N 比值为 9；在腐殖营养湖泊中，烧失量为 49%、碳为 21%、氮为 2.0%、C/N 比值为 11。

表 11-1　利用沉积物粒径进行的分类

粒径 d/mm	16	8	4	2	1	1/2	1/4	1/8	1/16	1/32	1/64	1/128	1/256	1/512
粒度的指标 φ	-4	-3	-2	-1	0	1	2	3	4	5	6	7	8	9
沉积物的名称	中砾		细砾		极粗		粗	中	细	极细	粉砂			黏土
	砾				砂						泥			

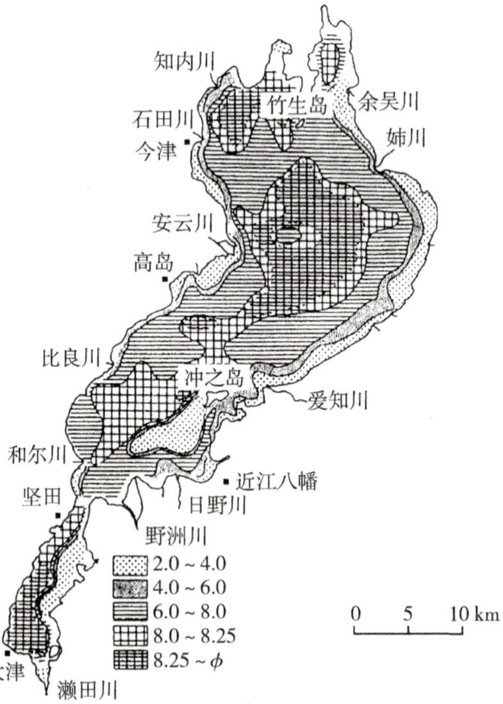

图 11-3　基于中央粒径的琵琶湖湖底表层沉积物的粒径分布

注：粒径数据为沉积物 5 ~ 10 cm 厚度的泥样。

[摘自 公文富士夫等 . 地质学论集，39（1993）]

对北海道 40 个湖泊进行分析的结果（这里面含有硅和各种重金属）表明，碳和氮的平均值分别为 9% 和 0.9%，C/N 值为 11。一般来说，碳、氮在富营养湖和腐殖质湖沉积物中表现出较高的含量，在破火山口湖等贫营养湖沉积物中表现出较低的含量。与此相对，磷在较浅的富营养湖和较深的贫营养湖沉积物中表现出较高的含量。

11.4　由沉积物释放的氮、磷

从生产层沉降而来的有机物，首先在湖底表面附近被分解，进一步以沉积物形式沉积后，其中一部分也会被分解，并以氮和磷的营养盐等形式释放到湖水中。释放的营养盐又会被搬运到生产层，再次成为浮游植物的营养源。

有机物的分解主要由异养细菌进行。另外，这种湖底沉积物正如 1.1 节中介绍过的那样是底栖动物的生活场所，底栖动物如图 11-4 所示，摄食湖底沉积物表层中的有机物并进行排泄，或者在底泥中钻孔导致湖水能够进行交换，总之在湖底沉积物的分解过程中发挥着巨大的作用。在诹访湖的中央区域，根据蚯蚓排泄的粪便量进行计算，则从湖底沉积物表面到深度 10 cm 的所有沉积物，每年约 2 次通过蚯蚓的消化道。

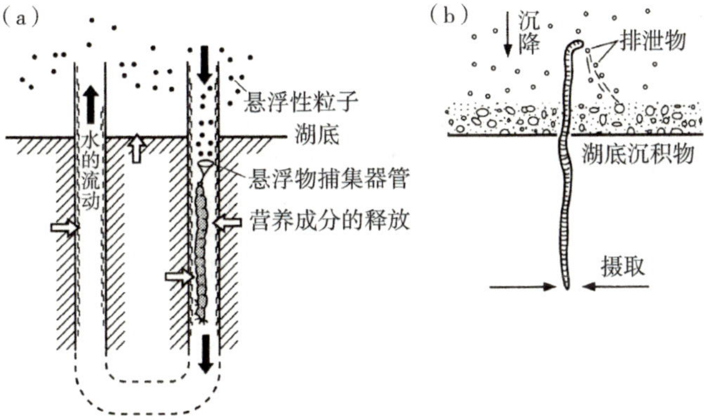

图 11-4　湖底沉积物中羽摇蚊幼虫（a）**和水丝蚓**（b）**的生活**

注：羽摇蚊幼虫在 U 字形巢内搅动水流进行呼吸，捕食饵料，并向底泥表面排泄粪便。由此，氧可供给到沉积物中 20 cm 左右的深度。水丝蚓捕食到 5 cm 左右深度的沉积物并排泄到表面，覆盖住沉积物表层的沉淀物，阻碍了向沉积物的氧供给。

［摘自 福原晴夫（1991）］

11.4.1　沉积物中的间隙水

为了解在湖底沉积物中含有多少处于易释放状态的氮和磷，使用离心分离等方法采集湖底沉积物中含有的水分即所谓沉积物的间隙水，并测定其中溶解的氮和磷化合物量，据此推测氮和磷释放到水中的速度。

在霞浦湖中污染严重的高滨湾水域，就湖底沉积物中氮和磷的释放，实施了包括测定间隙水在内的实验，结果如下：

（1）湖底沉积物上覆水中的溶解氧浓度在 1.5 mg/L 以下时，随着溶解氧的减少，氨氮和磷酸盐的释放增加。

（2）湖底沉积物上覆水的溶解氧浓度和磷酸盐的释放速度之间，发现如图 11-5 所示的关系。

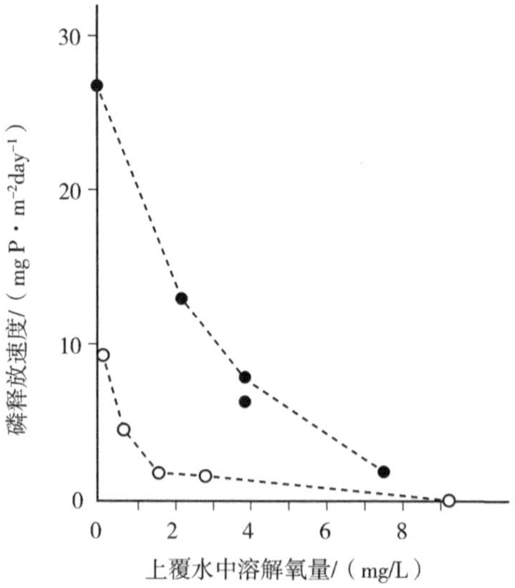

图 11-5　霞浦湖高滨湾水域内湖底沉积物上覆水中两种条件下溶解氧浓度和磷酸盐释放速度之间的关系

［摘自 细见正明，须藤隆一. 国立公害研究所报告、R52-'84（1984）］

（3）对间隙水中氨氮的垂直分布及其季节变化进行分析的结果如图 11-6 所示，夏季增加，冬季减少。这一增减现象明显依赖于温度。间隙水中磷酸盐如图 11-7 所示，从夏季到秋初，在湖底沉积物表层表现出高浓度，在其他时期基本上在 0.2 mg/L 以下。

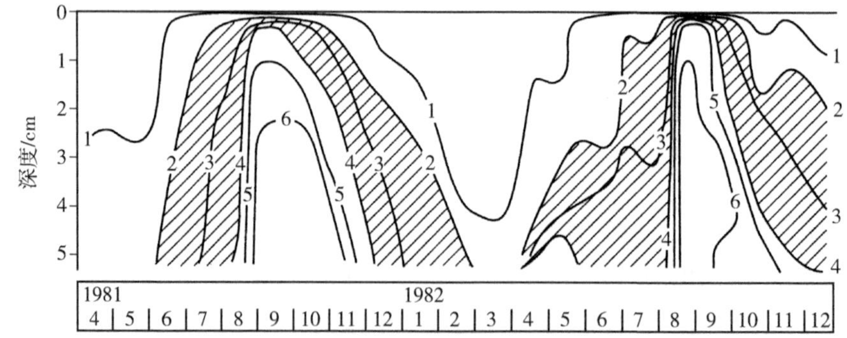

图 11-6　霞浦湖高滨湾水域内湖底沉积物间隙水中的氨氮浓度（0.2 mg/L）的垂直分布及其季节变化

［摘自 细见正明，须藤隆一. 国立公害研究所报告 .R52-'84（1984）］

间隙水中的氮量如果增加，则吸附到湖底沉积物粒子上的氮量也将增加。根据间隙水中氨氮的浓度斜率，可以推测出从沉积物表层释放氮的速度，但关于磷，因为条件比较复杂，所以一般很难测定。

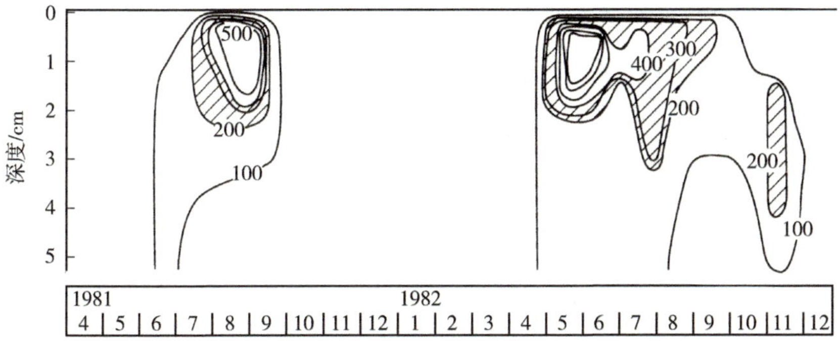

图 11-7　霞浦湖高滨湾水域内湖底沉积物间隙水中的磷酸盐浓度（μg/L）的垂直分布及其季节变化

[摘自 细见正明，须藤隆一 . 国立公害研究所报告 .R52-'84（1984）]

表 11-2　湖泊湖底沉积物的氮、磷释放速度 [mg/（m^2·d）]

湖泊	湖泊类型	释放速度 / [mg/（m^2·d）]		条件	研究者（年份）
		N	P		
手贺沼	过营养	238		25℃ 现场法	中岛等（1983）
		56		10℃ 现场法	
霞浦湖	富营养	68～134	1～10	夏季 N：数理模型	细见、须藤（1984）
				夏季 P：柱状样品室内实验	
			约 0	冬季	
诹访湖	富营养	78～322	0～6.3	9～27℃ 现场好氧条件	福原等（1981）
		45～199	6.3～36.5	17～22℃ 现场厌氧条件	
汤之湖	中营养	11.5		10～11℃ 8 月柱状样室内实验	细见、须藤（1981）
琵琶湖北湖	贫营养	5.6		夏季柱状样数理模型	河内（1978）
		7.6		冬季柱状样数理模型	
中禅寺湖	贫营养	9.2		4℃柱状样室内实验	细见、须藤（1986）
池田湖	贫营养	36		10℃柱状样室内实验	细见、须藤（1986）

[摘自福原晴夫，有部分改动]

11.4.2　营养盐的释放速度和底栖动物的作用

测定从湖底沉积物中氮和磷营养盐的释放速度的案例汇总于表 11-2 中。在霞浦湖，氨氮释放速度在夏季成为最大值，从秋季到春季开始减少；磷酸盐的释放在夏季可以检测到，但在其他时期几乎检测不到。

在好氧性条件下，摇蚊幼虫对从湖底沉积物中释放氮和磷的效果大致是在29℃条件下氨氮为 50 mg/（m^2·d），磷酸盐为 1～1.0 mg/（m^2·d）。

在诹访湖的实验结果表明，氮的释放量与沉淀量有着密切的关系，释放量相对于沉淀量的比值为 0.5～1.0。释放的氮几乎全是氨氮，该量在夏季相当于诹访湖深层积蓄的氨氮约 10 天的供给量。

11.4.3 从湖底沉积物中释放磷的化学机制

如果湖泊的湖底沉积物表层附近溶解氧缺乏，则会从沉积物中释放磷。这与铁在氧化环境下会变成不溶性氢氧化铁（Ⅲ），在还原环境下会变成可溶性氢氧化铁（Ⅱ）这一现象有关。

在湖底沉积物表层，沉积物上覆水的溶解氧浓度在一定程度以上相对较高时，会由氢氧化铁（Ⅲ）等（数毫米以下的厚度）形成薄薄的氧化层，由此阻碍了从沉积物中释放磷。并且，吸附和蓄积水中因有机物分解生成的无机态磷。

一旦湖底沉积物表层的溶解氧消失则会释放磷。也就是说，如果湖泊富营养化，湖底附近的溶解氧消失，则会从沉积物向水中供给磷，由此加速湖泊的富营养化过程。目前，在琵琶湖，富营养化成为环境问题，这也与夏季停滞期末期湖底上覆水中溶解氧量减少（贫氧化）有关。

11.4.4 溶解氧消失对湖底沉积物中微生物的活动产生的影响

在夏季成层期，湖底附近的溶解氧往往减少或者消失，氧化还原电位（E_h）降低。伴随氧化还原电位的降低，与有机物分解有关的微生物过程将发生变化。即使湖底上覆水残留有溶解氧的情形，也仅在湖底沉积物的表层附近形成氧化层，其厚度在数毫米，随着深度的增加 E_h 会快速降低。与此对应，与有机物分解有关的细菌群落的能量代谢形式如图 11-8 所示，呈阶段性变化。

也就是说，在氧化层，通过微生物和底栖动物的呼吸进行有机物的分解和无机化，溶解氧被消耗。在其下方的还原层，因为微生物的厌氧性呼吸和发酵，有机物被分解，结果因为脱氮作用硝态氮消失，由硫酸还原产生硫化氢，或者因甲烷发酵生成甲烷。硫酸还原和甲烷生成作为厌氧性和还原性环境下有机物分解的最终过程非常重要。两者的反应与氧化还原电位有关，一般在硫酸还原结束前不会生成甲烷。

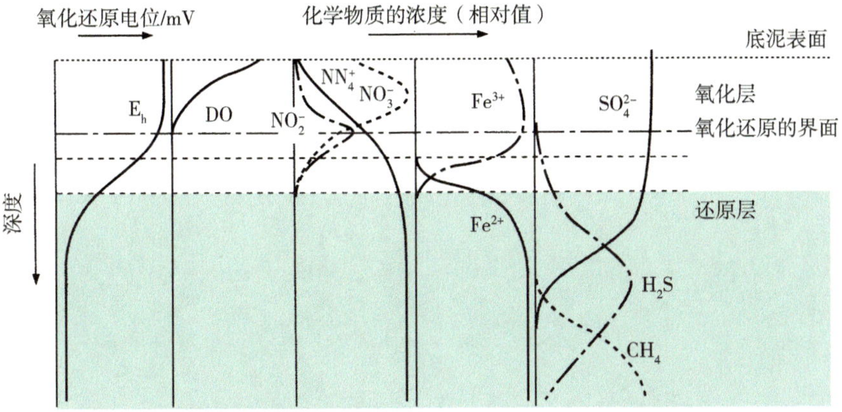

图 11-8　湖底沉积物表层附近的氧化还原电位（E_h）和微生物的能量代谢有关的化学物质（最终电子受体和由此生成的物质等）浓度的垂直分布

［摘自 粟原康著 . 河口和沿岸地区的生态学和生态技术 . 东海大学出版会 .1988］

湖泊的调查方法 Investigation methods of lakes

在第 2 部分中阐述了应使用什么样的方法来调查研究在第 1 部分中所介绍的概念，并且所介绍的各项目可与第 1 部分有机结合。读者通过阅读两部分的相对应项目，从所调查测定科目可以理解观察湖泊的构造和功能的视角和技巧以及湖泊调查的简易方法及简易化学分析方法。水环境研究人员对测定目的和结果的理解容易发生的错误，也以“注意事项”等形式，与测定操作要领一起进行详细的介绍。

我们相信读者通过领会本书的真意，即“湖泊调查可以阐明湖泊从诞生至消亡过程的富营养化湖泊的构造和功能”这一思考，能够揭示我们人类应采取怎样的途径保护湖泊环境。

PART2

第12章 湖泊调查的一般注意事项

12.1 从综合湖沼学的角度进行湖泊调查的必要性

在湖泊生态系统中产生的现象，相互间有着紧密的关系。19 世纪末，Forbes 在《作为小宇宙的湖泊》的演讲中提到“外部施予湖泊生态系统的任何一小部分作用，都必定会以某种形式影响到整个生态系统”。

想要阐明湖泊中所产生现象的机制，最为重要的是尽量从广泛的范围去观察湖泊的各种现象。例如，因为物理方面的兴趣想要调查湖水的污浊现象时，如果对导致污浊的主要决定因素的浮游植物的分布变化不了解，则无法进行正确的分析。

此外，想要调查浮游植物的种类和数量的季节变化时，虽然需要水中的光照条件、水温、营养盐浓度等基本数据，同时也不能忽略浮游动物的捕食行为也会对此产生较大的影响。因为这种“捕食和被捕食”的关系，还必须考虑不同浮游植物种类尺寸大小差异，以及不同浮游动物种类的尺寸大小差异。

如此，为了把握湖泊的本质，必须从综合湖沼学的角度进行调查。换言之，重要的是开展湖泊生态系统（与生物活动有关的物质循环和能量流动系统）的调查。

12.2 制订调查计划

12.2.1 调查目的

开展湖泊调查的目的多种多样。初中、高中学校的社团活动和野外实习，为了解环境或者生态系统而进行的调查；为了解湖泊的污染状态，改善环境而由市民开展的调查；由自治体（译者注：相当于我国的地方政府）等实施的水环境调查；由研究人员实施的生态系统调查。此外，调查人员有时会以附近的湖泊和水池为对象开展的详细调查，当有机会访问外国腹地时，有时也会最小限度地采集相关的数据和样品。

即使是研究人员开展湖泊调查，其调查内容也多种多样。不过，无论进行何种调查，都应该综合考虑各学科领域，才能够正确地理解湖泊中的各种现象。因此重要的是对湖泊这一调查对象相关的综合特征知识的把握。

12.2.2　湖泊的基础数据

关于日本国内主要湖泊的形态、深度等，可参阅日本国土地理院制作的水深地形图，其中一部分比例尺为 1∶10 000 的湖泊地形图已发售。此外，还可以在国土地理院的网站上查阅。需要获取湖泊流域的地形等信息时，1∶50 000 和 1∶25 000 的地形图比较方便，这些都可以在国土地理院的网站上查到。现在已绘制湖泊地形图的约有 60 多个湖泊，按五万分之一比例汇总成一册，并以《湖泊地图册》的形式进行了发售。最近，由自治体等就环境问题对各地的湖泊进行了调查，不过该调查的结果一般人很难获取，有的人甚至不知道还有该种调查数据的存在。幸运的是，1992 年出版发行了《日本湖沼志》等几种刊物，按湖泊记载了相关文献的列表。此外，有些刊物还记载了湖泊的水深图、水质、主要浮游生物等，可以非常方便地了解这些湖泊的大致情况。

对于指定水域的湖泊的水质，与河流、海湾等数据一并被汇总出版了《公共水域水质年鉴》。本刊物中记载了化学需氧量（COD）、磷酸盐、总磷、氨氮、硝态氮亚硝态氮、硝态氮、总凯氏氮、总氮等数据。

此外，对观测结果进行分析时，需要了解观测前的气温、日照时间、降水量等气象条件。此类数据可通过咨询各地的日本气象协会，参考相应的气象月报。

不仅是水库，即使是普通的湖泊，有时也被当作蓄水池，用于水力发电、农业和工业用水等。对该类湖泊最好事先确定在何位置进行水位观测。水位观测的数据一般不会公开发表，但是观测时的水位对于分析湖泊中发生的现象来说非常重要。可提前在湖岸确定适当的位置调查水位的变化。

12.2.3　流域的状况

不仅是 20 世纪 60 年代中期经济高速增长期后的日本，在世界范围内都成为社会性大问题的湖泊人为富营养化现象，是湖泊环境问题中最为引人关注的。随着经济活动的不断活跃，含有氮、磷等的各种污水大量流入湖泊，使浮游植物异常增殖，所产生的湖泊水质污染导致湖泊自然富营养化变迁进程加速。正如 2.1 节中阐述的那样，湖泊的成因众多，其后，随着来源于陆地的营养物质的负荷流入，水生生物增殖，在湖内没有分解完的水生生物的残渣以及从陆地流入的悬浮物质沉积于湖底，使水深逐渐变浅，进而出现湖泊沼泽化最终老化消亡。湖泊的这一变迁过程就是富营养化（自然富营养化）（图 12-1）。因此，为了阐明因人类活动导致的人为富营养化问题，需要在调查湖泊内部状况的同时，还需要对输入氮、磷等物质的入湖河流水质以及决定河流水质的流域的自然和社会状况进行详细的调查。在日本这样狭窄的国土，几乎所有的湖泊都会受到人类活动的影响，所以要对湖泊内观察到的各种现象进行合理解析，应事先充分了解流域的环境状况。

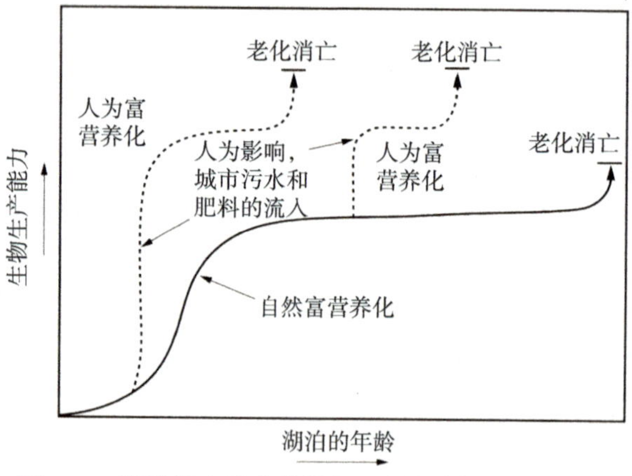

图 12-1 湖泊的自然富营养化和人为富营养化的差异

［摘自 坂本充. 生态迁移Ⅱ. 共立出版（1976），有部分改动］

12.2.4 关于观测许可

湖泊一般都有管理者，开展调查时需事先获得管理者的许可。管理者可能为地方政府或个人，有多个管理者的情形也不少。例如，水库就是由国土交通省、水资源机构、电力公司、自来水管理局等共同管理。正因如此，调查前需要提交申请事先获得批准。尤其是要安装设置船舶用浮标和自动观测仪器时，申请获得设置场所非常重要。这些手续非常费时，所以最好留出充裕的时间，联系相关机构。

12.2.5 即便没有昂贵的器材也能够进行调查

一般认为，湖泊调查如果不使用昂贵的器材和费时的化学分析就无法进行，其实不然。测定透明度用的透明度盘（塞氏盘）、采集不同水深层水样的采水器都可以手工制作。浮游生物收集网也可以采用适当的布料制作。使用棒状温度计就可以测定水温，水深至数十米的深层水温也可以使用最高或最低温度计进行测定。溶解氧的测定看上去复杂，但稍微熟练后也并不困难。电导率测定目前也能够使用廉价购置到的适合的测量仪器。氮、磷、COD 等可以使用简易水质离子测试包（PACKTEST）获得数据。调查附近的小湖泊和水池等时，只要认真并且坚持不懈地进行相应的调查，即使不是专家，也可以获得珍贵的数据。

12.2.6　观测的准备

观测必须根据目的，事先尽量制订简单并且切实的计划。无法使用汽车将器材搬运到现场时，可以使用小型便于携带的并且不易损坏的器材。

精度较高的方法需要熟练的技术和充足的时间，但往往会出现意想不到的误差。相反，即使是简单的方法，如果充分认识到测试精度并反复使用，也可以获得很好结果。例如，调查浮游生物的垂直分布时，没有热敏电阻温度计（电动水温计），至少可以使用棒状温度计，测定用采水器采集到的湖水的水温。

过去进行了大规模的水质调查，有时并不进行透明度的测定。可是根据透明度可以观测到当时浮游植物的生长状况、湖水中的光线条件。认为是简单的测定而忽视透明度的意义真是一件遗憾的事情。

12.2.7　准备多种观测方法

进行调查之前，需要充分检查确认观测器材是否能够完全使用。一定要多预备一些容易破损或者容易发生故障的零部件，还要准备采水器和采泥器的使锤。此外，对水温的测定，除了热敏电阻温度计，溶解氧计、电导率仪、pH 计等也能读取水温，或者可以使用棒状温度计测定采水器采集到的湖水水温，这些都需要事先做好准备。确保当使用某一种方法无法顺利进行测定时，在现场能够立即使用替代手段，这种准备对于所有的调查项目来说都非常重要。

此外，尤其重要的是对氮、磷化合物等营养物质（营养盐）测定用水样的保存和搬运。关于这方面的内容，将在 15.1 节介绍。

12.3　观测的频次、地点、深度

湖泊中发生的各种现象，经常以 1 年为基本周期发生季节性的变化。另外，因为昼夜日照、气温、风向、风速等因素的变化或者人类社会活动的影响等，各种现象随时间发生显著变化。

12.3.1 仅调查 1 次的意义

一般来说仅进行 1 次调查意义比较小。可是，对于很少有机会前往的湖泊，包括海外的调查等，事先大致了解该湖泊具有什么样的特性（如富营养湖、贫营养湖、部分循环湖、腐殖酸性湖、咸水湖、微咸水湖等），是今后进行更加详细调查的基础，具有重要的意义。这种情形下，也应该事先记载流域的土地利用、湖盆形态、水文、湖岸的改变状况以及主要的大型水生植物等。

如果有机会前往位于海外、山间或孤岛的湖泊，则只要准备带金属盒的水温计、便携式 pH 计、电导率计、透明度盘、小型浮游植物网、中性福尔马林、采样瓶、简易分析器材（测试包等）、小型简易采水器，就可以获得一系列的数据。湖底沉积物中包含附着藻类及硅藻类的外壳等许多信息。此类项目即使只调查 1 次，也能充分了解该湖泊的特性。

12.3.2 调查的频次

调查以 1 年为周期时，往往每月进行 1 次观测。不过事先应该充分认识到每月 1 次的调查，有时可能无法充分反映所观测的对象。如果周期 1 天的调查按每 2 h（或者 3 h）实施观测，则获得有意义的结果的可能性较高。例如，水温、pH、溶解氧等基本项目，如果在夏季晴朗之日，测定逐日垂直分布的变化，则可以深入了解湖泊的物质循环系统。此外，如果在较浅的富营养湖，每天实施观测连续数日至半个月的时间，则有助于更好地把握湖泊的动态变化。对于解析随日照、降水、风等气象条件变化而形成的湖水分层、湖内物质循环的实时动态，或者与此相关的浮游植物生物量的水平、营养盐垂直分布的变化和浓度的增减等的机制很有作用。

长达数年或者数年以上的长期观测对于阐明逐年的气象条件的变化、人类活动变化对湖泊周边和流域的影响，具有重要的价值。

此外，专注于某些特定现象进行观测调查时，需要在出现该种现象的时期进行详细观测。但是作为观测对象的现象，有时会与调查之前的湖泊状况有着密切的关系。例如，夏季浮游植物的种类和生长状况，有时会与春季循环期的水质有关。

长期保存调查观测所采集的浮游生物和表层沉积物等的样品，对于分析湖泊性状的长期变化具有重要的价值。今后生物的种类和化学物质等出现问题时，可以明确该问题是从何时开始产生的。

12.3.3　观测点的点位数和深度

湖泊的形态各种各样，湖泊的水质和动植物的性状在湖心部和沿岸部也不同。此外，湖盆的性状也不同。

湖泊内观测点的点位数由调查目的和人员决定。例如，想要比较几个湖盆的性状时，应该在各个湖盆的中央附近或者最深处设置观测点。选择 1 个点时，应该在最深处进行调查。如果最深处偏向一方时，有时也在湖心（湖的中央）进行调查。在水深数米以下，湖水垂直混合的湖泊，想要了解湖泊整体的水质和生物相分布等时，无须按多个深度进行观测。

另外，对于深水湖泊则需要按多个水深进行调查。例如，调查水深 29 m 的木崎湖时，从水温明显分层的春末到秋初，以往的观测从表水层到深水层，分别对 0、2.5 m、5 m、7.5 m、10 m、15 m、20 m、25 m、27.5 m、28.5 m 这 10 个水层进行了调查。不过，一旦秋季循环开始，由于混合层的水质均一，可以减少观测的层数。

根据研究目的，有时会对温跃层（thermocline）附近，或者湖底上覆水的部分进行详细调查。这种时候，有必要按 1 m 或者按 0.5 m、0.25 m，缩短观测深度。采集水样也应该使用特殊的采水器和水泵。尤其在很难利用风力进行搅拌混合的山间小湖泊等因温跃层厚度较薄，不仅水温，化学和生物学指标的垂直变化也很显著，所以需要进行密集的调查。如果仔细地进行观测，则可能获得颇有意义的结果。

12.4　理解湖泊特性的重要性

如上所述，湖泊的地理位置、湖盆形态、周边的地形、流域等的特征各不相同。其结果导致各个湖泊生态系统等的构造也各不相同。无论哪个湖泊，其生态系统的基本构造都应该相同，如果对湖泊进行比较，则每个湖泊都有各自的特性。

例如，木崎湖是一个长约 2 km、宽约 0.8 km、面积为 1.4 km^2、最大水深为 29 m 的湖泊。夏季在水深 4～8 m 附近形成温跃层，水温从 20℃急剧下降到 5℃左右。4 月下旬水温开始形成分层，深水层的溶解氧量逐渐减少，到 8 月下旬，湖底最深部将处于无氧状态。该湖泊随水深的水温、溶解氧等的分布，从春季到秋季会逐渐发生巨变，所以最适合作为与此类变化有关的现象的研究场所。

诹访湖是一个面积为 13.3 km^2、最大水深约 6 m 的富营养湖。夏季，在连续风平浪静的数日到 1 周左右，会形成水温分层，深层水的溶解氧减少直至无氧。只要稍强的风吹过，湖水就会进行全层混合。该湖泊最适合用来了解富营养湖或者重营养湖的变化。

位于长野县饭田市南部的名为深见池的湖泊，面积不过 0.02 km^2，但却是水深 5 m 以上的天然小湖。因为湖泊周边是丘陵地，所以不易受风的影响，湖水形成明显的水温分层。3 月开始分层到 11 月底，水深 4 m 以深的湖体处于无氧状态，还产生大量的硫化氢。

12.5 出现意外现象

对湖泊进行调查时，常常会获得意外的观测结果。如果是水温和 pH 这种在现场测定的项目，则应该重新测定确认后，调查异常值的分布范围。此时，需要认真检查确认测量仪器是否正常运行。在实验室处理样品得到异常数据时，如果是附近的湖泊，则应该在第二天重新进行采样。

意外现象指自己不了解的现象，或者迄今为止不曾有过研究报告的现象。无论是哪一种意外现象，其前提是测定值是真实可信的。如果是可靠的测定数据，则意外现象往往意味着新的发现和研究的发展。从这个意义上讲，需要随时充分注意数据的可靠性。

即使是简单的测定方法，也应该考虑其测定精度。复杂的测定方法，如果操作有误，则有可能出现完全出乎意料的数据，所以使用标准试剂时，需要进行慎重确认。

12.6 观测时的注意事项

12.6.1 填写野外观测记录

市场上有使用方格纸和防水纸等制成的多种便利型野外观测记录本等产品，不过能够放入口袋的小型笔记本就已足够。野外观测记录本的封底应该记载上调查者的姓名、所属单位、住址、电话号码等，以及万一丢失时拜托拾到的人返还的谢语等。

记录时请务必使用铅笔。记错时划线删除后另外记载，不要使用橡皮擦。此外，与数据有关的简单计算应该在记录本上进行，以便以后理解。还应该记录观测时所使用器材的种类和编号。

观测前后，应该对时间、天气、云量、风向、风速、水位、波浪等进行记录。此外，如果能事先概略地记录观测前的数日间的天气状况，就能方便数据的分析。总之，应将注意到的全部事项都记录到野外观测记录本上。

在记录本上，应该记录全部观测工作人员的姓名和所负责的调查项目，分析和汇总数据时，有时可能需要与负责调查项目的人核对信息。此外，野外观测记录本上的记录事项在观测结束后，应该迅速复制后另行保存。

12.6.2　务必使用锚

湖面上的风浪常常是早晨平缓而下午增强。观测应该尽早从主要的项目开始进行。

利用船舶进行观测时务必使用锚。如果没有锚，则微风就可以将船舶吹走。使用锚固定船舶后，即使风浪稍微变大，亦可使船舶保持稳定的状态。

12.6.3　确保安全

湖面风浪较大时，起锚的时候必须额外在意。起锚之前应该启动船舶的引擎，起锚后，如果将船头朝向风浪来袭的方向，则风浪再大危险也较小。船舶在行进中，如果承受从侧面涌来的风浪则会非常危险。划艇时也一样。若船只不按预定的方向行驶，漂浮到湖岸，如果是小型湖泊则没有大的危险。此外，乘船时，应该养成身穿救生衣的习惯。

用于调查的船舶通常是小型船只，稳定性不强，有时因为专注于观测，全部人员会偏移于船只的一侧而导致翻船。调查过程中应该随时留意观测人员的行动，变换人员位置，以保持船只的平衡和稳定。此外，乘船时应该放低身姿，努力降低船舶的重心。

近年来，观测器材增加，有时会装载许多器材到船上。这种情况下应该考虑观测的步骤，将使用完毕的器材移动到船舶的一角，便于随时整理，在身旁留出足够的空间，这在观测效率和安全方面都非常重要。

温度计等测定仪器如果暴露于直射阳光下，则可能发生故障。pH 比色管、试剂等也容易因光照而变质。阳光较强时，观测人员应该注意帽子不要被风吹跑，手腕等也应该避免裸露受到阳光直射，同时也能够减少疲劳。

冬季在冰面上观测尤其需要注意安全。著名的湖沼学者吉村信吉就于 1947 年 1 月在諏访湖（长野县）的观测中，由于冰面破裂殉职，年仅 39 岁。外出到冰面上时，应有2个人以上抬着梯子或者长竹竿，相互间保持一定距离行走。万一有人掉落时，营救的人和被救的人都应该采取匍匐在冰面上的姿态，这很重要。冰层透明时，虽然看得见冰层下的水会使人感到不安，但此时冰层往往较厚。而被覆盖住冰面时，表面看上去冰层似乎很厚，其实很多时候冰面脆弱，存在危险。此外，如诹访湖由于从湖底不断冒出气泡，有的地方很难结冰，所以冰层较薄，非常危险。

12.7 湖泊调查的流程

湖泊调查的主要事项如上所述，湖泊研究与在实验室从事研究不同，只有前往湖泊现场时，才能开始调查。因此，如表12-1所示，必须事先制订周密的调查计划。进行湖泊的现场观测、对采集到的样品进行测定和分析以及对测定的数据和结果进行汇总，一般这些工作都需要由相关调查人员团体协作完成，由个人完成的情形极为少见。从湖泊调查计划的制订，到现场观测，都需要由参与调查的全体人员共同协作、集思广益，这是湖泊调查能够成功的基础。

表12-1 湖泊调查的流程

1. 概要	步骤概要：学员按步骤听取指导者的讲解，并采用对话方式，进行充分交流，集思广益，制订和执行调查计划。 〈调查目的→制订计划→选择测定项目→准备现场调查→现场观察和预备调查→正式调查→整理结果和讨论结果→讨论并完成调查报告〉
2. 调查目的	（1）调查目的：湖泊环境的各种因素复杂交融。需锁定并明确目的。 （2）再次确认调查目的：为了实现调查目的，应该再次检查确认调查步骤
3. 制订计划	（1）资料检索：收集必要的基础知识和以前的研究成果。 （2）调查方法：选定调查场所（沿岸调查还是湖内调查）。选定调查季节。 （3）测定项目：根据测定者的实际能力选择项目，野外调查时需注重简便性，必要项目也可以委托测定。 （4）再次确认计划：方案决定着调查能否成功。参与调查人员应集思广益，再次进行确认。 【为了实现调查目的的预备知识】 1）调查地点的选定：湖心、最深地点、湖流中心、侧线、沿岸地点、河流入湖口区域。 2）调查时间的选定：根据气温和水中照度的日间变化，判定生态系统的变化。 3）调查深度的选定：依据季节、水温垂直分布、水中照度进行判断。 4）人类活动的影响：充分考虑生产活动（农渔业、工业）、观光、流域居民的生活等因素，因季节、时间变化而有差异

续表

4. 测定项目的选定	（1）必要项目：时间、天气、气温、风向、风力、波浪、湖面状况、湖岸景观、陆地的土地利用。 （2）一般项目：湖盆形态、外观、水温、水色、透明度、pH、电导率、悬浮物质。 （3）无机成分：无机离子成分（主要的 6 种离子成分）、氧化还原成分（铁、锰）、酸碱度。 （4）气体成分：溶解氧、总碳。 （5）营养盐：氮化合物（铵态氮、亚硝酸氮、硝态氮）、磷酸盐、硅酸态硅。 （6）有机物：溶解有机物（碳、氮、磷）、悬浮有机物（碳、氮、磷）、COD、BOD、叶绿素。 （7）水生生物：浮游植物、附着藻类、大型水生植物、浮游动物、底栖动物等。 （8）在现场立即测定的项目。在常温、阴暗场所、冷冻状态下携带回去进行测定的项目。需要在现场进行预处理的测定项目
5. 现场调查的准备	（1）个人准备物品：衣物的选择（长袖衣物）、帽子、风衣类、运动鞋、医药类、饮料。 （2）一般准备物品：救生衣、参与人员联络簿、手机、扩音器、纸巾、塑料袋、纸杯。 （3）文具：野外工作记录本、铅笔（不能用油笔）、剪刀、油性记号笔、塑料胶带、橡皮圈、电脑。 （4）资料：地形图、水系图、水深图、调查指南资料、文献复印件。 （5）调查工具类：螺丝刀、小刀、锉刀、切割刀、台式插座盘。 （6）一般器材：双筒望远镜、距离测量仪、温度计、手电筒、卷尺、照相机、小型卷尺、绳子、电池、手套。 （7）调查器材：GPS、测深仪、水温计、溶解氧仪、电导率仪、采水器、采泥器、采水桶。 （8）试剂和简易测定装置：现场测定试剂、样品保存容器、纯水、烧杯、滴定管、清洗瓶、比色计。 （9）在实验室的测定：制订调查计划后，马上开始准备进入可以进行测定的状态
6. 现场观察和预备调查	（1）从野外学习：尽可能前往调查现场，进行预备调查。不了解现场就无法制订计划。 （2）预备调查项目：上述所记的必要项目和一般项目（外观、污浊、水温、pH、电导率）。 （3）调查项目的调整：根据预备调查的结果，检查确认正式调查中是否有追加项目

续表

7. 正式调查	（1）调查场所的变更：野外的变数非常大，无法实施正式调查时，应该执行替代方案。 （2）调查项目的变更：如果有富有意义的自然和环境现象，则优先执行此类调查。 （3）数据的记录：确认核准测定结果，并记录到野外工作记录本。确认原始数据。记录数据应该复制并保存。 （4）如果出现意想不到的结果时，应全部记录到野外工作记录本上。此类数据许多时候都有助于复杂的环境分析。 （5）野外调查与危险相伴。请勿强行开展，注意安全第一
8. 结果的整理和讨论	（1）实验室测定：从野外携带回来的样品应该迅速进行测定。 （2）结果的记录：测定结果应该及时制作表格并记录。原始数据及时复制并保存。 （3）分析和综合：根据原始数据表，经过讨论制成综合图表。 （4）调查的评估：对照最初的目的，总结已实施的事项和无法实施的事项。 （5）调查的总结：进行调查总结，找出需注意的地方，以供下次调查参考。
9. 讨论并完成调查报告	（1）讨论会：通过水环境调查，是否对生态系统有了一定的认识？通过圆桌会议的方式，举办讨论会，评估调查目的的完成度。 （2）研究报告：编写调查成果研究报告（包括失败事例）

［摘自三田村绪佐武．陆水研究，1（2014），有部分改动］

第 13 章　湖泊的形态调查

进行湖泊调查时，原则上应该事先了解湖盆的形态。可是，湖盆形态往往因自然现象（如旱季和雨季）和人为因素（如围垦和疏浚）而发生巨大的变化。湖泊调查的目的受湖盆形态的影响较小时，可以使用已经发表的测量值，如果是与湖盆形态有着密切关系的研究，则必须参照最新的湖盆测量值或自行测量。

13.1　湖泊的位置图、平面图、深度图

13.1.1　湖岸线的测量

湖泊的平面图可以使用地形图（1：50 000 或 1：25 000 等）和湖泊图（1：10 000）。而一些小型池塘和沼泽的测量图一般地方政府部门会有存档，可以查阅此类资料。

13.1.2　位置

确定观测位置时，最有效的方法就是使用 GPS（全球定位系统：Global Positioning System）。GPS 可以从人造卫星中接收 3 个以上卫星的电波，了解接收人所处正确位置。在进行湖盆测量时，湖泊的观测位置一般设置于湖泊长度和最大宽度的交点位置。

13.1.3　测深

采用上述方法确定了采样点的观测位置后，测量观测点的水深。使用声呐测深仪是最简便实惠的方法。不过，事先需要知晓这种方法的测量值会因水温而变化。普通湖泊在夏季停滞期，水中的音速会因水温下降而变慢，所以使用声呐测深仪测量获得的水深往往过小。

在小型湖泊，可以在纵横断面上接紧绳索，沿着绳索按一定的间隔系上铅坠进行测深。较浅的位置可以使用标有刻度的测深棒进行测量。湖底为软泥时，在

铅坠下部和测深棒的下端设置平板等，使铅坠或测深棒不会陷入湖底沉积物的软泥中。地形图和湖泊图一般会标注水深图和最大水深数据，可查阅此类资料。但是，需要留意所查阅水深图在制作年度之后，是否曾人工改变湖盆形态。

13.2 湖盆的测量

13.2.1 长度和宽度

湖泊的长度（中央轴、长轴）是指湖泊中距离最远的 2 点间的长度。湖泊的最大宽度是指与中央轴直角相交的直线长度中的最大长度。该直线不可横穿湖泊内岛屿以外的陆地。图 13-1 表示的是琵琶湖中央轴和最大宽度。湖泊的平均宽度使用包括湖内岛屿在内的湖泊面积除以中央轴的长度来计算。此外，随着湖泊最大宽度和中央轴的比值，或者平均宽度和最大宽度的比值逐渐小于 1，非弧形的湖泊会接近细长的形状。

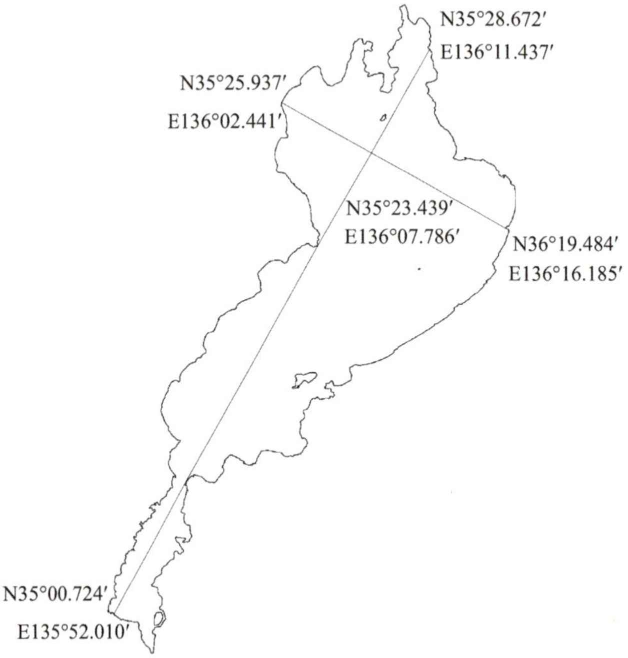

图 13-1 琵琶湖的中央轴和最大宽度及其位置

注：中央轴和最大宽度的交点（纬度、经度）所处琵琶湖的位置。中央轴的长度为 59.5 km，如果以北点为起点，以南点为终点，则起点位置为长滨市高月町西野，终点位置为大津市滨大津 5 丁目。最大宽度为 24.0 km，起点位置为高岛市今津町桂，终点位置为米原市朝妻筑摩。

［摘自 三田村绪佐武等 . 陆水研究，3（2016）］

13.2.2　最大水深和平均水深

湖泊的平均水深可使用湖泊的容积除以湖面的面积进行计算。此外，如果湖泊的平均水深和最大水深的比值接近 1，则表示该湖泊的湖底比较平坦，湖岸的倾斜度较大。如果该比值低于 1，则表明该湖泊的湖底呈舒缓倾斜的形状，或者湖底部有极深的地方。另外，如果湖盆容积的发育程度（Volume development）的值接近 1，则表示湖盆呈与该湖泊拥有同等面积和最大水深的倒圆锥形状；如果大于 1，则表示湖盆呈吊钟形状；如果低于 1，则表示湖盆呈倒箭头形状。如果将湖泊的最大水深设定为 H，将湖泊的平均水深设定为 h，则湖盆容积的发育程度（D），可以使用式（13-1）进行计算。

$$D = \frac{3h}{H} \tag{13-1}$$

13.2.3　面积

当湖泊内有岛屿时，湖泊的面积不应包括该岛屿的面积。计算湖泊面积时，可以使用面积测量仪进行测量，或者将湖泊的湖岸线描绘到描图纸上，测定湖泊部分的描图纸的重量，然后与基准面积的重量进行比较。此外，还可以使用计算机计算湖泊的面积。

如果按同样的方法测量湖泊流域面积，计算湖泊流域面积和湖泊表面积的比值，则可以预测湖泊的水收支。如果该比值接近 1，则在向湖泊的水供给中，直接降落湖面的雨水占的比例较大（火山口湖和破火山口湖等）；如果该比值大于 1，则表示流域河流所占的比例较大（流域面积较大的湖泊和湿地湖沼等）。例如，池田湖的流域面积和湖泊表面积的比值为 1.1，琵琶湖为 4.7，诹访湖为 40。

13.2.4　湖岸线的长度和曲折度

湖岸线的长度是指湖面部分的外周线，湖泊内有岛屿时，包括该岛的湖岸线。流入湖泊的河流的河口部，使用直线连接河流河口陆地域的右岸和左岸，将此直线视作湖岸线。从湖泊流出的河流河口部也进行同样的处理。

计算湖岸线的长度时，最简单正确的方法是使用里程仪和曲线仪，从地图上读取湖岸线的方法。此外，比例尺较大的湖泊图一般会详细地记载湖岸线，但比例尺较小的湖泊图只能大概地记载湖岸线，所以根据所使用湖泊图的比例尺，湖岸线的长度有时会有差异。因此，湖岸线的长度并非反映了岩礁和沙滩带、挺水植物繁茂的水陆过渡地带等复杂的湖岸状况的长度，而是以 1：50 000 或者 1：25 000 的地形图为基准进行的计算。

想要了解湖岸线弯曲程度时，可以计算其曲折度（也称湖岸线发育程度，Shore Line Development）。如果将湖岸线长度设定为 L，将湖泊面积设定为 A，则可以使用式（13-2）计算曲折度 U。

$$U = \frac{L}{2\sqrt{\pi A}} \tag{13-2}$$

该值越接近 1，表示湖泊越接近圆形；如果该值大于 1，则表示湖岸线弯曲。例如，火山口湖藏王的御斧的曲折度为 1.03，基本上呈圆形，但堰塞湖桧原湖为 3.01，湖岸线弯曲程度大。

调查湖岸线的弯曲程度时，可以忽略湖泊内岛屿的存在来计算曲折度。也就是说，该曲折度可以根据不包括岛屿湖岸线的湖泊周围湖岸线总长度和包括岛屿面积在内的湖泊面积值，使用上述公式进行计算。

13.2.5 容积和容积曲线

如果将湖泊的两条等深线围住的面积分别设定为 S_1、S_2，将两条等深线间数值的差值设定为 Z，则由等深线围住的湖泊部分的容积 V_{12} 可以使用式（13-3）计算。

$$V_{12} = \frac{Z}{3}(S_1 + S_2 + \sqrt{S_1 S_2}) \tag{13-3}$$

按各种深度之间计算该值，然后累计湖泊所有深度的该值，则可获得湖泊的容积。

湖泊深度 - 面积曲线或者深度 - 容积曲线称为测高曲线（图 13-2），最适合用来了解湖盆形态的特征。如果以深度为纵轴，以不同深度所对应的面积为横轴作图，则可以了解湖泊的凹陷形状。此外，同样以深度为纵轴，以不同深度所对应的容积为横轴作图，则可以方便地了解湖泊深度（水位）和容积（蓄水量）之间的关系，换言之就是通过水位的变化可知相应的湖泊蓄水量的变化。此外，分别使用百分比表示纵轴和横轴的百分比面积曲线或者百分比容积曲线，在想要与其他湖泊比较湖盆形态的特征时，非常方便。

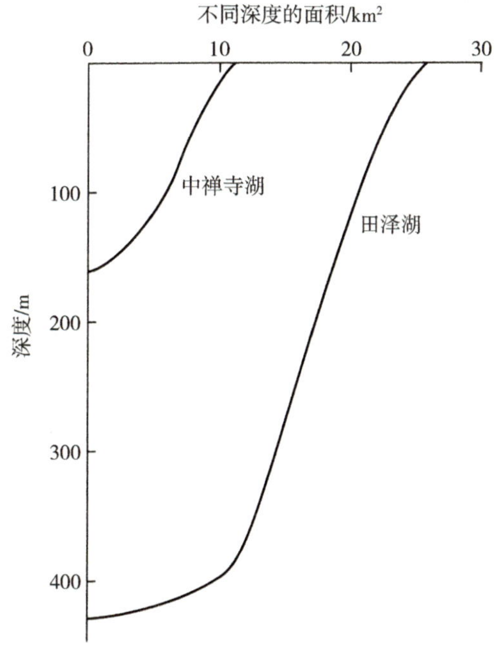

图 13-2　深度 - 面积曲线示例

13.2.6　湖盆的倾斜

如果将两条深度的等深线长度分别设定为 C_1、C_2，将两条等深线围住的水平面的面积分别设定为 S_1、S_2，将等深线间的垂直距离设定为 Z；将不同深度的等深线长度设定为 C_0、C_1、C_2……C_n，将湖泊的最大水深设定为 H，将湖泊面积设定为 A。则可以分别使用式（13-4）、式（13-5）计算湖泊两条等深线间的湖泊倾斜度 G 和湖泊的平均湖盆倾斜度 G_m。

$$G(\%)=\frac{Z(C_1+C_2)}{2(S_1-S_2)}\times 100 \tag{13-4}$$

$$G_m(\%)=\frac{H(C_0/2+C_1+C_2+\ldots\ldots C_{(n-1)}+C_m/2)}{nA}\times 100 \tag{13-5}$$

对于大型湖泊和小型湖泊，以及成因不同的湖泊等，湖泊间的湖底形状可以根据湖盆倾斜度的值进行比较。

第14章 湖泊的物理调查

14.1 水温（WT）

14.1.1 表层水的水温

14.1.1.1 使用棒状温度计的测定方法

使用棒状温度计测定表层水温时，最方便的是使用在 -10～50℃按 0.2℃刻度的水银温度计。温度计采用经过校准的标准温度计，或者根据标准温度计事先制作了修正表并经过校准的温度计。

湖面平静，可以从船上直接进行测定时，直接将温度计浸入表层水后，读取水银柱温度的刻度。采集水样进行测定时，在吸取到稍大桶内的表层水中浸入温度计进行测定。测定时，先将温度计整体浸入水中，然后将温度计浸入水中到水银柱表示的指示温度处，并在此状态下避开阳光直射进行测定（图 14-1）。这是为了避免温度计的玻璃部分因温度而膨胀，对指示温度产生影响。虽然最好是经常使用同一个温度计，但因有时温度计会破裂，应该事先备用几个经过校准的温度计。

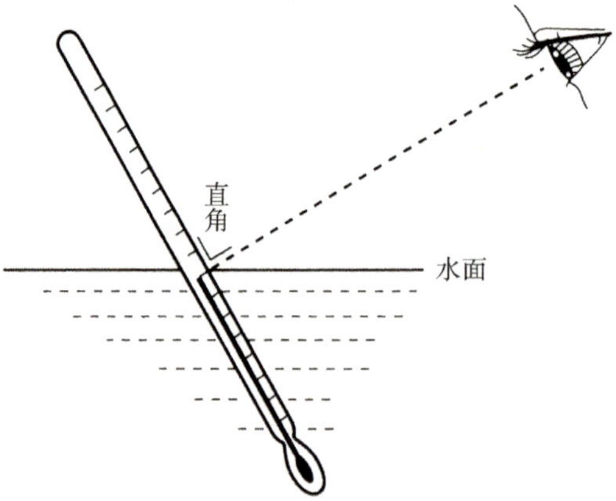

图 14-1 温度计的读取方法

14.1.1.2　温度计的校准

市场上销售的棒状温度计，即使是水银温度计有时也会有 ±1℃的偏差。温度计的校准需要准备在一定温度下能够使水进行循环的较大水槽。在该水槽中浸入标准温度计和水温测量用的棒状温度计，约每隔 5℃求取它们的温度差，并在制图纸上描绘制作修正曲线，校准棒状温度计。

14.1.2　水温垂直分布的测定

14.1.2.1　最高最低温度计的简易测定法

“U”形最高和最低温度计（图 14-2）能够同时读取测定时的最高和最低温度，例如可以了解 1 天内表层水温的最高和最低水温。所以只要不是很深的湖泊，就可以使用这种温度计测定水温的垂直分布。这种温度计的读取可精确到 0.5℃，小于 0.5℃则不够准确。在操作过程中如果发生冲撞，则表示最高和最低温度的管内铁针会发生移动，所以请务必注意。

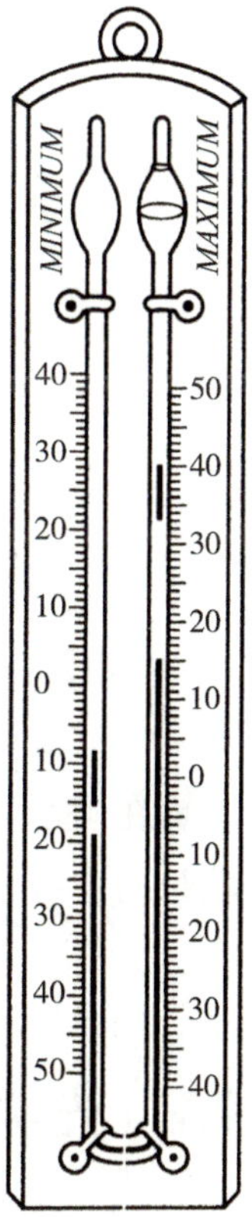

图 14-2　“U”形最高 / 最低温度计

与棒状温度计一样，应该使用经过校准的最高最低温度计。此外，无须了解水温详细的垂直分布构造时，可以将毛巾包裹的棒状温度计悬吊到湖泊测定深度一段时间，然后迅速拉上温度计，读取指示温度，由此可以测定垂直水温的大致状况。

在表层水温超过 4℃的温带湖的夏季停滞期和热带湖，随着深度的增加水温降低。因此，最高最低温度计的最低温度值表示的是测定深度的水温。气温比表层水温低时，以及温度计上黏附有水滴，因汽化热最低温度可能发生变化时，应该在温度计浸在水中的状态下读取数值。

在表层水温低于 4℃的温带湖的冬季停滞期和寒带湖，水温随着深度的增加而升高。因此，可以读取最高最低温度计的最高温度。

14.1.2.2　使用颠倒温度计进行测量

测定深层水的水温时，最适合使用颠倒温度计。颠倒温度计由主温度计和辅温度计构成。主温度计通过颠倒使水银柱断开。辅温度计是对主温度计因管内温度变化导致的影响进行修正。颠倒温度计用于湖泊时，一般安装到埃克曼式颠倒采水器（图 14-3）上，并在测定深度让采水器保持数分钟后，采用“使锤”使采水器和温度计同时颠倒进行测定。

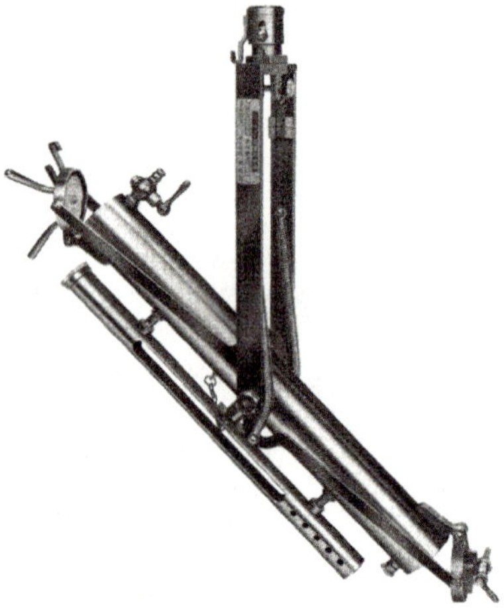

图 14-3 埃克曼式颠倒采水器

［株式会社离合社 提供］

14.1.2.3 利用热敏电阻温度计进行测定的方法

热敏电阻温度计（电动温度计）是利用热敏电阻随着温度的上升而减少这一特性测量的温度计。这种温度计的精度和再现性良好。想在湖水较深的湖泊进行测定时，可以专门订购较长的电线进行测定。使用前需要对温度计进行校准。

14.2 光学调查

14.2.1 透明度（Tr）

测定湖水的透明度时，在透明度盘（直径 20～30 cm）上设置铅坠沉入湖水中，使用在绳索上标记的刻度，读取看不见透明度盘时的深度和再次看到透明度盘时的深度。这种透明度盘（塞氏盘）市场上有售（图 14-4），不过自己手工制作的盘就足够用，还

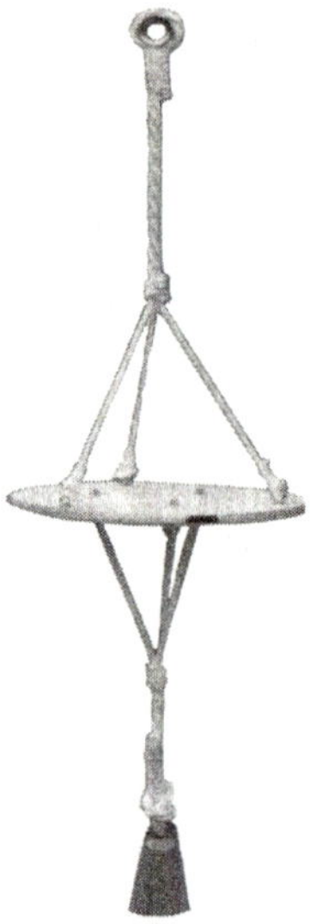

图 14-4 透明度盘（塞氏盘）

［株式会社离合社 提供］

可以使用直径 20～30 cm 的白色塑料圆盘替代。

透明度盘应该尽量垂直悬吊并读取透明度，否则必须测定透明度盘的倾角（透明度盘倾斜沉降时绳子的角度）对透明度的深度进行修正。这是因为透明度测定的是从透明度盘反射的太阳光通过的水层厚度。

注意事项

①透明度是测定湖泊水清澈或者浑浊程度的指标。透明度正因为是测定湖水的浑浊程度，所以在透明度盘的刻度绳不能与湖面垂直而在水中倾斜时，读取与透明度盘之间的距离（绳子的长度）后必须通过修正深度，获得透明度盘的垂直深度。

②从透明度值可以获得许多信息。a. 透明度的深度与相对水中照度的 15% 基本一致。b. 透明度的年间平均深度与大型水生植物轮藻的生长分布界限基本一致。c. 透明度的 2～2.5 倍深度与浮游植物的补偿深度基本一致。d. 透明度的值与贫营养湖和富营养湖等湖泊类型有着密切的关系。e. 透明度的值与湖泊的生物生产、沉积速度、自然或者人为富营养化有着密切的关系。

③透明度受湖水本身、水中的溶解性有机物、浮游植物、悬浮物质的影响。因此，流域狭小的湖泊的透明度，来自陆地的悬浮物质的影响较小；在湿地的湖泊，木质素等溶解性有机物的影响较大。不能根据透明度的值来判定浮游植物的多少，在判定时，需要设定条件。

④与大型粒子（大型浮游生物和大型悬浮物质）相比，小型悬浮粒子容易对透明度值产生影响。

14.2.2　浊度

标准溶液

①精制高岭土：在约 10 g 的高岭土中添加蒸馏水至 1 L（使用 1 L 的量筒）。进行 1 min 的激烈混合，在室温下放置 1 h。使用虹吸管去除量筒上部 5 cm 溶液后，采集其下层的 15 cm 溶液，在恒温水浴加热锅上进行蒸发干固。使用玛瑙研钵捣成粉末，并在 110℃条件下干燥 3 h，在干燥器中冷却后，保存到玻璃瓶中。

②浊度标准液：使用蒸馏水将精制高岭土 1.00 g 制成 1 L 溶液。因为会发生沉淀，所以应该充分混合稀释后使用。保存时，作为防腐剂，使标准溶液中含 10 mL 浓福尔马林（烈性）。此外，该标准溶液 1 mL 含有精制高岭土 1 mg。

操作

①取水样于分光光度计的比色池，在波长 660 nm 附近测定其吸光度。

②使用标准溶液制作浊度的检量线，并以此计算水样的浊度。

注意事项

①浊度在 10 mg/L 以下时，使用宽 50 mm 以上的比色池。浊度超过 500 ppm 时，使用蒸馏水稀释水样。

②水样着色后，在检量线的对照（空白）实验中，用通过孔径 1 μm 左右的滤纸过滤水样后的滤液替代蒸馏水。

③还可以使用比色管进行比浊。在这种情况下，将比色管放置到黑纸上，从上部透视进行测定，或者将比色管装入暗箱并将电灯靠近其下部，从上部透视较易测定。

④浊度的单位将蒸馏水 1 L 中含有精制高岭土 1 mg 的溶液作为 1 ppm（或者 1 度），对该标准溶液的浊度和水样的测定值进行比较，计算浊度。

⑤浊度在日本采用高岭土标准溶液来表示，但也常以福尔马肼为标准，采用浊度测定单位 NTU（Nephelometric Turbidity Unit）。福尔马肼浊度的 1 NTU，大致相当于高岭土浊度的 0.5 ppm。

⑥想在采水现场了解浊度的大致数值时，还可以使用市场上销售的便携式浊度计进行测定。

14.2.3　水中照度

将水中照度计的受光部垂直地沉入水中，在船上迅速读取发生的光电流。测定应在阳光比较稳定的太阳高度较高的白天进行。

测定单位采用爱因斯坦［Einst/（$m^2 \cdot s$）］、光量子［quantum/（$m^2 \cdot s$）］、勒克斯（lx）、英尺烛光（ft-c）等表示。此外，在植物光合作用中可以利用的 400～700 nm 波长，存在大致 1 μ Einst/（$m^2 \cdot sec^1$）$= 6 \times 10^{17}$quantum/（$m^2 \cdot s$）$= 5 \times 10^1$lx = 5ft-c$=5 \times 10^{-2}$cal/（$m^2 \cdot sec$）$= 2 \times 10^{-1}$J/（$m^2 \cdot sec^1$）$= 2 \times 10^{-1}$ W/m^2 = 5×10^{-1}lumens/m^2 的关系。

使用半对数制图纸，在纵轴上标记水中照度的测定深度，在横轴上以对数刻度标记光强度来作图。如果抵达测定深度为止的水质（尤其是悬浮物质的赋存量）均一的话，则可在两者之间获得直线关系。如果根据该直线的斜率求取湖水的吸光系数（也称为消衰系数、消散系数），则可以了解湖水的清澈程度。此外，如果变成弯折的两条直线，则表示以该深度为界，上下水层的水质有差异。

注意事项

①照度是指使用勒克斯等单位测定的明亮度。想使用光度（类似于光能的单位）时，最好使用爱因斯坦和光量子等单位进行测定。

②从植物光合作用时利用的辐射量（PAR）这一视点来测定水中照度时，由于在明亮度和能量的测定单位之间可以转换（存在上述所示的关系），所以无论采用哪种方法进行测定，大致上都不会有变化。

14.2.4　水色

测定水色时，使用福莱尔（Forel）水色标准液进行测定。不过，含有大量腐殖质的褐色湖水的水色无法使用福莱尔水色计进行测定。此时，使用乌列（Ule）水色标准液进行比色。水色用福莱尔（Forel）5 号、乌列（Ule）13 号这样来表示。进行比色时，应该背对太阳，俯视水面，对湖水的色调和标准液进行比较。

水色计在市场上有售，福莱尔（Forel）的水色计（图 14-5）从以蓝色水色 1 号到黄绿色水色 11 号，乌列（Ule）的水色计从黄绿色 11 号到褐色 21 号。此外，福莱尔（Forel）的水色计可以使用硫酸铜（Ⅱ）五水合物（烈性）和铬酸钾（烈性），按照表 14-1 进行制作；乌列（Ule）的水色计可以使用福莱尔（Forel）的各种试剂和硫酸钴（Ⅱ）七水合物，按照表 14-1 进行制作。

图 14-5　福莱尔（Forel）水色计

（株式会社离合社 提供）

注意事项

①测定水色时，要避免受天空、湖泊周围景观的色调的影响。水色是表示湖

面色调的指标，并非湖水本身的颜色。例如，摩周湖和贝加尔湖等贫营养湖感觉是清澈的蓝色。另外，发生水华的富营养湖的湖面看上去呈绿色，可是其水本身接近无色透明。这与眺望河流溪流水时感觉呈清澈的蓝色，黑潮呈黑色是同一个道理。

表 14-1　福莱尔（Forel）和乌列（Ule）的水色标准液的制作方法

福莱尔（Forel）水色计											
水色编号	1	2	3	4	5	6	7	8	9	10	11
A 液 /%	100	98	95	91	86	80	73	65	56	46	35
B 液 /%	0	2	5	9	14	20	27	35	44	54	65

注：A 液：在纯净水 191 mL 中溶解硫酸铜（Ⅱ）五水合物 1g 和浓氨水（28%）9 mL。

B 液：在纯净水 200 mL 中溶解铬酸钾 1g。

乌列（Ule）水色计											
水色编号	11	12	13	14	15	16	17	18	19	20	21
A 液 /%	35	35	35	35	35	35	35	35	35	35	35
B 液 /%	65	60	55	50	45	40	35	30	25	20	15
C 液 /%	0	5	10	15	20	25	30	35	40	45	50

注：A 液：在纯净水 191 mL 中溶解硫酸铜（Ⅱ）五水合物 1g 和浓氨水（28%）9 mL。

B 液：在纯净水 200 mL 中溶解铬酸钾 1g。

C 液：在纯净水 991 mL 中溶解硫酸钴（Ⅱ）七水合物 0.5g 和浓氨水（28%）9 mL。并通气充分进行氧化。

②还有色调不在福莱尔（Forel）和乌列（Ule）水色计的色调范围内的湖泊。也有采用对照布料颜色标准的方法。使用照相机拍摄湖面的照片，在实验室进行判定时，由于不同的照相机色调会有变化，所以应该使用数种照相机拍摄同一湖面。

③制作水色计时，应该将福莱尔（Forel）水色计的标准液和乌列（Ule）水色计的标准液，填装到外径大约 10 mm 的透明玻璃瓶中。玻璃瓶还可以用透明的塑料瓶来替代。

第 15 章　湖泊的化学调查

15.1　采样和水样的保存

采集化学调查用的水样时，必须充分理解测定的目的，然后选择湖水采样点位、深度、时刻、采集方法、保存方法。采样时还应在野外工作簿上详细记录当时的采集条件，同时在保存水样的瓶子上用油性笔做好标记。

15.1.1　采水器和附属器具

采集表层水时，最好使用塑料桶，采集深层水时须使用采水器。只要目的不是测定微量成分和采集微生物，无须特别注意采水器的材质。使用前应事先将采水器在水中浸渍约 1 周的时间，以便从材质中溶出有妨物质。

15.1.1.1　绳索

采集一定深度的水样时，应该在采水器上系上绳索进行采水。绳索可以使用棉绳或化学纤维制绳索，要注意在悬吊较重的采水器时或者被水浸湿会发生伸缩，应事先将绳索在水中浸泡一定时间，并充分考虑水中采水器的重量，在绳子的端部设置与此相当的铅坠，从较高的场所向下垂吊，并在该种状态下使用油性记号笔，每隔 1 m 标记上刻度。

采集水样时，注意不要让绳索摩擦到船边等。如果发生摩擦，则采集水样时采水器中会掉落污染物质。采集水样后，从采水器上解下绳索，并用自来水将绳索清洗干净，晾干后保管，应检查确认绳索上是否有损伤。此外，不仅是采水，在透明度测定和采泥等使用绳索进行作业时，请务必在船上牢牢地固定住绳索的另一端，以防与器材一起掉落水中。

15.1.1.2　颠倒采水器

埃克曼式颠倒采水器（图 14-3：可用于正确的水温测定），虽然采水量较少

（0.8 L 左右），但是筒长 60 cm，应注意采水深度的间隔变小，以及湖底附近的水在采水器颠倒时会搅动湖底沉积物。

15.1.1.3 绝缘采水器

在湖泊一般使用的绝缘采水器是北原式绝缘采水器（图 15-1）。这种采水器，筒部使用化学橡胶树脂制成，与外部之间的热交换较小。

这种采水器的水置换率较低，采集目的深度的水时，应该在该深度上下起落采水器 2～3 次后，沉落使锤。采水量为 0.5～1L。类似的还有操作简单的塑料制采水器。

15.1.1.4 Van Dorn 采水器

在需要采集大量水时使用（图 15-2）。这种采水器的水置换率较高，采水量 2～50 L 的采水器市场上有售。湖泊采水可以使用 2～10 L 的采水器。

图 15-1 北原式绝缘采水器

［株式会社离合社 提供］

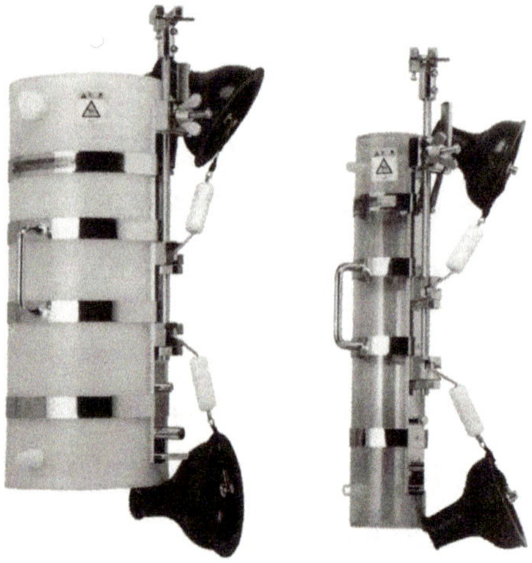

图 15-2 Van Dorn 采水器

［株式会社离合社 提供］

无论哪一种采水器，使用后都必须用自来水清洗干净，并充分干燥后进行保管。尤其是 Van Dorn 采水器的上下半球型盖及其与之连接的部分因为是橡胶制造，所以如果附着水分则容易受损。外出调查前必须仔细检查采水器，以便在现场能够顺利使用。

15.1.1.5 其他采水器

简易采水器：如果采水深度只有数米，则可以自制简单的采水器（图 15-3）。

使用如啤酒瓶那样具有耐压性的瓶子，用橡胶塞轻轻塞住瓶口，放落到要采水的深度，用手用力拉动橡胶塞，则可以采集到该深度的水。可是这种方法采集到的水，不能用来测定溶解氧、总碳酸等溶解气体，以及受溶解气体影响的 pH。

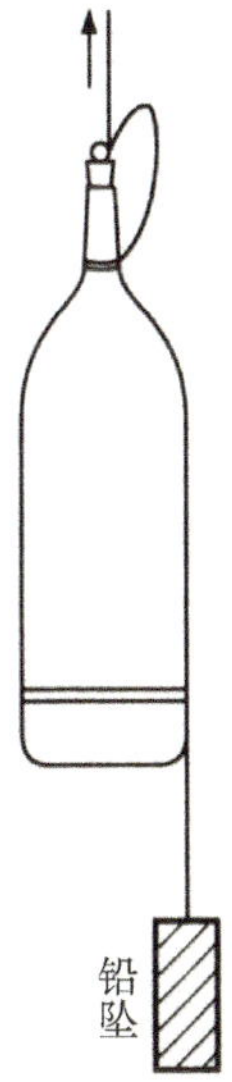

图 15-3　简易采水瓶

近年，还使用带阀容量 5 L 左右的采水器。这种采水器放落到采水深度，在上拉时阀门关闭。

泵采水器：这种方法是在塑料制或者硅制管上设置铅坠，放置到采水深度，通过吸引采集水样。像采水器一样由于采水口并不长，所以能够准确地采集到目的深度的水样。正因如此，采集湖底附近的水，或者调查详细的垂直分布时，可使用这种采水器。

管直径较小时和快速吸引时，比采水深度深的水也有可能被吸引，所以刻意将管子端部设计成水平状。此外，因为管子内充填有采水深度以外的水，所以应该废弃采水开始后一段时间内的水。

使用电动泵进行吸引时，一般在中途连接贮存采集到的水样的储水器。市场上销售的便携式手动吸引泵（图 15-4）也非常方便。此外，自行车打气筒的阀门如果倒过来，即可当作手动减压器使用。这些还可以在过滤水样时当作吸引器使用。还有，带有两个出口的容量较大的注射器，以及在注射器的端部安装三方活塞，通过活塞的操作即可直接将水样采集到采水用的瓶子中。在施工现场吸取污水用的泵部分，也可以放落到采水深度当作采水器用。除了这些，还有许多根据目的手工制作的采水器。无论是哪一种，压力都会发生变化，所以对于分析溶解气体来说都不算是非常适合的采水方法。

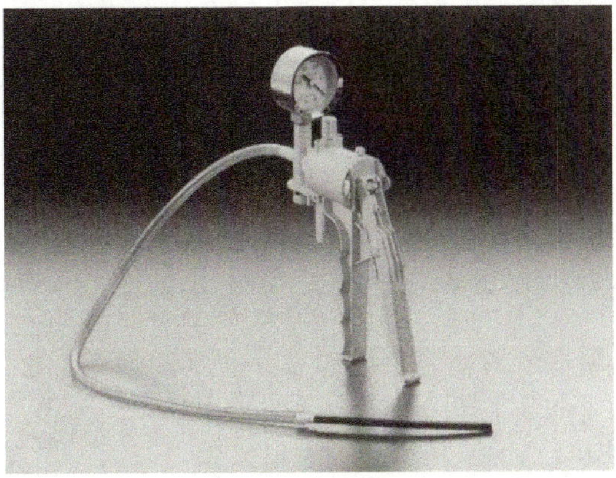

图 15-4　便携式手动吸引泵

15.1.2 水样的保存

想要对赋存量较低、并受物理化学反应和生物化学反应影响的成分进行分析时，必须充分注意水样的保存。也就是说，需要低温、遮光、降低 pH、添加防腐剂、过滤和冷冻等。

测定化学成分时的保存方法，因为在各种测定方法中有相关的说明，所以请参阅相关的内容。因此，在此仅介绍一般的注意事项。

15.1.2.1 样品容器

溶解气体的分析需要使用能够密封的玻璃制瓶，不过，几乎所有成分的分析，聚乙烯制瓶就已足够。

聚乙烯等塑料瓶的缺点是水样的微量成分会吸附到瓶壁上，以及从瓶子会溶出微量成分。重要的是要尽快进行分析。

瓶子的清洗方法根据测定项目而异。

（1）营养盐和有机物量的测定：避免使用洗涤剂，或者使用洗涤剂成分能被完全冲洗干净的洗涤剂。

（2）亚硝态氮和硝态氮：避免使用硝酸清洗。

（3）氯化物离子：避免使用盐酸清洗。

无论哪一种清洗方法，都很难从塑料瓶上完全冲洗干净洗涤剂，所以请务必注意。

如果不测定氯化物离子，则在 250～500 mL 的塑料瓶里添加浓盐酸（剧烈）约 1 mL，并密封加热，充满氯化氢气体后清洗瓶子的内壁。笔者有时会将内装浓盐酸的塑料瓶放入黑色垃圾袋内，选择天气晴朗之日，在太阳光下暴晒 3 天左右。此时，必须注意为了防止塑料瓶因紫外线发生质量劣化，不能将瓶子放入透明塑料袋子内；注意不能让氯化氢气体从瓶子中泄漏出来。使用自来水充分清洗瓶子后，再使用蒸馏水清洗数次，使用温水清洗效果更好。塑料瓶干燥后进行保存，干燥过程中必须注意来自空气的污染。虽然比较花费时间，但可以将干燥器设定在 40～50℃进行干燥。

测定微量有机物时用的保存瓶应使用材质不会溶出的优质玻璃瓶或者塑料瓶。

如果同一项目再次测定时，使用结束的瓶子仅用自来水和蒸馏水充分清洗干净即可。保存水样用的瓶子最好按测定项目分类，并选择用过的瓶子。但是，在上一次保存的水样成分浓度比本次的浓度高、保存过悬浮物质较多的水样时或在常温保存期间发生过沉淀物或者微生物增殖时，应该使用刷子清除固体物质后，如同新瓶子时一样进行清洗。

15.1.2.2 水样的保存方法

水样最好是能够保持与在湖泊内相同的状态（性质）下被运送到测定场所。水样的处理和分析测定场所较远时，使用快递等寄送较为方便。如果需要冷藏或者冷冻搬运时，请务必注意有可能因食品混运导致污染。在实验室的冰箱和冷冻库内保存，也同样需要注意。

关于水样的预处理和保存方法，已汇总于附录 5 供参阅。在此，仅介绍化学成分分析的一般注意事项。

（1）关于 Mg^{2+}、Ca^{2+}、Mn^{2+}、Fe^{2+}、Fe^{3+} 各离子成分，应事先使用盐酸将水样调整到 $pH \approx 1$ 进行保存。

（2）铁（Ⅱ）会因氧化还原反应发生浓度变化。为免接触到空气，采集的水样应立即进行测定。

（3）营养盐会因微生物的影响而发生变化，应该立即进行测定。需保存时，应使用玻璃纤维滤纸（硅酸态硅使用定量纸滤纸）进行过滤，减少液体中的微生物。使用干冰冷冻水样后带回，在冰冻库（-20℃以下）中保存。硅酸态硅分析水样应在冷藏箱中保存。有时需要在水样中添加防腐剂（氯仿（毒）、氯化汞（Ⅱ）[毒]等），根据不同的分析方法，此类防腐剂有时会产生妨碍。

（4）有机物也会受微生物的影响，所以与营养盐一样需要进行冷冻保存。不过，氯仿测定水样不得使用干冰冷冻。

15.2 水的分析原则

15.2.1 器具的清洗

玻璃器具的洗涤剂有水、酸和碱、洗涤剂、氧化和还原剂、有机溶剂等。需要根据测定项目和要求的精度选择洗涤剂。

清洗的大致步骤是使用自来水（温水的清洗效果更好）清洗后，使用洗涤剂（或者清洁剂）和刷子擦洗干净。注意尽量不要使用刷子清洗有精确容量的玻璃器具（量瓶、滴定管、吸量管等），容易造成损伤，所以清洗此类容量玻璃器具、刷子无法插入的内径较细的玻璃器具、形状复杂的玻璃器具时，可以浸渍用水稀释的洗涤剂中，使用市场上销售的超声波清洗器进行清洗。此外，分光光度计的吸收容器也可以进行超声波清洗，不过也有一些吸收容器可能发生分解，所以请务必注意。在不测定亚硝态氮或者硝态氮时，还可以将用水清洗过的玻璃器具，在 6 mol/L 硝酸中浸渍一段时间后进行清洗。

即便使用洗涤剂和硝酸也不能洗落污垢时，或者清洗测定微量有机物用的器具，可以在铬酸混合液（在 1 份重铬酸钾的饱和水溶液［烈性］［危险］中添加 1 份浓硫酸［烈性］）中浸渍 1 天后进行清洗。如果加温浸渍则可以缩短时间。此外，重铬酸钾的饱和水溶液约为 13%。还可以使用硝酸 - 过氧化氢水溶液混合液（在 3 份 6 mol/L 硝酸中添加 1 份 30% 过氧化氢水溶液），替代铬酸混合液。这些都是强氧化剂，所以注意不要附着到衣服和皮肤上。

然后，用自来水（温水）仔细清洗器具上的洗涤剂及氧化剂。在清洗过程中，不得将铬酸混合液等环境污染物质排放到污水中。即使在有下水道或者污水处理设施完备的实验室，也必须至少用少量的自来水清洗两次，尽力处理该废液。这之后，使用纯净水清洗数次。此时，如果玻璃器壁上挂有水，则表明清洗不完全，还需要进行反复清洗，或者选择其他的清洗方法。

进行干燥保存时，注意不要黏附上灰尘。此外，根据测定项目，有时必须进一步仔细地清洗，或者进行干燥。有关详细情况，将在后述的各测定项目中进行介绍，请参阅相关内容。

玻璃器具使用后，必须尽快清洗干净。不能马上清洗时，应趁其还未干燥，浸渍到 0.01～0.1M 盐酸（使用了与氯化物离子发生反应生成沉淀物的试剂时，不能使用盐酸清洗）中。这是为了不让用过的试剂附着到器具内壁上，以及防止微生物的增殖。

化学分析用的试剂，相较于湖水中的浓度赋存量，一般使用的浓度极高。因此，用于化学分析的玻璃器具，如果根据所确定的测定项目来准备专用的玻璃器具，则使用后的清洗也简单方便。以前使用过的试剂和测定项目不明确的玻璃器具，或有可能因试剂发生污染时，必须采用适合于化学分析项目的清洗方法，仔细认真地进行清洗。

15.2.2 水的精制

纯净水可利用蒸馏法、离子交换法、反渗透法以及这些方法的组合精制得到。无论使用何种方法制作，都会含有某种程度的成分，不存在真正的纯净水。因此，玻璃器具和塑料瓶清洗用的纯净水、分析试剂调制用的纯净水、或者稀释水样用的纯净水，必须根据测定项目和用途分开使用。

如测定离子成分时，需要去除了离子成分的去离子水。不易进行离子交换的成分，应使用将蒸馏水进一步去除离子后的去离子蒸馏水。测定有机物时，采用进行二次蒸馏去除有机物的再蒸馏水。此外，测定铵态氮时，由于从水中很难去除氨，应特别注意使用去离子纯净水。如果不使用通过此类操作制作的纯净水，则无法获得良好的测定结果。纯净水一般采用自来水精制而成，应该把握自来水水源的水质后再精制纯净水。如果水源有污染时，则蒸馏水和去离子水中常会遗留有很多成分，所以需要注意。

15.2.2.1 蒸馏水

使用铜和不锈钢制蒸馏器制作的蒸馏水，会有少许的金属溶出，与使用硬质玻璃和石英制蒸馏器制作的蒸馏水相比，传导度较高。应该根据测定目的分开使用。

15.2.2.2 去离子水

使用填装了强酸性阳离子交换树脂和强碱性阴离子交换树脂的离子交换纯净水制造装置可制得去离子水。

15.2.2.3 去离子蒸馏水

使用蒸馏器制得蒸馏水，然后使用填装了强酸性阳离子交换树脂和强碱性阴离子交换树脂的离子交换纯净水制造装置，制得去除离子后的蒸馏水。还有可获得去离子蒸馏水的纯净水制造装置。

15.2.2.4 脱氨水

可按以下步骤制作氨氮分析用的纯净水。让蒸馏水反复通过离子交换纯净水制造装置 10 次左右，再将获得的水数次通过填装了 Dowex 50W-X450-100 网眼（H 型）的圆筒形分离容器（直径 30 mm、长度 700 mm），所得到的水可用作铵态氮分析。此外，使用超纯净水制造装置（Milli-Q 等）制得的纯净水也可以用作铵态氮分析。调制氨氮和溶解性有机氮的测定试剂以及制作检量线时用的纯净水，可采用这种去氨水。

15.2.2.5 再蒸馏水

在蒸馏水 1 L 中添加浓硫酸 5 mL 和重铬酸钾 0.5 g，并使用玻璃蒸馏器进行蒸馏。接着，在精制成的蒸馏水 1 L 中添加氢氧化钠 2 g 和高锰酸钾 0.1 g，再次使用玻璃蒸馏器进行蒸馏，制得再蒸馏水。此外，蒸馏用的沸腾石是熔化玻璃而制得，应用盐酸清洗后使用。

15.2.3 试剂

15.2.3.1 试剂的纯度和保管

湖泊中的化学成分，一般要测定的成分的浓度都较低。为了将分析用试剂的污染降到最低，应该尽量使用纯度较高的分析用试剂。此外，虽然购得纯度较高的试剂，但如果保管不注意，则在保管期间纯度有可能降低而导致污染。所以必须充分注意试剂的保管。

试剂根据日本 JIS 规格或者各个厂商，分为精密分析用试剂、试剂特级、试剂 1 级、化学用试剂、容量分析用标准试剂、pH 测定用试剂、元素分析用试剂等。在湖泊水的一般化学分析中，使用试剂特级。不过，试剂中也含有杂质。试剂的标签上都记载着杂质的容许数值，使用时请务必参阅，必须充分考虑要测定成分的浓度和分析用试剂产生污染的可能性。

试剂应该尽量使用新品。尤其是亚硝酸盐、过二硫酸盐、次亚氯酸钠、碘化钾、氢氧化钠等会随时间变化而老化。此外，还有潮解性试剂、风化后结晶水发生变化的试剂、吸收大气中二氧化碳的试剂、吸收大气中氨气的试剂、被空气氧化的试剂、因太阳光而发生变化的试剂等。试剂原则上必须密封于瓶子中，避开直射阳光，保存于阴暗场所（冰箱亦可）。当然，毒物、烈性物、引火性、爆炸性试剂等危险品，必须按照规定的保存方法进行保管。

15.2.3.2 分析用试剂的调制

试剂的浓度使用摩尔浓度和规定浓度表示。摩尔浓度是指溶液 1 L 中所含溶质的摩尔数，单位使用 M 或者 mol/L 表示。例如，分析硫酸根离子时，如果使用量瓶在纯净水中，溶解制作该标准溶液时使用的硫酸钾（K_2SO_4：分子量 174.26）17.426 g，制成 1 L 溶液，则硫酸钾的浓度为 0.1 M，钾离子（K^+）的浓度为 0.2 M，硫酸根离子（SO_4^{2-}）的浓度为 0.1 M。

另外，规定浓度是指溶液 1 L 中所含溶质的克当量数，使用 N 或者 n 表示。酸、碱溶液或者氧化还原试剂的水溶液，有时使用规定浓度。例如，如果在纯净水中溶解氢氧化钠（NaOH：分子量 40.00）4 g，制成 1 L 溶液，则变为 0.1 N（=0.1 M）氢氧化钠溶液。不过，如果在纯净水中溶解氢氧化钡八水合物（$Ba(OH)_2 \cdot 8H_2O$：分子量 315.46）31.546 g，制成 1 L 溶液，则变为 0.2 N（=0.1 M）氢氧化钡溶液。稀释浓硫酸、浓盐酸或者浓氨水时的摩尔浓度或者规定浓度，必须根据市场上销售的此类物质的含有量（比重）进行计算。市场上销售的试剂的浓度汇总于附表 3，请参阅。还有，盐酸 1 M=1 N，硫酸则 2 M=1 N。

如果是氧化还原试剂，用分子量除以试剂因反应而变化的氧化数，所获得数值为 1 g 当量。例如，用作 COD 测定试剂的高锰酸钾（$KMnO_4$：分子量 158.03）的 1 g 当量为 158.03/5=31.61（g）；重铬酸钾（$K^2Cr_2O_7$：分子量 294.18）的 1 g 当量为 294.18/6=49.03（g）。因此，如果在纯净水中溶解高锰酸钾 31.61 g，制成 1 L 溶液，则变为 1 N（0.2 M）的高锰酸钾溶液；如果在纯净水中溶解重铬酸钾 49.03 g，制成 1 L 溶液，则变为 1 N（1/6 M）的重铬酸钾溶液。

有时还使用百分比（%）表示。尤其没有指定时，将固体试剂溶解到溶剂中时，使用溶液 100 mL 中所含溶质的克数（*W*/*V*）表示，如果是液体和液体混合时，则使用容量百分比（*V*/*V*）表示。此外，有时使用纯净水进行数倍稀释，调制稀盐酸和稀硫酸。例如，在纯净水 10 容中添加硫酸 1 容，进行混合时，则表达为（1+10）硫酸或者（1：10）硫酸。

15.2.4　废液的处理

从实验室排出的污水，受《下水道法》等限制。实施试验的人员事先应该充分了解化学药品的危险性和对环境产生的影响。有害废弃物还可以委托专门企业处理，不过测定人员尽量自己处理也很重要。还可咨询相关专家等。

此外，本书中记载的试剂中，操作使用时需要注意的毒物会标记［毒］，烈性物质会标记［烈性］，危险品会标记［危险］，还有对人体有害的物质会标记［有害］，操作和处理时可供参考。

15.2.4.1　铬

清洗器具用的铬酸混合液等铬（Ⅵ）化合物在酸性条件下，具有极强的氧化能力。处理铬酸混合液时，在塑料桶中装入约为所处理铬酸混合液的 2～5 倍的水，然后慢慢地添加铬酸混合液。在废液中，慢慢地添加甲醇或者约 20% 的砂糖溶液（使用砂糖溶液时在溶液发热期间添加），直到废液呈绿色，并在室温条件下静置 1 h 左右。接着，一边搅拌一边慢慢地添加 20% 氢氧化钠溶液，直至废液的 pH≈8。静置 24 h 后，检查确认上清液是否变成无色透明，分离沉淀物（氢氧化铬）和上清液。上清液按污水标准废弃，沉淀物干燥后，委托专门的处理人（企业）进行处理。此外，含有铬酸离子的废液也进行同样的处理。

15.2.4.2 重金属

含有水银、铜、镉、铅、锌、铁、锰、铬、砷、锡、锑、银的废液，添加碱溶液（可以是制成乳液状的碳酸钠溶液），将 pH 调制成约 8。废液中如果含有络合物（有机物、胺、氨等），由于会妨碍氢氧化物的生成，所以很难生成沉淀物。此时，可以事先对废液进行氧化分解。分离沉淀物和上清液，使用蒸发皿等浓缩上清液，与沉淀物一起保管。

15.2.4.3 氰化物

在废液中添加碱溶液（可以是制成乳液状的碳酸钠溶液），将 pH 调节为约 8。然后，一边搅拌一边添加过量的过氧化氢溶液，并在室温条件下放置 24 h（在这个过程中，氰化物被分解）。不含重金属的氰化物废液，产生沉淀物后，分离干燥并保管沉淀物，上清液按污水标准进行废弃。废液中含有重金属时，使用蒸发皿等浓缩上清液后进行保管。此外，氰化物废液如果处于酸性，则会产生剧毒物质氰气，所以请务必注意。

15.2.4.4 强酸和强碱

使用稀硫酸（或者稀盐酸）或者氢氧化钠溶液，将废液调节至 pH 5～10（pH 的确认使用万能试纸则很方便）后，用大量的水稀释后进行废弃。

15.2.4.5 有机溶剂

乙醇、酮、乙醚、酯、乙醛等有机溶剂的废液，如果在高温（约 800℃）下进行处理，则将被完全燃烧。不过，根据要处理的有机溶剂，有的必须使用碱溶液清洗燃烧后的废气。

15.3 一般项目

15.3.1 外观

水的外观是能够简单地了解水的大略性质的项目。

将水样装入到量筒内，并将此放置到白纸和黑纸上，并记录水样整体、上清液、悬浮物质、浮游物质、沉淀物等的色调和程度、有无油、有无起泡等。

此外，将 100 mL 的水样装入烧瓶内，并使用铝箔轻轻密封后，放入水浴中加温至 40℃，用手将蒸汽扇进鼻子确认气味。气味（臭味）的分类可以参照 JIS

的分类（表 15-1）。

表 15-1　气味（臭味）的分类和种类

气味（臭味）的大分类	气味（臭味）的种类
芳香性气味	（1）芳香味；（2）药味；（3）甜瓜味；（4）紫罗兰味；（5）蒜味；（6）黄瓜味
植物性气味	（1）草味；（2）青草味；（3）木材味；（4）海草味
土味、霉味	（1）土味；（2）沼泽味；（3）霉味
鱼贝气味	（1）鱼味；（2）肝油味；（3）蛤蜊味
化学药品气味	（1）苯酚味；（2）焦油味；（3）油味；（4）油脂味；（5）石蜡；（6）硫化氢味；（7）氯味；（8）氯苯酚味；（9）药房味；（10）其他化学药品味
金属性气味	（1）铁锈味；（2）金属味
腐败性气味	（1）厨房垃圾味；（2）下水道味；（3）猪圈味；（4）腐败味
令人不快的气味	鱼味、猪圈味、腐败味等引起强烈不适的气味

注：1. 为了减少嗅觉的个人差异，可以由数人检查同一种材料。
2. 采集水样时，可以在不加温条件下检查确认水样的气味，并做好记录（这称为冷时气味）。

15.3.2　pH、RpH

对水样的 pH 和 RpH 的测定，采用 pH 试纸法、比色法、玻璃电极法等。湖水用 pH 试纸法的可靠性较低。

比色法

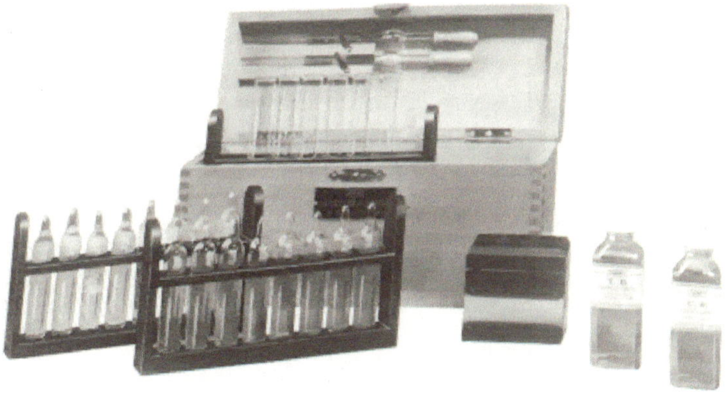

图 15-5　pH 比色管

（离合社 提供）

表 15-2 pH 指示剂

指示剂	pH 范围	色调范围
TB（百里酚蓝）	1.2～2.8	红～黄
BPB（溴酚蓝）	3.0～4.6	黄～蓝
BCG（溴甲酚绿）	3.8～5.4	黄～蓝
BCP（溴甲酚紫钠盐）	5.2～6.8	黄～紫
BTB（溴麝香草酚蓝）	6.0～7.6	黄～蓝
PR（百里酚红）	6.8～8.4	黄～红
CR（甲酚红）	7.2～8.8	黄～红
TB（百里酚蓝）	8.0～9.6	黄～蓝

准备标准比色管（图 15-5）。虽然自己也能制作，但可以事先购买市销的氢离子浓度比色仪。一般调和型湖泊，在表 15-2 所记载的系列中，准备 BTB、PR、TB 3 列即已足够。

操作

①在比色管中加入水样 5 mL，使用吸移管添加指示剂 0.25 mL，静静地混合。

②将标准色列中接近的色调放置在水样的两侧，使用 Walpole 比色仪（图 15-6），读取至 pH 为 0.1。

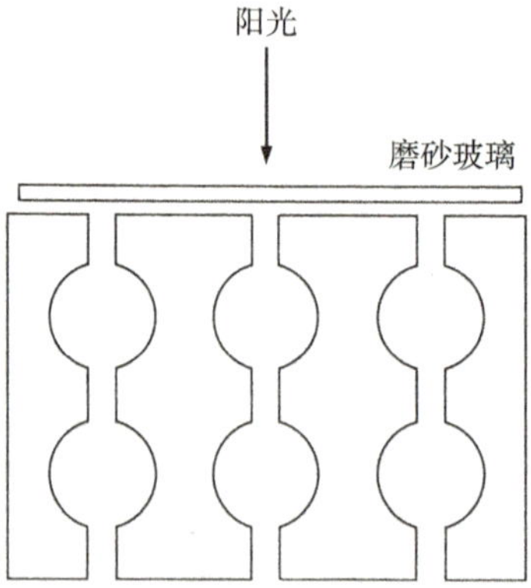

图 15-6 Walpole 比色仪

玻璃电极法

准备标准 pH 缓冲液（pH4、pH7）。这种溶液虽然可以自己制作，但市场上也有销售。

操作

①使用 pH 计时，事先使用 pH7 和 pH4 的标准溶液，调整读数。

②将水样倒入烧杯中，并将 pH 计的玻璃电极浸渍到烧杯内，轻轻地搅动水样后读取数值。

RpH

在富营养湖泊生产层的水中，由于浮游植物和大型水生植物很活跃地进行光合作用，故白天消耗二氧化碳 pH 有时会升高。另外，停滞期富营养湖泊的深层水中，由于从生产层沉降的有机物的分解过度地溶解了二氧化碳，导致 pH 降低。此外，有地下水流入的湖泊，有时也供给了富含二氧化碳的水，在这样的湖泊水中，测定得到的 pH 是比二氧化碳在湖水中处于饱和状态时高或低的 pH。因此，为了了解湖水本来的水质，需要测定与大气处于平衡状态时湖水的 pH。

操作

①使用气压泵或者橡胶球，向水样中通气 10～15 min（图 15-7）（可以激烈地晃动数分钟，或者将测定水样倒入烧杯并用磁力搅拌器搅拌，以使其与大气保持平衡）。

②将通过气的水样，与上述的比色法、玻璃电极法一样进行测定。

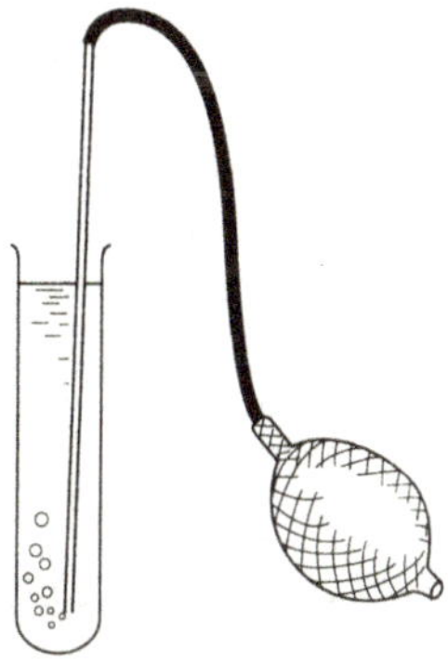

图 15-7　简单的通气法

注意事项

① pH 因测定方法而异，比色法受指示剂添加量的影响，电极法受电极的影响。

②因为大气中的二氧化碳等会混入水样，测定水样中有过剩溶解的二氧化碳也会释放到大气中，所以不能在激烈搅拌后进行测定 pH。混合指示剂时，如果用手大幅地转动比色管，则可以减少大气的影响进行混合。采用电极法进行测定时，不使用磁力搅拌器，而是使用手轻轻地转动装有水样的烧杯。

③ pH 标准比色管如果直接接触阳光容易发生变化，应保存在阴暗场所。此外，用于测定而调制的指示剂也容易变质，应在阴暗场所保存的同时避免长期使用。

④如果采用不同的指示剂测定相同的水样，则有时会获得不同的数值。因

此，应该在记录pH的同时附记上所使用的pH指示剂如pH7.6（PR：百里酚红）。

⑤ pH会因水温而发生很大的变化（表8-1）。因此，测定pH时，还应该测定采水现场和测定水样的水温。想要根据pH比较水质时，例如，可以使用25℃时的pH进行比较。想要了解现场的pH时，可以在现场水温的pH上进行修正。市销的许多pH计使用25℃时的值表示。但是，每次测定时必须确认使用pH计读取的数值是25℃的水温修正值还是现场水温测定值。这是因为该值会因先前的使用者所测定的水温有很大差异。

⑥必须事先明确测定pH是想要了解水生生物的活性程度（因为光合作用和呼吸分解作用，导致的总碳类赋存量的变化结果），还是想要了解原本构成湖水的水质（作为构成离子成分合计的酸性、碱性程度），根据具体目的来确定是测定pH还是RpH。

⑦不能平均pH（RpH）的数值。求取pH的平均值时，必须将各水样的pH还原为氢离子浓度，并将此浓度平均值作为平均pH。将测定pH平均时，必须附记上算术平均值。例如，pH5和pH7的平均值是pH5.3，而非pH6。

⑧ pH可以使用测试盒（PackTest）（共立理化学研究所），利用比色法进行测定。该方法的缺点是直接用手接触测试盒，在测定操作过程中，会因意想不到的污染导致出现错误的值。尤其夏季操作时必须注意手上的汗液等。利用比色法，使用该方法进行测定时的注意事项如前面所述。利用pH试纸测定淡水湖和河流水的pH，无法获得正确的数值。

15.3.3 电导率（EC）

测定电导率（导电率）的目的是观察湖水中有多少离子成分。电导率仪校准用的标准液采用氯化钾溶液。市售的电导率仪虽然附带有校准用的标准液，但许多电导率仪都已经实施过校准。

将电极插入水样中进行测定，如果电极上附着悬浮物质，则无法获得准确的电导率值，所以测定后应使用滤纸等仔细擦拭干净电极。

水温每上升1℃电导率数值会增加约2%。即使是相同水质的水样，如果水温不同则测定值也不同。一般换算成25℃（或者18℃或20℃）时的数值进行表示。例如，25℃时的电导率（K_{25}）为

$$K_t = K_{25}\{1 + \alpha(t - 25)\} \quad (15\text{-}1)$$

式中，K_t——t℃时的电导率，每 1 m 的 S（西门子）、μS/m 或者 mS/m（或者每 1 cm）；

α——各离子电导率的温度常数（一般采用 0.02）。

注意事项

①电导率测定仪的单位经常使用 μS/cm 或者 mS/cm 表示。以 mks 单位体系（μS/m 或者 mS/m）表示数值时，可以在测定数值上乘以 0.1 倍。

②导电率是根据下式测定构成离子成分作用的湖泊水的导电率的程度。如果将当量电导率设定为 Λ，各离子的浓度设定为 C，则各离子的电导率（EC）为

$$EC=\Lambda \times C \qquad (15\text{-}2)$$

如式（15-1）、式（15-2）所示，根据湖水中的构成离子成分，电导率的值会有所不同。通用的电导率仪以水质仪的名称很便宜地在市场上销售。虽然称为水质仪，但是不能根据电导率的数值，比较和考察不同水系水的离子成分，以及判定湖水是贫营养或者富营养（表 15-3）。

表 15-3　离子成分在 25℃时的当量电导率

离子	Λ^x 无限稀释度时的值［10^{-4}S · m²/mol］	当量电导率 Λ［10^{-4}S · m²］			α_{25} 25℃时的温度系数［K］
		0.001M	0.01M	0.1M	
H^+	350	345	339	323	0.0139
Na^+	50.1	48.4	46.4	41.1	0.02
K^+	73.5	71.7	69.5	63.7	0.02
$1/2Mg^{2+}$	53.1	49.7	45.2	36.4	0.02
$1/2Ca^{2+}$	59.5	56.3	51.5	41.7	0.02
OH^-	199	196	192	181	0.018
Cl^-	76.4	74.3	72.0	65.7	0.02
$1/2SO_4^{2-}$	80.0	75.0	43.3	34.5	0.02
NO_3^-	71.4	69.3	67.1	60.4	0.02
$1/2CO_3^{2-}$	72	68.2	61.6	44.2	0.02
HCO_3	44.5	—	—	—	0.02

［摘自 半谷高久，小仓纪雄 . 水质调查法，丸善株式会社（1995）］

表 15-4　氯化钾 10 mmol/L 溶液的电导率和温度变化

温度 /℃	0	10	20	25	30
电导率 /（mS/m）	77.6	102.0	127.8	141.3	155.2
比率（将 25℃时的值设定为 100）	54.9	72.2	90.4	100	110

③电导率的值随着水温的变化会发生很大的变化（表 15-4）。因此，必须事先明确测定电导率的目的，是阐明湖水的离子成分浓度，还是了解湖水的电导率值。例如，想要根据表层水和深层水的电导率仪的值，来比较离子成分的大致变化时，可以通过 25℃时的电导率仪的值进行比较。可是，想要了解表层水和深层水的电导率值其本身时，必须在现场水温条件下测定其电导率。

市售的许多电导率仪多采用 25℃时的值表示。因此，每次测定时，都必须确认使用电导率仪读取的数值是 25℃时的值，还是现场水温条件下的数值。根据先前的使用者在哪一个温度条件下进行测定，获得的数值会存在较大的差异。

④湖泊的水质测定，常使用测定仪 CTD（电导率、水温、深度），有时也使用多项目水质仪。不过，CTD 上配置的电导率传感器等，如果维护保养不充分，则无法获得准确的值，所以请务必注意。

电导率仪原则上是利用电磁感应法和交流电压方式电极进行测定。利用电磁感应法的电导率仪适合于高电解质溶液（如半咸水湖和盐湖的水），并且方便维护。利用这种方式测定淡水湖水的电导率数值，是在检测限度附近进行测定。另外，利用交流电压方式电极的电导率仪，通过选择电极的容器常数，可以在较低电解质（＜10 μS/m）和较高电解质（＞10 μS/m）之间进行测定。被称为水质仪的市售的许多便携式电导率仪，采用的是交流电压方式电极，只是测定精度不太高。

表 15-5　氯化钾标准液的调制方法及其电导率

调制方法	KCl 标准液（μS/m）		
	0℃	18℃	25℃
在纯净水中溶解 74.246 0 g 的 KCl，在 20℃条件下制成 1 L 溶液	6 518	9 784	11 134
在纯净水中溶解 7.436 5 g 的 KCl，在 20℃条件下制成 1 L 溶液	713.8	1 116.7	1 285.6
在纯净水中溶解 0.744 0 g 的 KCl，在 20℃条件下制成 1 L 溶液	77.38	122.05	140.88
在纯净水中溶解 74.40 g 的 KCl，在 20℃条件下制成 1 L 溶液	—	—	14.693

［依照 JIS K0102，有部分改动］

⑤电导率仪在使用期间，数值会慢慢发生变化。所以应该经常使用标准液校

准数值后使用（表 15-5）。此外，可以将与制造日相同的矿质水作为标准代用液，用来检查确认测定仪是否正常运作。

15.3.4　蒸发残留物

所谓蒸发残留物，是使水分蒸发，测定残留物质重量，以此了解湖水中所含物质的量。蒸发残留物按下述分类。

全蒸发残留物：在蒸发操作过程中，除变成气体而释放的物质以外的总量为重量进行测定。将通过网眼 2 mm 筛网的水样蒸发干固，并在 110℃条件下干燥后残留的物质。包括水中溶解的物质和悬浮、浮游物质。

溶解性蒸发残留物：使用孔径 1 μm 左右的滤纸过滤湖水，并在 110℃条件下蒸发干固滤液后残留的物质。

灼烧蒸发残留物：对上述在 110℃条件下蒸发后获得的全蒸发残留物和溶解性蒸发残留物，进一步在约 600℃条件下进行强热后残留的物质。

操作

①使用网眼 2 mm 的筛网，从水样中清除掉小石子大小以上的物质，并在阴暗场所保存水样。测定溶解性蒸发残留物时，采用将水样通过孔径 1 μm 左右滤纸后的滤液。

②将蒸发皿在 110℃条件下充分干燥后进行称量。

③在称量过的蒸发皿中加入一定量的水样，在水浴上加热蒸发，直至水分完全消失。

④使用干燥器在 110℃条件下进行干燥，并放置到干燥器内进行冷却。重复此操作直至恒重。

⑤称量后，减去蒸发皿的重量，即为水样的蒸发残留物。

注意事项

①磁制蒸发皿因为容易吸收水分，所以尽量使用容量较小的蒸发皿，水分减少后再补充水样。也可以使用玻璃制蒸发皿和烧杯。

②要处理的水样量根据电导率值推算。例如，10 μS/m 以下时为 100 mL 以上，如果是 30 μS/m 以上则可以使用 50 mL 水样进行测定。

③蒸发水样的水分时，如果保持在 110℃以下，则不需水浴加热，可以使用加热板和电热器加热。

④测定灼烧蒸发残留物时，在以上介绍的操作中 110℃干燥后，进一步在约 600℃条件下进行强热。

15.3.5 悬浮物质（SS）

使用孔径 0.45～1 μm 的滤纸进行过滤时，残留在滤纸上的物质称为悬浮物质，单位使用 mg/L 表示。

操作

①用于过滤的滤纸在 105～110℃条件下一直干燥到恒重后称重。

②将含有数毫克以上悬浮物质的一定量水样过滤，然后再次干燥该滤纸后进行称重。该重量差，即为悬浮物质量。

注意事项

①悬浮物质含有生物及碎屑（排泄物和遗骸等），因有微生物的作用，所以水样采集后应该立即进行过滤和测定。

②事先对过滤用的玻璃纤维滤纸进行数次过滤清洗，在悬浮物质测定的过滤操作时，可以减少从滤纸上掉落纤维的情况。这样可以消除悬浮物质赋存量的过小评估问题。使用滤膜过滤时，必须注意热处理的操作。

③带回的滤纸，应放置于填装了硅胶的简易干燥器，并进行冷却保存。

④悬浮物质的赋存量大致上与浊度有关系。不过，浊度反映的是悬浮物质的物理化学性状的质的一部分，严格意义上并不一致。例如，悬浮物质中含有大量大粒径物质的水样，和小粒径物质的水样，即使悬浮物质赋存量相同，浊度的值也不同。

15.4 无机成分

15.4.1 钠离子（Na^+）、钾离子（K^+）

利用火焰光度计（Flame Photometer）的方法

标准溶液

钠离子和钾离子标准溶液：钠离子标准溶液，将 110℃条件下干燥 2 h 以后的氯化钠 2.542 g 溶解于去离子水中，制成 1 L 溶液。钾标准溶液，将氯化钾

1.907 g 溶解于去离子水中，制成 1 L 溶液（钠标准溶液的 1 mL 含 1 mg Na^+ 或者 43.50 μmol Na；钾标准溶液的 1 mL 含 1 mg K^+ 或者 25.57 μmol K）。

进行分析时，应该充分考虑湖水中的 Na^+、K^+ 赋存量，对各个标准溶液进行稀释后，作为分析用的标准溶液。

操作

①将水样在火焰光度计的机架上喷雾，测定 Na^+ 时用波长 589 nm 的辉线强度，测定 K^+ 时用波长 768 nm 的辉线强度。

②根据另外制作的标准溶液的检量线，计算水样中各种离子的赋存量。

注意事项

①采集到的水样如果含有悬浮物质，应进行离心分离或者使用滤膜过滤（孔径 1 μm 左右）后再进行分析。水样使用塑料瓶进行保存。

②还可以使用离子色谱仪和原子吸光分析装置进行测定。

③在采水现场可以使用便携式水质测定仪进行测定，但精度较低。

15.4.2 钙离子（Ca^{2+}）

EDTA 滴定法

试剂

①氢氧化钾溶液：将氢氧化钾 44.8 g 溶解于去离子水中，制成 100 mL 溶液。

②氰化钾溶液：将氰化钾 2.5 g 溶解在 97.5 mL 去离子水中。

③ NN 指示剂：将 0.3 g 2- 羟基 -1-（2- 羟基 -4- 磺基 -1- 萘基偶氮）-3- 萘甲酸（2-hydroxy-1-2-hydroxy-4-sulfo-1-naphthylazo）-3-naphthoic acid 与 100 g 硫酸钾混合，保存于褐色瓶中。

标准溶液

0.01M EDTA 标准溶液：将在 70 ℃条件下干燥过的乙二胺四乙酸二钠（ethylenediaminetetraacetic acid disodium salt）二水合物 3.722 g 溶解于去离子水中，制成 1 L 溶液（1 mL 含 0.401 mg Ca^{2+} 或 10.0 μmol Ca）。

操作

水样 50 mL

↓←4 mL 氢氧化钾溶液

在室温条件下放置 5 min

↓←0.5 mL 氰化钾溶液（掩蔽剂）

↓←约 0.05g NN 指示剂

使用 EDTA 标准溶液滴定至溶液变为蓝色

计算

如果将 0.01 M EDTA 溶液的系数设定为 f，将 EDTA 溶液的滴定量设定为 αmL，将水样的量设定为 VmL（本操作中为 50 mL），则

$$Ca^{2+}(mgCa^{2+}/L) = \alpha \times \frac{1000}{V} \times 0.401 \times f \qquad (15\text{-}3)$$

注意事项

①在 50 mL 水样中含有 5 mg 以上 Ca^{2+} 时，应稀释后进行操作。

②本方法因为使用氰化钾，所以废液需要汇总保管并进行处理。对铜、钴、镍、铁等重金属含量较少的水样进行分析时，可以不用添加作为掩蔽剂的氰化钾。

③还可以使用离子色谱仪和原子吸光分析装置进行测定。

④想在采水现场了解大致的数值时，可以使用测试盒（共立理化学研究所）和便携式水质测定仪（Central 科学）进行测定，但测定精度较低。

15.4.3 镁离子（Mg^{2+}）

EDTA 滴定法

试剂

①缓冲溶液：在去离子水中，溶解 67.5 g 氯化铵和 570 mL 浓氨水，制成 1 L 溶液（pH10）。

② EDTA 镁溶液：在去离子水 100 mL 中，溶解乙二胺四乙酸镁四水合物 1 g。

③ EBT 指示剂：在 100 mL 乙醇中溶解 0.5 g 羊毛铬黑 T（EBT）和 4.5 g 盐酸羟胺，使用褐色瓶保存但不能长期保存。

标准溶液

0.01M EDTA 标准溶液：将在 70 ℃条件下干燥过的乙二胺四乙酸二钠（ethylenediaminetetraacetic acid disodium salt）二水合物 3.722 g 溶解于去离子水中，制成 1 L 溶液（1 mL 含 0.243 mg Mg^{2+} 或 10.0 μmol Mg）。

操作

水样 50 mL

↓←2 mL 缓冲溶液
↓←1 mL EDTA 镁溶液
↓←数滴 EBT 指示剂

使用 EDTA 标准溶液滴定至溶液变为蓝色

计算

如果将 0.01M EDTA 溶液的系数设定为 f，将钙离子的滴定量设定为 a mL，将本操作（钙离子 + 镁离子）的滴定量设定为 b，将供给钙离子滴定的水样量设定为 V_a，将供给本操作的水样量设定为 V_b（本操作中为 50 mL），则

$$Mg^{2+}(mgMg^{2+}/L) = \left(\frac{b}{V_b} - \frac{a}{V_a}\right) \times 1\,000 \times 0.243 \times f \qquad (15\text{-}4)$$

注意事项

①一般来说，湖水中的 Mg^{2+} 比 Ca^{2+} 浓度低。为力求准确，应对同一水样进行数次测定，同时应事先按水样制作滴定终点样本，进行色调比较。

②还可以使用离子色谱仪和原子吸光分析装置进行测定。

③市售有简易分析仪器（共立理化学研究所、Central 科学），但精度较低。

15.4.4　氯化物离子（Cl^-）

莫尔法

试剂

①硝酸银溶液：将 4.792 g 硝酸银溶解于去离子水中，制成 1 L 溶液（保存于褐色瓶）。此外，硝酸银溶液每次测定时应该求取常数。

②铬酸钾指示剂：将 5 g 铬酸钾溶解于 100 mL 去离子水中。用硝酸银溶液滴定本溶液，直至发生红色沉淀后进行过滤，将滤液用作指示剂。

标准溶液

氯化物离子标准溶液：将于 110℃条件下干燥过 2 h 的氯化钠 1.648 g 溶解于去离子水中，制成 1 L 溶液（1 mL 含 1 mg Cl 或 28.2 μmol Cl）。

硝酸银溶液的标定：

在氯化钠标准溶液 20 mL 中添加去离子水 80 mL

↓←1 mL 铬酸钾指示剂

使用硝酸银溶液滴定至溶液变为红褐色时

如果将硝酸银溶液的滴定量设定为 a，将空白试验的滴定量设定为 b，则硝酸银溶液的常数 f 为

$$f = \frac{20}{a - b} \tag{15-5}$$

操作

水样（V/mL）

↓←（100-V）mL 去离子水

↓←1 mL 铬酸钾指示剂

使用硝酸银溶液滴定至溶液变为红褐色

计算

如果将硝酸银溶液的常数设定为 f，将水样的硝酸银溶液滴定量设定为 amL，将空白试验的滴定量设定为 bmL，将水样设定为 VmL，则

$$Cl^-(\mathrm{mgCl/L}) = (a - b) \times \frac{1000}{V} \times f \tag{15-6}$$

注意事项

①因为铬酸钾溶液中有时会含有少量的氯化物离子，所以使用移吸管滴定硝酸银溶液，直至溶液发生红色沉淀。将过滤并清除沉淀后的滤液当作指示剂。

②水样的量在 100 mL 以内时，应使氯化物离子含量在 20 mg Cl^- 以下。

③莫尔法如果水样 pH 在 7～10，则可以原样进行测定。水样呈酸性时，应该使用碳酸氢钠，中和水样后再进行滴定；水样 pH＞10，应该使用 0.5M 硫酸，中和水样后再进行滴定。

④水样中含有硫化物、亚硝酸盐、硫代硫酸盐等时，应该添加 30% 过氧化氢水 1 mL 后再进行滴定。

⑤如果氯化银白浊较多，则有时很难确定滴定的终点。应该一边比较各水样的终点色调和硝酸银溶液标定时的终点色调，一边确定水样的终点。

⑥氯化物离子赋存量较低的水样，可以使用硫氰酸汞的比色法进行测定。

⑦想在采水现场了解大致的数值时，还可用市售的简易分析仪器（共立理化学研究所、Central 科学）。

比色法

试剂

①硝酸汞溶液：在 0.5 M 硝酸（在去离子水 61 容中添加浓硝酸 2 容）200 mL 中，溶解 5 g 硝酸汞（Ⅱ）*n* 水合物（n=0.5～1）。

②硫酸铁铵饱和溶液：在 1M 硝酸（在去离子水 59 容中添加浓硝酸 4 容）中，添加硫酸铁（Ⅲ）铵十二水合物，直至饱和。

③硫氰酸钾溶液：在 100 mL 去离子水中溶解 4 g 硫氰酸钾。

④硫氰酸汞溶液：在 200 mL 硝酸汞溶液中添加 3 mL 硫酸铁铵饱和溶液。滴淀硫氰酸钾溶液，直至溶液变成橙黄色。过滤分离出沉淀物后，使用去离子水清洗。将 0.3 g 风干精制而成的硫氰酸汞（Ⅱ）溶解到 100 mL 95% 乙醇中。如果在阴暗场所保存，则硫氰酸汞（Ⅱ）在数月间保持稳定，乙醇溶液在数周间保持稳定。

⑤硫酸铁铵溶液：在 100 mL 6M 硝酸（在去离子水 39 容中添加浓硝酸 24 容）中，溶解 6 g 硫酸铁（Ⅲ）铵十二水合物。

标准溶液

氯化物离子标准溶液：在去离子水中溶解于 110℃条件下干燥过 2 h 的氯化钠 1.648 g，制成 1 L 溶液（1 mL 含 1 mg Cl 或 28.2 μmol Cl）。分析时，对此进行稀释后使用。

操作

水样 40 mL

↓← 10 mL 硫酸铁铵溶液

↓← 5 mL 硫氰酸汞溶液

在室温条件下放置 10 min

↓

使用波长 460 nm 测定吸光度

↓

根据标准溶液的检量线，测定浓度

注意事项

①硫酸铁（Ⅲ）铵十二水合物是 25℃条件下在 100 mL 水中溶解 125 g。

②硫氰酸汞（Ⅱ）市售的纯度较低。使用市售的试剂时，应该进行空白试验、检量线的确认。

③本方法（在宽 10 mm 的吸收容器可测定 1～20 mg/L 的检量线并非直线。

④还可以使用离子色谱仪进行测定。此外，想在采水现场了解大致的数值时，还有市售的简易分析仪器（共立理化学研究所、Central 科学）。

15.4.5 硫酸根离子（SO_4^{2-}）

比浊法

试剂

① 1 M 盐酸：在 110 mL 去离子水中添加 10 mL 浓盐酸。

②氯化钡溶液：在 400 mL 去离子水中溶解 59 g 氯化钠和 10 g 氯化钡二水合物。添加 20 g 明胶，在热水上加热约 30 min。冷却到室温，添加 1 个蛋白，一边搅拌混合一边用热水加热 30 min 以上。将溶液冷却到室温后进行过滤。使用去离子水将滤液制成 500 mL，添加数滴防腐剂甲苯，并在阴暗场所保管。

标准溶液

硫酸根离子标准溶液：在去离子水中溶解于 110℃条件下干燥过 2 h 的硫酸钾 1.814 g，制成 1 L 溶液（1 mL 含 1 mg SO_4^{2-}、0.334 mg SO_4^{2-}-S 或 10.4 μmol S）。

对此进行稀释，制作分析用标准溶液。

操作

水样 50 mL
↓←1 mL 1M 盐酸
↓←4 mL 氯化钡溶液
在室温下放置 15 min
↓
使用波长 600～700 nm 测定吸光度
↓
根据标准溶液的检量线计算浓度

注意事项

①因为比浊法的检量线有时不呈直线，所以应该减小标准溶液的浓度间隔来制作检量线。

②测定值表示为“mg SO_4^{2-}/L”“mg SO_4^{2-}-S/L”“μmol S/L”等。请务必区分单位进行表示。

③硫酸离子的测定方法有重量法、离子色谱法、比色法等（参阅 JIS K 0101）。

④在采水现场还可以利用使用比浊法的简易分析仪器（Central 科学）进行测定，但精度较低。

15.4.6　硫化物离子（S^{2-}）

二胺法

试剂

①固体碘化钾。

② 0.01/6 M 碘酸钾标准溶液：在蒸馏水中溶解于 120～140℃条件下干燥过 2 h 的碘酸钾 356.7 mg，制成 1 L 溶液。

③ 6 M 盐酸：在去离子水 1 容中添加浓盐酸 1 容。

④淀粉溶液：在蒸馏水 100 mL 中加温溶解可溶性淀粉 1 g。煮沸 1～2 min 后，将上清液保管于塑料瓶中。作为防腐剂添加数滴氯仿。

⑤ 0.02 M 硫代硫酸钠溶液：在煮沸释放了二氧化碳的蒸馏水中，溶解约 5 g 硫代硫酸钠五水合物，制成 1 L 溶液。保存时应该安装上苏打石灰管。使用碘酸钾标准溶液标定 0.02 M 硫代硫酸钠溶液，求取常数（参阅溶解氧的测定项目）。

⑥二胺溶液：按表 15-6 所示的浓度，在 6M 盐酸中溶解硫酸 N,N- 二甲基 - 对苯二胺（Sulfate N,N-Diethyl-p-phenylenediamine），进行调制。并在阴暗场所进行保管。

⑦氯化铁溶液：按表 15-6 所示的浓度，在 6M 盐酸中溶解氯化铁（Ⅲ）六水合物，进行调制。并在阴暗场所进行保管。

⑧混合二胺试剂：按表 15-6 所示的比例，混合二胺溶液与氯化铁溶液。

表 15-6　与各浓度硫化物对应的试剂和稀释率

硫化物浓度 /（μmol S/L）	二胺溶解浓度 /（g/L）	氯化铁溶液浓度 /（g/L）	混合二胺混合率（vol：vol）
1～3	1	1.5	1：1
3～40	4	6	1：1
40～250	16	24	2：25
250～1 000	40	60	1：50

[摘自 Cline、J.D.（1969）]

标准溶液

硫化物离子标准溶液：煮沸蒸馏水 5 min 以上，去除氧分子。在烧瓶上连接邻苯三酚溶液（在 12% 邻苯三酚溶液中添加 60% 氢氧化钾溶液）的气体清洗瓶，一边防止氧分子的混入一边冷却到室温。使用该蒸馏水清洗硫化钠九水合物的表面后，使用滤纸擦拭干净结晶表面的水分。在去除了氧分子的蒸馏水中，溶解 0.24 g 硫化钠九水合物，制成 1 L 溶液（1 mL 含 1 μmol S 或 32.1 μg S^{2-}）。分析时，使用去除了氧分子的蒸馏水稀释后的溶液。

▶标准溶液的标定

蒸馏水 10 mL

↓← 1g 碘化钾

↓← 10 mL 0.01/6M 碘酸钾标准溶液

↓← 1 mL 6M 盐酸

↓← 40 mL 硫化物离子标准溶液（避免接触空气）

用 0.02 M 硫代硫酸钠溶液滴定，直至褐色变淡为止

↓←数滴 淀粉溶液

滴淀至变为无色

↓

计算硫化物离子标准溶液的浓度

操作

与估算硫化物浓度对应的混合二胺试剂 4 mL

↓←水样 50 mL

（从混合二胺试剂下方添加，以免接触到空气）

在室温下放置 20 min

↓

使用波长 670 nm 测定吸光度

↓

根据标准溶液的检量线计算浓度

注意事项

①碘滴定法可参阅溶解氧测定时的 Winkler 法。

②使用采水器采集到的水样，应该使用 50 mL 左右的塑料注射器和带塞玻璃瓶携带回，以防水样接触到空气，并且马上进行测定。携带回的途中，应该注意避免受气压变化的影响。

15.4.7　铁（Fe）

酸溶性铁

试剂

① 3M 盐酸：在 150 mL 去离子水中添加 50 mL 浓盐酸。

②羟基氨溶液：在 100 mL 去离子蒸馏水中溶解 10 g 盐酸羟胺。本试剂每次使用时制作。

③菲咯啉（phenanthrolinium）溶液：在 100 mL 去离子蒸馏水中，溶解 0.12 g

氯化 -1,10- 菲咯啉水合物（1,10-phenanthrolinium chloride monohydrate）。

④ 6 M 氨水：在 60 mL 中去离子蒸馏水，添加 40 mL 浓氨水。

⑤缓冲溶液：在 500 mL 去离子蒸馏水约中溶解 68.0 g 无水乙酸钠，并添加 28.8 mL 乙酸（冰乙酸）后，用去离子蒸馏水制成 1 L 溶液（pH4.6）。

标准溶液

铁标准溶液：在 500 mL 去离子蒸馏水约中溶解 7.022 g 硫酸铁（Ⅱ）铵六水合物（莫尔盐），并添加 2 mL 6M 盐酸后，用去离子蒸馏水制成 1 L 溶液（1 mL 含 1 mg Fe 或 17.9 μmol Fe）。分析时对此进行稀释后作为标准溶液使用。

操作

水样 30 mL

↓← 5 mL 3M 盐酸

沸腾 5 min

↓

冷却到室温

↓← 1 mL 羟基氨溶液

↓← 2.5 mL 菲咯啉（phenanthrolinium）溶液

用 6 M 氨水滴定，直至刚果红试纸变红为止。

↓← 2.5 mL 缓冲溶液

加去离子蒸馏水至总量为 50 mL

↓

在室温条件下放置 30 min

↓

使用波长 510 nm 测定吸光度

↓

根据标准溶液的检量线计算浓度

注意事项

①溶解性铁过滤后进行测定，悬浮态铁则使用盐酸溶解滤纸上的铁后进行

测定。

②悬浮物质较多的水样，应该在水样中添加 3M 盐酸并煮沸后进行过滤。

③用于试剂调制等的去离子蒸馏水，不能使用铁制蒸馏器。

④想在采水现场了解酸溶性铁的大致数值时，可以采用市场上销售的简易分析仪器（共立理化学研究所、Central 科学）进行测定。

铁（Ⅱ）

试剂

①菲咯啉（phenanthrolinium）溶液：在 100 mL 去离子蒸馏水中，溶解 0.12 g 氯化 -1,10- 菲咯啉水合物（1,10-phenanthrolinium chloride monohydrate）。

②缓冲溶液：在 500 mL 去离子蒸馏水约中溶解 68.0 g 无水乙酸钠，并添加 28.8 mL 乙酸后，用去离子蒸馏水制成 1 L 溶液（pH4.6）。

标准溶液

铁标准溶液：在约 500 mL 去离子蒸馏水中溶解 7.022 g 硫酸铁（Ⅱ）铵六水合物（莫尔盐），并添加 2 mL 6 M 盐酸后，用去离子蒸馏水制成 1 L 溶液（1 mL 含 1 mg Fe 或 17.9 μmol Fe）。分析时对此进行稀释后作为标准溶液使用。

操作

准备带塞试验管

↓←2.5 mL 菲咯啉（phenanthrolinium）溶液

↓←2.5 mL 缓冲溶液

↓←水样 50 mL（从试验管的底部添加，以免接触到空气）

在室温条件下放置 30 min

↓

使用波长 510 nm 测定吸光度

↓

根据标准溶液的检量线计算浓度

注意事项

①水样中的铁（Ⅱ）离子应避免接触到空气发生氧化。因此，应该事先将菲

咯啉（phenanthrolinium）溶液和缓冲溶液添加到带塞试验管内。从采水器内将水样采集到注射器等内，以防接触到空气。

②水样即使悬浊，但如果事前进行过滤则铁（Ⅱ）会发生氧化，所以应该在与菲咯啉（phenanthrolinium）形成络化物后，即在测定吸光度之前进行过滤。

15.4.8 锰（Mn）

甲醛肟法

试剂

①羟基氨溶液：在 100 mL 去离子蒸馏水中溶解 8 g 盐酸羟胺。

②甲醛溶液：在 100 mL 去离子蒸馏水中添加 4 mL 浓甲醛水。

③甲醛肟溶液：按 1∶1 的比例混合羟基氨溶液和甲醛溶液。

④缓冲溶液：在 300 mL 去离子蒸馏水中 68 g 溶解氯化铵，并添加 570 mL 浓氨水，然后用去离子蒸馏水制成 1 L 溶液。

⑤维生素 C（抗坏血酸）：准备好 L- 抗坏血酸钠的粉末。

⑥ EDTA 溶液：在 100 mL 去离子蒸馏水中溶解 3.7 g 乙二胺四乙酸二钠二水合物（ethylenediaminetetraacetic acid disodium salt，2- hydrate）。

标准溶液

锰标准溶液：在 50 mL 去离子蒸馏水约中溶解 287.7 mg 高锰酸钾，并添加 1 mL 浓硫酸。使用 10% 亚硫酸氢钠溶液滴定，直到紫红色消失。煮沸清除二氧化硫后，冷却至室温，使用去离子蒸馏水制成 1 L 溶液（1 mL 含 0.1 mg Mn 或 1.82 μmol Mn）。分析时稀释此溶液后使用。

操作

水样 20 mL

↓← 1 mL 甲醛肟溶液

↓← 1 mL 缓冲溶液

在 25～30℃下放置 5 min

↓← 10 mg 抗坏血酸

↓← 1 mLEDTA 溶液

在 25～30℃下放置 10 min

↓

使用波长 450 nm 测定吸光度

↓

根据标准溶液的检量线计算浓度

注意事项

①测定锰（Ⅱ）时，水样采集到注射器等内，以免水样接触到空气。

②想在采水现场了解大致的数值时，可以采用市售的简易分析仪器（共立理化学研究所、Central 科学）。

15.4.9　碱度

试剂

① 0.05 M 硫酸：在 360 mL 去离子蒸馏水中添加 1 mL 浓硫酸。0.05M 硫酸使用碳酸钠标准溶液进行标定，计算常数。

② 0.01 M 硫酸：在 200 mL 标定过的 0.05 M 硫酸中，添加去除二氧化碳的去离子水，制成 1L 溶液。

③ MR-BCG 混合指示剂：在 100 mL 95% 乙醇中溶解 0.02 g 甲基红和 0.1 g 溴甲酚绿。

标准溶液

0.05 M 碳酸钠标准溶液：在煮沸释放了二氧化碳的去离子水中，溶解 5.299 g 在 300℃条件下干燥了 50 min 的无水碳酸钠，制成 1 L 溶液。

▶ 0.05 M 硫酸的标定

碳酸钠标准溶液 25 mL

↓←3 滴 MR-BCG 混合指示剂

使用 0.05 M 硫酸滴定至灰紫色（pH4.8）

如果将滴定所需要的 0.05 M 硫酸设定为 a mL，则 0.05 M 硫酸的常数（f）为

$$f = \frac{25}{a} \tag{15-7}$$

操作

水样 50 mL

↓←3～5 滴 MR-BCG 混合指示剂

使用 0.01M 硫酸滴定至溶液变为灰紫色

计算

将滴定所需的 0.01 M 硫酸的量设定为 amL，0.01 M 硫酸的常数设定为 f，将水样的量设定为 VmL（本操作中为 50 mL），则

$$(\text{碱度 meq/L}) = a \times \frac{1\,000}{V} \times 0.02 \times f \quad (15\text{-}8)$$

$$(\text{碱度 }CaCO_3/L) = a \times \frac{1\,000}{V} \times 0.02 \times f \times 50 \quad (15\text{-}9)$$

注意事项

①可以使用 pH 计，将 pH4.8 设定为终点。

②添加的 MR-BCG 混合指示剂的量 3～5 滴即可，不过应该事先确定滴数。

③ pH4.8 碱度的单位使用毫克当量（meq/L）或者与此相当的碳酸钙的毫克数（$CaCO_3$/L）表示。1 meq=50.04 mg $CaCO_3$。

④可以使用简易分析，了解 pH4.8 碱度的大致数值。

15.5 溶解气体

15.5.1 溶解氧（DO）

Winkler 法

试剂

①氯化锰溶液：在 250 mL 蒸馏水中溶解 100 g 氯化锰（Ⅱ）四水合物，并添加 1 mL 浓盐酸。

②碘化钾 - 氢氧化钠溶液：在 250 mL 蒸馏水中溶解 90 g 氢氧化钠，并添加 25 g 碘化钾。保存于褐色瓶中。

③ 6 M 盐酸：在蒸馏水 1 容中添加浓盐酸 1 容。

④淀粉溶液：在 100 mL 蒸馏水中加热溶解 1 g 可溶性淀粉。作为防腐剂，添加数滴氯仿。

⑤ 0.02 M 硫代硫酸钠溶液：在 1 L 煮沸释放了二氧化碳的蒸馏水中，溶解约 5 g 硫代硫酸钠五水合物。保存时，应该事先安装苏打石灰管。

⑥碘化钾：使用固态碘化钾。

标准溶液

0.1/6 M 碘酸钾标准溶液：在蒸馏水中，溶解 3.567 g 在 120～140℃条件下干燥过 2 h 的碘酸钾，制成 1 L 溶液。

▶ 0.02 M 硫代硫酸钠溶液的标定

0.1/6 M 碘酸钾溶液 10 mL

↓←碘化钾的碎片

↓← 2 mL 6M 盐酸

滴定 0.02M 硫代硫酸钠溶液，直至褐色变淡为止

↓←数滴 淀粉溶液

进一步滴定至溶液变为无色为止

如果将硫代硫酸钠的滴定量设定为 a mL，则 0.02 M 硫代硫酸钠溶液的常数 f 为

$$f = \frac{50}{a} \tag{15-10}$$

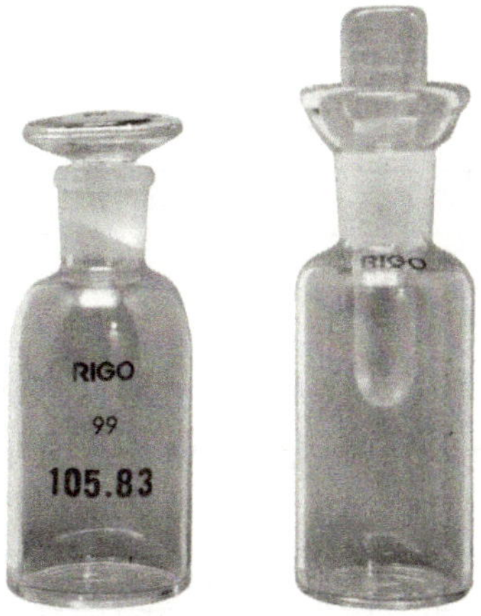

图 15-8　氧气瓶

（离合社 提供）

操作

将氧气瓶（图 15-8）中注满水样

↓←0.5 mL 氯化锰溶液

↓←0.5 mL 碘化钾 - 氢氧化钠溶液

在瓶子上装上塞子，充分混合水样和试剂

↓

在阴暗场所放置 1 h 以上

↓←2 mL 6M 盐酸

颠倒瓶子，使沉淀溶解

↓

移入烧杯，滴定 0.02M 硫代硫酸钠溶液，直至褐色变淡

↓←数滴 淀粉溶液

进一步滴定至溶液变为无色

计算

如果将 0.02 M 硫代硫酸钠溶液的常数设定为 f，将 0.02 M 硫代硫酸钠溶液的滴定量设定为 a mL，将氧气瓶的容量设定为 VmL，则

$$\mathrm{DO(mLO_2/L)} = 5.6 \times a \times 0.02 \times \frac{1\,000}{V-1} \times f \tag{15-11}$$

$$\mathrm{DO(mgO_2/L)} = 8.0 \times a \times 0.02 \times \frac{1\,000}{V-1} \times f \tag{15-12}$$

表 15-7　因高度导致的气压变化

高度 /m	气压 B/mmHg	B/B_0/%	高度 /m	气压 B/mmHg	B/B_0/%	高度 /m	气压 B/mmHg	B/B_0/%
0	760	100.0	1 000	671	88.3	2 000	594	78.2
100	750	98.8	1 100	663	87.3	2 100	587	77.2
200	741	97.6	1 200	655	86.2	2 200	580	76.3
300	732	96.4	1 300	647	85.1	2 300	573	75.4
400	723	95.2	1 400	639	84.0	2 400	566	74.5
500	714	94.0	1 500	631	83.0	2 500	560	73.7
600	705	92.8	1 600	623	82.0	2 600	553	72.8
700	696	91.7	1 700	615	81.0	2 700	546	71.8
800	687	90.5	1 800	608	80.1	2 800	539	70.9
900	679	89.4	1 900	601	79.1	2 900	533	70.2

通过湖面的海拔高度（大气压）对溶解氧饱和量进行修正（表 15-7），以及水样采水深度的水温和盐分的修正（表 15-8）后进行计算。

如果将水样的溶解氧量设定为 DO_M（mL O_2/L），将采水深度水温和盐分条件下的溶解氧量（根据注意事项（9）中的公式计算获得的数值）设定为 DO_T（mL O_2/L），将氧气饱和量因高度导致的修正系数［根据注意事项（10）中的公式计算获得的数值］设定为 f，则水样中的溶解氧饱和量（DO_S）可以使用下述公式进行计算。

$$DO_s(\%) = \frac{DO_M}{DO_T} \times f \times 100 \qquad (15\text{-}13)$$

注意事项

①氧气瓶的容量误差应控制在 0.1 mL 以下。

②氧气瓶还可以使用市售的能够切实盖紧塞子的香料瓶等。

③向氧气瓶内注入水样时，务必注意橡胶管内有时会遗留有空气。

④向氧气瓶内加入氯化锰溶液和碘化钾 - 氢氧化钠溶液时，注意不要使其飞溅。因为固定试剂操作过程中，有时会将大气中的氧气固定。笔者一般使用塑料制的注射器，将针头抵达氧气瓶的底部，轻轻地注入试剂。

⑤碘化钾 - 氢氧化钠溶液因为是强碱性溶液，所以操作时请务必注意。氯化锰溶液和碘化钾 - 氢氧化钠溶液在使用期间，会发生污染，最好分装到小瓶中后使用。

⑥滴定时添加的淀粉溶液的量不用十分准确，不过每次滴定时添加容易确定终点的量。

⑦含有大量悬浮物质的水样时，如果滴定硫代硫酸钠溶液，即使在滴定终点附近蓝色暂时消失，有时也会马上恢复为蓝色，很难确定终点。此时，可以放缓滴定硫代硫酸钠溶液的速度，并且保持恒定量，确定终点。

⑧富营养湖和部分循环湖的深水层中存在各种氧化还原物质，使用 Winkler 法测定，有时会产生测定误差。为此，应该考虑采用叠氮化钠变法。叠氮化钠变法是在水样中，添加 0.5 mL 上述的试剂氯化锰溶液，以及 0.5 mL 含有叠氮化钠的碘化钾 - 氢氧化钠溶液（在 250 mL 蒸馏水中溶解 90 g 氢氧化钠并冷却后，添加 25 g 碘化钾和 5 g 叠氮化钠并溶解），固定水样中的溶解氧。其他的试剂和操作，按照前面所述进行测定。

⑨因为饱和溶解氧量依据水温而发生变化，所以需要在水样水温条件下的溶

解氧量进行修正，计算溶解氧饱和量 DO_S（%）。如果将水样中的氯化物离子浓度设定为 Cg/L，则水温 T℃条件下的溶解氧量（DO_T）可以依据式（15-14）进行计算。

$$DO_T(mgO_2/L)=14.161-0.394\,3T+0.007\,714T^2-0.000\,046T^3 \\ -C(0.151\,9-0.004\,62T+0.000\,067\,6T^2) \quad (15\text{-}14)$$

⑩山地湖泊中的溶解氧饱和量，需要进行湖面的气压修正。根据湖面海拔高度的气压计算饱和量。如果将湖面的海拔高度设定为 H（m），则因高度产生的修正系数，即海拔高度的气压和标准大气压之间的比值 f，可以使用式（15-15）求得。

$$f=1-(1.185\times10^{-4})H+(5.63\times10^{-9})H^2-(1.21\times10^{-13})H^3 \quad (15\text{-}15)$$

表 15-8 纯净水中的饱和溶解氧量（mL/L）和利用氯化物离子量进行的修正
（气压 760 mmHg、大气氧气 20.9%、水蒸气饱和大气中）

水温 /℃	0.0	0.1	0.2	0.3	0.4	0.5	0.6	0.7	0.8	0.9	氯化物离子每 1 g/L 应减少的溶解氧量 /℃
0	14.16	14.12	14.08	14.04	14.00	13.97	13.93	13.89	13.85	13.81	0.15
1	13.77	13.74	13.70	13.66	13.63	13.59	13.55	13.51	13.48	13.44	0.15
2	13.40	13.37	13.33	13.30	13.26	13.22	13.19	13.15	13.12	13.08	0.14
3	13.05	13.01	12.98	12.94	12.91	12.87	12.84	12.81	12.77	12.74	0.14
4	12.70	12.67	12.64	12.60	12.57	12.54	12.51	12.47	12.44	12.41	0.14
5	12.37	12.34	12.31	12.28	12.25	12.22	12.18	12.15	12.12	12.09	0.13
6	12.06	12.03	12.00	11.97	11.94	11.91	11.88	11.85	11.82	11.79	0.13
7	11.76	11.73	11.70	11.67	11.64	11.61	11.58	11.55	11.52	11.50	0.12
8	11.47	11.44	11.41	11.38	11.36	11.33	11.30	11.27	11.25	11.22	0.12
9	11.19	11.16	11.14	11.11	11.08	11.06	11.03	11.00	10.98	10.95	0.12
10	10.92	10.90	10.87	10.85	10.82	10.80	10.77	10.75	10.72	10.70	0.11
11	10.67	10.65	10.62	10.60	10.57	10.55	10.53	10.50	10.48	10.45	0.11
12	10.43	10.40	10.38	10.36	10.34	10.31	10.29	10.27	10.24	10.22	0.11
13	10.20	10.17	10.15	10.13	10.11	10.09	10.06	10.04	10.02	10.00	0.10
14	9.98	9.95	9.93	9.91	9.89	9.87	9.85	9.83	9.81	9.78	0.10
15	9.76	9.74	9.72	9.70	9.68	9.66	9.64	9.62	9.60	9.58	0.10

水温 / ℃	0.0	0.1	0.2	0.3	0.4	0.5	0.6	0.7	0.8	0.9	氯化物离子每 1 g/L 应减少的溶解氧量 /℃
16	9.56	9.54	9.52	9.50	9.48	9.46	9.45	9.43	9.41	9.39	0.10
17	9.37	9.35	9.33	9.31	9.30	9.28	9.26	9.24	9.22	9.20	0.09
18	9.18	9.17	9.15	9.13	9.12	9.10	9.08	9.06	9.04	9.03	0.09
19	9.01	8.99	8.98	8.96	8.94	8.93	8.91	8.89	8.88	8.86	0.09
20	8.84	8.83	8.81	8.79	8.78	8.76	8.75	8.73	8.71	8.70	0.09
21	8.68	8.67	8.65	8.64	8.62	8.61	8.59	8.58	8.56	8.55	0.09
22	8.53	8.52	8.50	8.49	8.47	8.46	8.44	8.43	8.41	8.40	0.08
23	8.38	8.37	8.36	8.34	8.33	8.32	8.30	8.29	8.27	8.26	0.08
24	8.25	8.23	8.22	8.21	8.19	8.18	8.17	8.15	8.14	8.13	0.08
25	8.11	8.10	8.09	8.07	8.06	8.05	8.04	8.02	8.01	8.00	0.08
26	7.99	7.97	7.96	7.95	7.94	7.92	7.91	7.90	7.89	7.88	0.08
27	7.86	7.85	7.84	7.83	7.82	7.81	7.79	7.78	7.77	7.76	0.08
28	7.75	7.74	7.72	7.71	7.70	7.69	7.68	7.67	7.66	7.65	0.08
29	7.64	7.62	7.61	7.60	7.59	7.58	7.57	7.56	7.55	7.54	0.08
30	7.53	7.52	7.51	7.50	7.48	7.47	7.46	7.45	7.44	7.43	0.08
31	7.42	7.41	7.40	7.39	7.38	7.37	7.36	7.35	7.34	7.33	0.08
32	7.32	7.31	7.30	7.29	7.28	7.27	7.26	7.25	7.24	7.23	0.07
33	7.22	7.21	7.20	7.20	7.19	7.18	7.17	7.16	7.15	7.14	0.07
34	7.13	7.12	7.11	7.10	7.09	7.08	7.07	7.06	7.05	7.05	0.07
35	7.04	7.03	7.02	7.01	7.00	6.99	6.98	6.97	6.96	6.95	0.07
36	6.94	9.94	6.93	6.92	6.91	6.90	6.89	6.88	6.87	6.86	0.07
37	6.86	6.85	6.84	6.83	6.82	6.81	6.80	6.79	6.78	6.77	0.07
38	6.76	6.76	6.75	6.74	6.73	6.72	6.71	6.70	6.70	6.69	0.07
39	6.68	6.67	6.66	6.65	6.64	6.63	6.63	6.62	6.61	6.60	0.07
40	6.59	6.58	6.57	6.56	6.56	6.55	6.54	6.53	6.52	6.51	0.07

⑪想在采水现场了解大致的数值时，可以使用市售的便携式溶解氧计进行测定。

15.5.2 总二氧化碳量（ΣCO_2）

（红外线气体分析法）

试剂

①1 M 硫酸：在 170 mL 去离子蒸馏水中添加 10 mL 浓硫酸。

②烧碱石棉剂：准备 20～30 网眼。

③碘化钾溶液：在 45 mL 蒸馏水中添加 5 mL 浓硫酸。并在制成的溶液中添加 20 g 碘化钾。

④高氯酸镁：准备无水高氯酸镁粉末。

标准溶液

总二氧化碳标准溶液：在煮沸释放了二氧化碳的去离子水中，溶解 0.954 g 碳酸氢钠和 1.204 g 在 500～600℃条件下干燥了 30 min 的无水碳酸钠，制成 1 L 溶液（1 mL 含 1 mg CO_2、0.273 mg CO_2-C 或 22.7 μmol C）。分析时使用不含二氧化碳的去离子蒸馏水进行稀释后使用。

操作

准备红外线二氧化碳气体分析仪系统

↓

入通氮气（约 200 mL/min）

↓←少量的 1M 硫酸

↓←一定量的水样

与标准溶液的峰值高度进行比较，计算总二氧化碳浓度

注意事项

①水样应该从采水器缓慢地充填到可用塞子密封的玻璃瓶内，以免接触到空气。按每 100 mL 水样添加 1 mL 中性甲醛。中性甲醛是在市售的浓甲醛中添加氢氧化钠，调整至 pH=7。

②对于盐分并不高的调和型湖泊，可以事先制作 50 μg CO_2/mL 的标准溶液。

15.6　营养盐

15.6.1　铵氮（NH_4^+-N）

靛酚法

试剂

①苯酚溶液：在 100 mL 95% 乙醇中溶解 10 g 苯酚。

②硝普钠溶液：在 200 mL 去除氨气的水中，溶解 1 g 五氰基亚硝基铁（Ⅲ）酸钠二水合物［Sodium nitrosyl pentacyanoferrate（Ⅲ）dihydrate］（硝普钠二水合物）。

③碱溶液：在 500 mL 去除氨气的水中，溶解 100 g 柠檬酸钠二水合物和 5 g 氢氧化钠。

④次亚氯酸钠溶液（活性氯 3%～5%）。

⑤氧化试剂：在 100 mL 碱溶液中添加 25 mL 次亚氯酸钠溶液。试剂在使用前进行调制。

标准溶液

氨氮标准溶液：在去除氨气的水中溶解 660.7 mg 硫酸铵，制成 1 L 溶液（1 mL 含 10 μmolN 或 140 μg N）。分析时对此溶液进行稀释后使用。

操作

水样 50 mL

↓←2 mL 苯酚溶液

↓←2 mL 硝普钠溶液

↓←5 mL 氧化试剂

充分混合后在室温条件下放置 1 h

↓

使用波长 630 nm 测定吸光度

↓

根据标准溶液的检量线计算浓度

注意事项

①氨氮容易受微生物的影响而发生变化，所以水样采集后应该尽快进行分析。否则应该在 -20℃以下冷冻保存滤液。此外，过滤用滤纸，应该使用在420℃条件下经过 3 h 左右热处理的玻璃纤维滤纸。如果事先使用纯净水对滤纸进行过滤清洗，则可以忽略滤纸上所含杂质的影响，可不用进行热处理。

②气温较低时因为发色需要放置较长时间。该呈色在 24 h 内保持稳定。

③靛酚法由于是在碱性条件下发生反应进行比色测定，所以盐湖和半咸水湖的水样，吸光度有时会变低。测定含有盐分的水样的铵氮时，检量线的制作必须考虑离子成分浓度进行测定。

④苯酚的称量比较麻烦。笔者一般按下述所记保存苯酚。加温溶解纯度较高的苯酚，将相当于 5 g 的容量 4.7 mL 苯酚加入到安瓿瓶，使用氮气填充气相，然后密封保存于冰箱内。分析试剂苯酚溶液，是将安瓿瓶的外壁清洗干净后，装入试剂瓶，并施予冲撞，使安瓿瓶破裂，在此溶液中添加 95% 乙醇制作而成。

⑤因为大气中一般含有氨气，所以需要注意避免水样发生混入和污染。水样的采集和分析时，测定人员身上的汗液有可能导致污染，所以应该仔细洗手后再进行操作。

⑥氨气会从各种场所混入和附着到玻璃容器上。过滤时，应该使用少量的水样过滤清洗过滤器和滤纸。玻璃容器在实验室保存期间有可能附着氨气。空白试验中吸光度出现偏差时，可以使用 0.01% 左右的氢氧化钠溶液清洗玻璃容器，并在约 150℃条件下进行干燥，待温度降低后马上使用。

⑦想在采水现场了解大致的数值时，虽然可以利用靛酚法和水杨酸法（共立理化学研究所、Central 科学）的简易分析进行测定，但测量精度较低。

15.6.2 亚硝态氮（NO_2^--N）

BR 法

试剂

①磺胺溶液：在 500 mL 去离子水中添加 50 mL 浓盐酸，并在制成的溶液中添加溶解 5 g 磺胺。

② 1,2- 乙二胺溶液：在 500 mL 去离子水中溶解 0.5 g *N*-1- 萘基乙二胺二盐酸盐（*N*-1-naphthylethylenediamine dihydrochloride）。保存于褐色玻璃瓶中。

标准溶液

亚硝态氮标准溶液：在去离子水中溶解 690.0 mg 于 110℃条件下干燥过 2 h 的亚硝酸钠，制成 1 L 的溶液（1 mL 含 10 μmol N 或 140μg N）。分析时稀释后使用。

操作

水样 50 mL
↓←1 mL 磺胺溶液
在室温下放置 2～8 min
↓←1 mL 1,2- 乙二胺溶液
在室温下放置 20 min～2 h
↓
使用波长 543 nm 测定吸光度
↓
根据标准溶液的检量线测定浓度

注意事项

①采集水样后应该尽快进行分析。不能马上分析时，应该在 -20℃以下冷冻保存过滤后的滤液。

②分析亚硝态氮时，应注意来自市镇燃气的污染。

③在采水现场可以采用市场上销售的简易分析仪器（共立理化学研究所、Central 科学），了解大致的数值，但测定精度较低。

15.6.3 硝态氮（NO_3^--N）

镉—铜柱法

试剂

①粒状金属镉：准备市售的硝酸盐分析用的金属镉。

② 2 M 盐酸：在 250 mL 去离子水中添加 50 mL 浓盐酸。

③ 0.3 M 硝酸：在 250 mL 去离子水中添加 5 mL 浓硝酸。

④ 2% 硫酸铜溶液：在 100 mL 去离子水中溶解 2 g 硫酸铜（Ⅱ）五水合物。

⑤浓氯化铵溶液：在 500 mL 去离子水中溶解 125 g 氯化铵。

⑥稀氯化铵溶液：在 1 L 去离子水中添加 25 mL 浓氯化铵溶液。

⑦磺胺溶液：在 500 mL 去离子水中添加 50 mL 浓盐酸，并在制成的溶液中添加溶解 5g 磺胺。

⑧ 1,2- 乙二胺溶液：在 500 mL 去离子水中溶解 0.5 g *N*-1- 萘基乙二胺二盐酸盐（*N*-1-naphthylethylenediamine dihydrochloride）。保存于褐色玻璃瓶中。

标准溶液

硝态氮标准溶液：在去离子水中溶解 1.011 g 于 110℃条件下干燥过 2 h 的硝酸钠，制成 1 L 的溶液（1 mL 含 10 μmol N 或 140 μg N）。分析时溶液稀释后使用。

▶镉 - 铜柱的调整

取 50 g 粒状金属镉于烧杯中

↓← 50 mL 2 M 盐酸（清洗镉的表面）

使用去离子水清洗，直至检测不到盐酸为止（使用 pH 试纸）

↓← 50 mL 0.3 M 硝酸（清洗镉的表面）

↓使用去离子水清洗（此类操作重复 2～3 次）

将清洗过的镉均匀地放置在玻璃容器的底部

↓← 250 mL 2% 硫酸铜

在室温下放置，直至溶液的蓝色消失

↓

清除上清液，使用稀氯化铵溶液清洗 2～3 次

↓

准备硝态氮测定用柱子，在下端装填玻璃绒（图 15-9）

↓

使用稀氯化铵溶液充满柱内

↓

在柱内装填镉 - 铜（约 20 cm）

↓

将稀氯化铵溶液通过柱的速度调整至 8～12 mL/min。

↓

在柱的上端部放入铜片

↓

通过 1 L 以上的稀氯化铵溶液（至还原率达到 95% 以上）

↓

使用硝态氮标准溶液（按 50：1 含有氯化铵）测定还原率

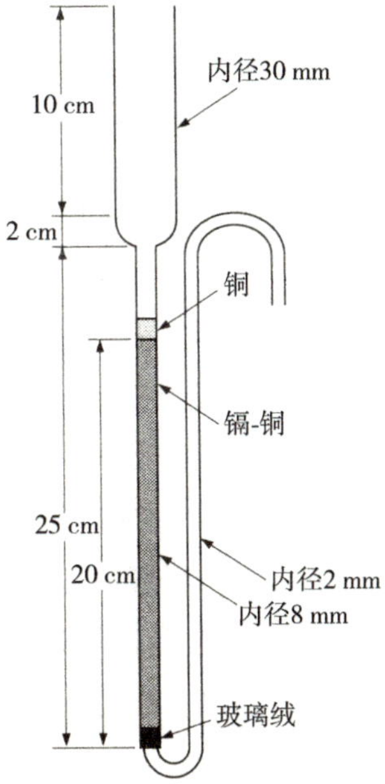

图 15-9　镉 - 铜柱

操作

水样 50 mL

↓ ← 1 mL 浓氯化铵溶液

将水样约 5 mL 移至柱内，废弃流出的 5 mL

↓

将水样 45 mL 移至柱内，废弃开始流出的 15 mL，将接下来的流出液 25 mL 采集到量筒内（废弃剩余的 5 mL）

↓

流出液 25 mL

↓ ← 0.5 mL 磺胺溶液

在室温下放置 2～8 min

↓ ← 0.5 mL 1,2- 乙二胺溶液

在室温下放置 20 min～2 h

↓

使用波长 543 nm 测定吸光度

↓

根据标准溶液的检量线，计算水样中亚硝态氮浓度和硝态氮浓度的总量

↓

减去另外测定获得的亚硝态氮赋存量，求取硝态氮浓度

注意事项

①一般测定湖水中的硝态氮时，也会测定铵态氮。由于本方法使用的是浓度较高的氯化铵溶液，测定时需要注意污染。

②如需还原率降低，可将填装于柱内的镉 - 铜取出到烧杯内，然后重新调整柱子，不过需要清除尺寸在 0.5 mm 以下的粒状镉。

③在即将分析水样之前，在 50 mL 硝酸态标准溶液（10 μmol/N，或者 140 μg/N）中添加 1 mL 浓氯化铵，并使之流过柱内，如果流速为每 1 min 8～12 mL，则可以维持较高的还原率。

④本方法务必注意重金属的污染。尤其镉 - 铜柱调制时，因为使用酸清洗镉，所以需要注意该废液的处理。

硫酸肼法

试剂

①硫酸铜溶液：在 1 L 去离子水中溶解 0.03 g 硫酸铜（Ⅱ）五水合物。

②硫酸锌溶液：在 1 L 去离子水中溶解 1.2 g 硫酸锌七水合物。

③铜 - 锌溶液：按 1 ∶ 1 混合硫酸铜溶液和硫酸锌溶液。

④氢氧化钠溶液：在 1 L 去离子水中溶解 40 g 氢氧化钠。

⑤硫酸肼溶液：在 1 L 去离子水中溶解 2.1 g 硫酸肼。每次使用时调制。

⑥磺胺溶液：在 200 mL 去离子水中添加 100 mL 浓盐酸，并在制成的溶液中添加溶解 3 g 磺胺。

⑦ 1,2- 乙二胺溶液：在 1 L 去离子水中溶解 2 g *N*-1- 萘基乙二胺二盐酸盐（*N*-1-Naphthylethylenediamine dihydrochloride）。保存于褐色玻璃瓶中。

标准溶液

硝态氮标准溶液：在去离子水中溶解 1.011 g 于 110℃条件下干燥过 2 h 的硝酸钠，制成 1 L 的溶液（1 mL 含 10 μmol N 或 140 μg N）。分析时溶液稀释后使用。

操作

水样 20 mL

↓← 1 mL 铜 - 锌溶液

↓← 1 mL 氢氧化钠溶液

↓← 1 mL 硫酸肼溶液

在 35℃条件下放置 1 h

↓← 1 mL 磺胺溶液

在室温条件下放置 2～8 min

↓← 1 mL 1,2- 乙二胺溶液

在室温条件下放置 20 min～2 h

↓

使用波长 543 nm 测定吸光度

↓

根据标准溶液的检量线计算水样的亚硝态氮浓度和硝态氮浓度的总量

↓

减去另外测得的亚硝态氮浓度，求取硝态氮浓度

注意事项

①本方法的测定精度低于镉 - 铜柱法。

②标准直线的低值部分，有时不呈直线。此时，密集地测定 0～2 μmol N/L 的吸光度，并描绘曲线，根据近似于此曲线的检量线计算硝态氮浓度。

③本方法的优点是操作简单，同时因为没有使用镉，所以对环境污染较小。

④在采水现场可以采用市售的简易分析仪器（共立理化学研究所、Central 科学），了解大致的数值，但测定精度较低。此外，还可以使用离子色谱法进行测定。

15.6.4 尿素

二乙酰 - 肟法

试剂

①氯化钠：干燥过的氯化钠

②磷酸钠溶液：在 200 mL 浓硫酸中，使用磁力搅拌器，完全混合溶解 17.7 g 磷酸二氢钠二水合物。每次使用时进行调制。

③二乙酰一肟（diacetylmonoxime）溶液：在 100 mL 再蒸馏水中，加温溶解 5 g 2,3- 丁二酮一肟（2,3-Butanedione Oxime）（二乙酰一肟）。冷却后，添加 0.06 g 氨基脲化氢氯。每次使用时进行调制。

④氯化锰 - 硝酸钾溶液：在 100 mL 再蒸馏水中溶解 50 g 氯化锰（Ⅱ）四水合物和 1 g 硝酸钾。每次使用时进行调制。

⑤混合试剂：混合二乙酰一肟（diacetylmonoxime）溶液 1 容和氯化锰 - 硝酸钾溶液 1 容。试剂在即将使用之前进行混合。

标准溶液

尿素标准溶液：在再蒸馏水中溶解 300.3 mg 尿素，制成 1 L 溶液（1 mL 含 10 μmol N、140 μg N 或 5 μmol 尿素）。分析时溶液稀释后使用。

操作

取 5.5 g 氯化钠于比色管中

↓←用水样 30 mL 溶解

↓← 4 mL 磷酸钠溶液

↓← 1 mL 混合试剂

充分混合后，在 70℃的水浴中遮光加热 90 min

↓

使用自来水冷却

↓

使用波长 520 nm 测定吸光度

↓

根据标准溶液的检量线计算浓度

注意事项

①采集到水样后，应该尽快进行分析。不能尽快分析时，应在 -20℃以下冷冻保存过滤后的滤液。

②过滤用的滤纸，应该采用在 420℃条件下经过 3 h 左右热处理的玻璃纤维滤纸。如果事先使用纯净水过滤清洗滤纸，则可以忽略滤纸所含杂质的流出，可以不用进行热处理。使用薄膜过滤器时，应该确认滤纸没有被污染后再使用。

③磷酸钠溶液由于具有黏性，所以添加该试剂时，应该使用端部加大了内径的移液管、大型移液管、滴定管等。添加试剂时，请务必注意水样有可能因浓硫酸而突然沸腾。

④因为试剂的比重不同而很难混合时，可以采用容量较大的比色管。

⑤天然湖泊中尿素浓度的测定，采用宽度 50～100 mm 的吸收容器。不过，测定尿素浓度较低的水样时，如果在 60℃以下对水样进行减压浓缩后再进行同样的测定操作，则可以提高测定的精度。

15.6.5 磷酸盐（PO_4^{3-}–P）

抗坏血酸（维生素 C）还原法

试剂

① 2.5M 硫酸：在 900 mL 去离子水中添加 140 mL 浓硫酸。

②钼酸铵溶液：在 500 mL 去离子水中溶解 15 g 钼酸铵四水合物。

③抗坏血酸溶液：在 500 mL 去离子水中溶解 27 g L- 抗坏血酸。每次使用时进行调制。

④酒石酸锑钾溶液：在 250 mL 去离子水中溶解 0.34 g 酒石酸锑（Ⅲ）钾半

水合物。

⑤混合试剂：按序并按 5：2：2：1 的比例混合 2.5M 硫酸、钼酸铵溶液、抗坏血酸溶液、酒石酸锑钾溶液。试剂在即将使用之前进行混合调制。

标准溶液

磷酸盐标准溶液：在去离子水中溶解 1.361 g 于 110℃条件下干燥了 2 h 以上的磷酸二氢钾，制成 1 L（含浓硫酸约 0.1 mL）溶液（1 mL 含 10 μmol P 或 310 μg P）。分析时对此溶液稀释后使用。

操作

水样 50 mL

↓ ← 5 mL 混合试剂

在室温下放置 5 min～2 h

↓

使用波长 885 nm 测定吸光度

↓

根据标准溶液的检量线计算浓度

注意事项

①采集水样后应尽快进行分析。若无法尽快分析时，应在 −20℃以下冷冻保存滤液。

②磷酸盐浓度较低时，使用宽 50～100 mm 的吸收容器，测定吸光度。

③想在采水现场了解大致的数值时，可以采用钼蓝等的简易分析法（如共立理化学研究所、Central 科学）进行测定，但测定精度较低。

15.6.6 硅酸态硅

钼黄法

试剂

①钼酸铵溶液：在 100 mL 去离子蒸馏水中溶解 10 g 钼酸铵四水合物。

② 2.4 M 盐酸：在 400 mL 去离子蒸馏水中添加 100 mL 浓盐酸。

标准溶液

硅酸态硅标准溶液：取 1.881 g 六氟硅酸钠于塑料烧杯中，并添加 100～300 mL 去离子蒸馏水，利用安装了特氟隆转子的磁力搅拌器一边加温一边溶解后，制成 1 L 溶液（1 mL 含 10 μmol Si、281 μg Si 或 601 μg SiO_2）。分析时对此溶液进行稀释，作为标准溶液使用。

操作

水样 20 mL

↓←1 mL 钼酸铵溶液

↓←1 mL 2.4 盐酸

在室温下放置 15 min

↓

使用波长 430 nm 测定吸光度

↓

根据标准溶液的检量线计算浓度

注意事项

①水样应使用薄膜过滤器或者定量滤纸进行过滤。需要注意有时从玻璃纤维滤纸会溶出硅酸。

②水样滤液应在冰箱内保存。如果冷冻保存水样，则溶存硅酸会发生形态变化，变为不能比色的硅酸，不能冷冻保存。

③水样中含有铁（Ⅱ）时，硅酸有时会发生共沉淀。此时，保存时应注意不要接触到空气，并尽快进行测定。

④含有腐殖物质的水样和含有铁离子的水样，有时会着色呈黄色，妨碍本方法的测定。此外，水样中含有大量的亚硫酸离子、硫化物离子、铁（Ⅱ）离子等时，将还原为黄色的硅钼黄络化物，使其变为硅钼蓝络化物，妨碍测定。

⑤当浓度在 100 μmol Si/L（3 mg Si/L）以上时，采用本方法测定。测定低浓度的水样时，依照下述介绍的钼蓝法。

⑥去离子水有时会含有硅酸。测定硅酸态硅时使用的纯净水，应是首先使用金属制蒸馏器精制成蒸馏水，接着使用离子交换树脂去除离子后的水。此外，标准溶液和试剂置于塑料容器中保存。

⑦在采水现场，可以采用钼黄法和钼蓝法（共立理化学研究所、Central 科学）的简易分析了解大致的数值，但测定精度较低。

钼蓝法

试剂

①钼酸铵溶液：在 300 mL 去离子蒸馏水中溶解 4 g 钼酸铵四水合物，并添加 12 mL 浓盐酸。在制得的溶液中添加去离子蒸馏水，制成总量 500 mL 的溶液。

② 9 M 硫酸：在 100 mL 去离子蒸馏水中添加 100 mL 浓硫酸。

③草酸溶液：在 500 mL 去离子蒸馏水中溶解 50 g 草酸二水合物。

④甲氨基酚 - 亚硫酸溶液：在 500 mL 去离子蒸馏水中溶解 6 g 无水亚硫酸钠，在制得的溶液中添加溶解 10 g 对甲氨基酚（p-methylaminophenol）硫酸盐。保存在阴暗场所，保管期限不应超过 1 个月。

⑤还原试剂：按 4∶3∶3∶5 的比例混合去离子蒸馏水、9 M 硫酸、草酸溶液、甲氨基酚 - 亚硫酸溶液。试剂在即将使用前进行混合调制。

标准溶液

硅酸态硅标准溶液：操作与钼黄法一样，在去离子蒸馏水中溶解 1.881 g 六氟硅酸钠，制成 1 L 溶液（1 mL 含 10 μmol Si、281 μg Si 或 601 μg SiO_2）。分析时对此溶液进行稀释，作为标准溶液使用。

操作

水样 25 mL

↓← 10 mL 钼酸铵溶液

在室温下放置 10 min

↓← 15 mL 还原试剂

在室温下放置 2～3 h

↓

使用波长 810 nm 测定吸光度

↓

根据标准溶液的检量线计算浓度

注意事项

①遵照上文所述钼黄法的注意事项。

②当水样中硅酸态硅的浓度在 200 μmol Si/L（5 mg Si/L）以下时，采用本方法进行测定。比此浓度高的水样，则按照钼黄法进行测定。

15.7　有机物

15.7.1　溶解有机碳（DOC）

红外线气体分析法

试剂

①过硫酸钾粉末。

②磷酸：在 100 mL 再蒸馏水中溶解 3 mL 磷酸。

③ 20～30 目（细度）的烧碱石棉剂。

④碘化钾溶液：在 45 mL 蒸馏水中添加 5 mL 浓硫酸，然后再添加 20 g 碘化钾。

⑤无水高氯酸镁粉末。

标准溶液

溶解有机碳标准溶液：在再蒸馏水中溶解 5.000 g 于干燥器中干燥了 24 h 以上的葡萄糖，制成 1 L 溶液（1 mL 含 2 mg C 或 0.167 mmol C）。本标准溶液在 -20℃以下冷冻保存，或者添加少量氯化汞（Ⅱ）后在冰箱中保存。分析时溶液稀释后使用。

操作

安瓿瓶（10 mL 容量）

↓←约 0.1 g 过硫酸钾

↓←水样 5 mL

↓← 0.25 mL 磷酸

在安瓿瓶内的溶液中通氮气约 5 min

↓

在安瓿瓶内充满氮气的同时密封安瓿瓶

↓

使用高压釜在 130℃条件下加热分解 1 h

↓

在溶解有机碳测定系统内打开安瓿瓶

↓

使用红外线二氧化碳气体分析仪测定产生的二氧化碳

↓

与标准溶液的峰值高度进行比较，计算浓度

注意事项

①安瓿瓶应事先在 450℃条件下加热数小时，去除有机物。

②水样应该在 -20℃条件下进行冷冻保存，或者添加少量氯化汞（Ⅱ）后在冰箱中保存。

③采用玻璃纤维滤纸（如 WhatmanGF/C、GF/F 等）对水样过滤。最好使用在 420℃条件下进行 3 h 热处理去除了有机物的玻璃纤维滤纸进行过滤。如果事先使用再蒸馏水过滤清洗滤纸，则可以忽略滤纸所含的有机物量，无须进行热处理。采用薄膜过滤器进行过滤时，应该采用使用再蒸馏水进行过充分过滤清洗的滤纸。

④流向安瓿瓶内的氮气的流量，可以为每 1 min 约 200 mL。

⑤如果使用未经过滤操作的水样，则可以测定总有机碳（TOC）。

比色法

试剂

①重铬酸钾 - 硫酸原液：在 20 mL 再蒸馏水中溶解 4.84 g 重铬酸钾（二铬酸钾）在溶液中添加浓硫酸制成 1 L 溶液。

②重铬酸钾 - 硫酸稀释液：根据减压浓缩后的水样中的有机碳量，调整重铬酸钾 - 硫酸原液的浓度。

a. 10～100 μg C：在重铬酸钾 - 硫酸原液 1 容中添加浓硫酸 2 容。

b. 100～200 μg C：在重铬酸钾 - 硫酸原液 1 容中添加浓硫酸 1 容。

c. 200～300 μg C：使用重铬酸钾 - 硫酸原液。

d. 磷酸：在 50 mL 再蒸馏水中添加 50 mL 磷酸。

标准溶液

溶解有机碳标准溶液：在再蒸馏水中溶解 5.000 g 于干燥器中干燥了 24 h 的葡萄糖，制成 1 L 溶液（1 mL 含 2 mg C 或 0.167 mmol C）。本标准溶液在 -20℃以下冷冻保存，或者添加少量氯化汞（Ⅱ）后在冰箱中保存。分析时溶液稀释后使用。

操作

在 50℃以下减压浓缩水样

↓ ← 1 mL 再蒸馏水

加温溶解浓缩后的有机物

↓ ← 1 mL 磷酸

在 105℃条件下加热 30 min（采用硅油槽）后，在室温下冷却

↓ ← 2 mL 重铬酸钾 - 硫酸稀释液

在 105℃条件下加热 60 min

↓

冷却至室温

↓ ← 5 mL 再蒸馏水

使用流水冷却

↓

使用波长 440 nm，对照空白试验的吸光度 0.600，测定水样的吸光度

↓

根据标准溶液的检量线计算浓度

注意事项

①采集水样后，应该尽快进行溶解有机碳的测定。保存时，应该在 -20℃以下冷冻保存。

②水样的过滤采用玻璃纤维滤纸（如 WhatmanGF/C、GF/F 等）。最好使用在 420℃条件下进行 3 h 热处理去除了有机物的玻璃纤维滤纸过滤。不过，如果事先使用再蒸馏水过滤清洗滤纸，则可以忽略滤纸所含的有机物量，无须进行热处理。采用薄膜过滤器进行过滤时，应采用再蒸馏水进行过充分过滤清洗的滤纸。

③本方法有机碳的测定限度为 10 μg C。如果根据普通湖水的溶解有机碳浓度进行判断，则可以浓缩水样 10～30 mL。

④水样的减压浓缩干固，采用能够对充填于试管内的水进行浓缩的蒸发装置（如图 15-10 所示的试管蒸发器）比较方便。还可以采用旋转式蒸发器。

⑤波长 440 nm 时的空白试验的吸光度可以是 0.600、0.500 或者 0.400 中的任何一个数值，但水样的吸光度数值不能是负值。此外，因为是对照空白试验的吸光度来测定水样的吸光度，空白试验的数值偏差会造成测定误差。应该实施多次空白试验，计算其平均值，并作为对照用的空白试验的吸光度值与该平均值之间的差，修正水样的吸光度。

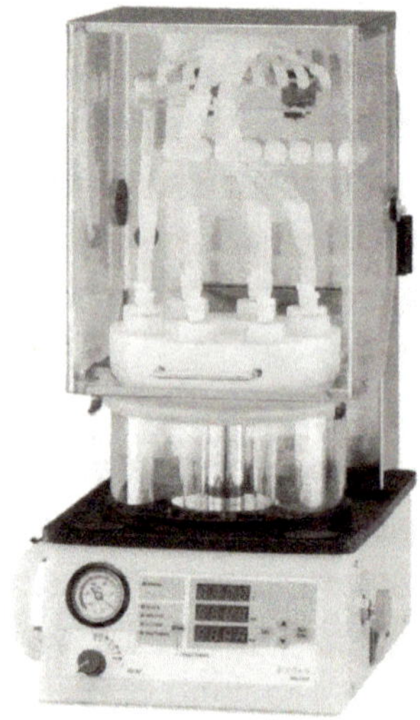

图 15-10 试管蒸发器

［东京理化器械株式会社 提供］

15.7.2 溶解有机氮（DON）

凯氏定氮法（Kjeldahl Method）

试剂

① 0.2 M 氢氧化钠溶液：在 1 L 再蒸馏水中溶解 8 g 氢氧化钠。

②分解溶液：在 5 mL 再蒸馏水中溶解 0.5 g 二氧化硒，并添加 500 mL 浓硫酸。保存于密封的玻璃瓶中。

③缓冲溶液：在去离子水中溶解 43.0 g 磷酸氢二钠十二水合物和 3.2 g 氢氧化钠，制成 1 L 溶液。

④酚酞溶液：在 100 mL 乙醇中溶解 1 g 酚酞，并添加 100 mL 脱氨水。

⑤ 6 M 氢氧化钠溶液：在 1 L 脱氨水中溶解 240 g 氢氧化钠。

⑥ 3 M 硫酸：在 500 mL 脱氨水中添加 100 mL 浓硫酸。

⑦ 1 M 氢氧化钠溶液：在 1 L 脱氨水中溶解 40 g 氢氧化钠。

⑧ 0.5 M 硫酸：在 700 mL 脱氨水中添加 20 mL 浓硫酸。

⑨苯酚溶液：在 200 mL 脱氨水中溶解 6 g 苯酚，并添加 30 mg 五氰基亚硝基铁（Ⅲ）酸钠二水合物（sodium pentacyanonitrosylferrate Ⅲ）dihydrate（硝普钠二水合物）。保存到密封的褐色玻璃瓶。

⑩次亚氯酸钠溶液：在脱氨水中溶解 4.9 g 氢氧化钠。添加 5 mL 市售的含有活性氯约 5% 的次亚氯酸钠（安替福民）后，使用脱氨水制成总量 200 mL 的溶液。

标准溶液

溶解有机氮标准溶液：在再蒸馏水中溶解 300.3 g 尿素，制成 1 L 的溶液（1 mL 含 10 μmol N 或 140 μg N）。分析时对此溶液进行稀释后使用。

操作

带塞子的分解试管

↓←一定量的过滤水样（作为有机氮 0.1～0.5 μmol N）

↓← 1 滴 0.2M 氢氧化钠溶液

使用蒸发器在 60℃条件下进行蒸发干固（图 15-10）

↓← 0.5 mL 分解溶液

在分解试管上连接冷却管（图 15-11）

↓

在约 200℃条件下加热分解 3 h（平稳地吸引冷却管的上部）

↓

分解溶液带黄色后，继续加热分解直至溶液变成透明

↓

使用塞子密封分解试管，并在室温下冷却

↓← 1 mL 缓冲溶液

↓← 1 滴 酚酞溶液

在分解试管内放入转子，使用磁力搅拌器一边搅拌一边滴淀 6 M 氢氧化钠溶液，直至溶液变为红色为止

↓

迅速使用 0.5 M 硫酸和 1 M 氢氧化钠进行中和，使溶液变为淡粉红色

↓

加入缓冲溶液使液量为 15 mL

↓ ← 0.5 mL 苯酚溶液

↓ ← 0.5 mL 次亚氯酸钠溶液

使用塞子密封住试管口，在约 40℃条件下放置 2～3 h

↓

使用波长 640 nm 测定吸光度

↓

根据标准溶液的检量线计算浓度

注意事项

①水样的过滤采用玻璃纤维滤纸（如 WhatmanGF/C、GF/F 等）。最好使用在 420℃条件下进行 3 h 热处理去除了有机物的玻璃纤维滤纸进行过滤。不过，如果事先使用再蒸馏水过滤清洗滤纸，则可以忽略滤纸所含的有机物量，无须进行热处理。采用薄膜过滤器进行过滤时，应使用再蒸馏水进行过充分过滤清洗的滤纸。

②一般的调和型湖沼，浓缩的水样量可以为 5～15 mL。

③分解试管和冷却管一般使用高度为 180 mm、外径为 18 mm 的产品（图 15-11）。

④ Kjeldahl 试管等测定用的玻璃器具，应全部使用约 0.005 M 的氢氧化钠溶液进行清洗，并在 150℃条件下干燥 30 min 左右，去除玻璃内壁上附着的氨气。其他的注意事项请参阅铵态氮测定项目。

⑤如果对未经过滤的水样，或者滤纸上的样品进行同样的分析操作，则可以分别测定总有机氮（TON）或者悬浮有机氮（PON）。

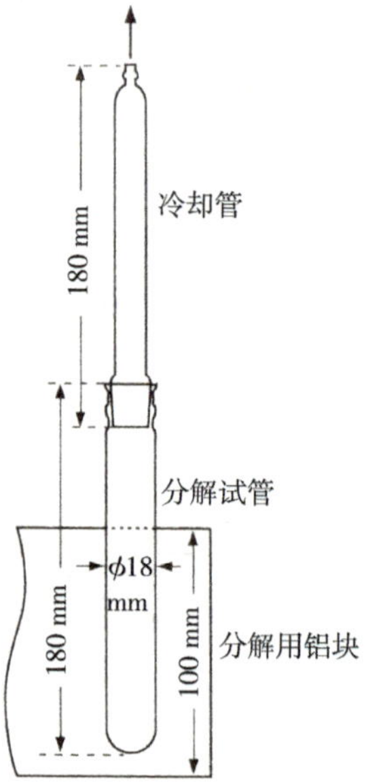

图 15-11 溶解有机氮分解装置

⑥溶解有机氮标准溶液、0.2 M 氢氧化钠溶液、分

解溶液等试剂调制时使用再蒸馏水。除此以外的试剂调制时，全部使用脱氨水。此外，不应使用有可能混入氨气的浓硫酸。

⑦作为能够对充填在试管内的水进行浓缩的蒸发器，如图 15-10 所示的试管用蒸发器比较方便。

⑧如果将水样调整成碱性后进行减压浓缩，则水样中含有的氨气基本上可以完全清除。进行减压浓缩时的温度，因为部分溶解有机氮化合物在本操作中有可能发生分解，所以应该在低温条件下进行浓缩。在 60℃以下时，一般的湖水中所测定的总溶解有机氮的浓度，几乎不会受到影响。

⑨分解溶液应正确并且快速地添加 0.5 mL。可以使用如大型移液管这样的分注器。

⑩将分解试管放入铝块，在加热板上进行加热分解，这样操作比较方便。分解用铝块，能够紧密贴合地放置分解试管。分解温度可进行调节，使白色的硫酸气体不会超过分解试管的上部而进入空冷式冷却管。

⑪在中和操作结束之前，为了防止来自空气中的氨气的污染，在操作期间应随时密封住分解试管口。尤其溶液呈强酸性状态时需要注意。

⑫在中和操作期间，应使用转子搅拌溶液，以防局部呈碱性。此外，应保持密封性，以防氨气从分解试管流失。为此，应在滴定管活塞的下部安装与分解试管内径相合的硅胶塞，并将细的特氟隆管连接滴定管至底部上，或者使用足够长的滴定管。排气时可以使用注射针。

滴定时一边用装有冰水的烧杯冷却分解试管一边进行操作。中和滴定时必须充分注意，以防溶液过于倾向于碱性。使用移液管并使用 0.5 M 硫酸和 1 M 氢氧化钠进行中和时，应该从分解试管的上部注入，使溶液呈淡粉红色。

⑬溶解有机氮的检量线，按与水样相同的操作制作，不过，进行减压蒸发干固的溶解有机氮标准溶液的液量减少。这是为了尽量减少再蒸馏水中所含溶解有机氮的影响。

此外，使用铵态氮标准溶液，从前面所述操作步骤中的添加苯酚试剂阶段开始到吸光度的测定，进行与溶解有机氮时相同的操作来制作铵态氮的检量线，并与使用尿素的溶解有机氮的检量线进行比较，以确认分解率。

⑭可以使用过硫酸钾测定溶解有机氮或者总氮。不过与本方法相比精度较低。利用过硫酸钾的湿式氧化法，其大致内容如下所述。取水样 50 mL 于分解用的容器内，并添加 10 mL 过硫酸钾溶液（在再蒸馏水 1 L 中溶解 36 g 氢氧化钠和 40 g 过硫酸钾），然后使用消毒蒸锅在 120～130℃条件下加热 30 min。从加热

分解后的水中的硝态氮（包括亚硝态氮）的量（总氮量），减去未处理水样中的铵态氮、亚硝态氮、硝态氮的合计值，所获得的数值即溶解有机氮量。

15.7.3 溶解有机磷（DOP）

过硫酸钾分解法

试剂

①过硫酸钾溶液：在 100 mL 去离子蒸馏水中溶解 5 g 过硫酸钾（高硫酸钾）。

② 2.5 M 硫酸：在 900 mL 去离子水中添加 140 mL 浓硫酸。

③钼酸铵溶液：在 500 mL 去离子水中溶解 15 g 钼酸铵四水合物。

④抗坏血酸溶液：在 500 mL 去离子水中溶解 27 g L- 抗坏血酸。每次使用时进行调制。

⑤酒石酸锑钾溶液：在 250 mL 去离子水中溶解 0.34g 酒石酸锑（Ⅲ）钾半水合物。

⑥混合试剂：按序并按 5：2：2：1 的比例，混合 2.5M 硫酸、钼酸铵溶液、抗坏血酸溶液、酒石酸锑钾溶液。试剂在使用之前进行混合调制。

标准溶液

溶解有机磷标准溶液：在再蒸馏水中溶解 1.361 g 于 110℃条件下干燥过 2 h 以上的磷酸二氢钾，制成 1 L（含浓硫酸约 0.1 mL）的溶液（1 mL 含 10 μmol P 或 310 μg P）。分析时对此溶液进行稀释后使用。

操作

水样 25 mL

↓ ← 4 mL 过硫酸钾溶液

使用消毒蒸锅在 120～130℃条件下加热 90 min 后，冷却

↓ ← 2.5 mL 混合试剂

在室温条件下放置 5 min～2 h

↓

使用波长 885 nm 测定吸光度

↓

根据标准溶液的检量线计算水样中溶解总磷的浓度

↓

减去另外测定获得的磷酸盐赋存量，计算溶解有机磷的浓度

注意事项

①过滤后的水样应该在 -20℃以下冷冻保存。滤纸应采用事先在 420℃条件下进行过 3 h 热处理的玻璃纤维滤纸（如 WhatmanGF/C、GF/F 等），或者使用去离子水过滤清洗，直至滤纸上不再流出磷酸盐。

②溶解有机磷浓度较低时，使用宽度 50～100 mm 的容器测定吸光度。

③利用过硫酸钾的湿式氧化法，虽然氧化能力并不高，但普通湖水中存在的溶解有机磷基本上能够通过本方法进行氧化分解。

15.7.4 颗粒态碳（PC）和颗粒态氮（PN）

利用 CHN Corder 的方法

试剂

①乙酰苯胺或者安替比林（标准试剂）。

②氧化铜（Ⅱ）[线状 0.6 mm×（2～5）mm]。

③银（粒子）。

④ Sulfix（8～20 目）（卤化物、硫氧化物去除剂）。

⑤无水高氯酸镁（10～24 目）。

⑥烧碱石棉（粒状：含有氢氧化钠 70%）。

操作

①使用玻璃纤维滤纸过滤水样。

②将滤纸装入白金钵或者圆筒形石英管内，并迅速将石英导入棒插入样品分解炉内。

③样品被高温分解，进一步与氧化铜（Ⅱ）接触，使之完全氧化。

④与另外使用标准溶液测定获得的数值进行比较，同时测定水样中的颗粒态碳和颗粒态氮。

注意事项

①使用 CHN Corder 时，应该参阅机器的使用手册。

②采用玻璃纤维滤纸（如 WhatmanGF/C、GF/F 等）对水样过滤。最好使用在 420℃条件下进行 3 h 热处理去除了有机物的玻璃纤维滤纸进行过滤。热处理时，需要注意防止玻璃纤维熔解，降低过滤效率。滤纸上的样品较多时，可以忽略滤纸所含的有机物量，无须进行热处理。

③使用 CHN Corder 进行测定时，应该对水样进行过滤，过滤分离出 0.5 mg C（50 μmol C）左右的颗粒态碳。过滤后的滤纸应该在 60℃条件下充分干燥后进行分析。

④ CHN Corder 还可以测定颗粒态有机物中的氢量，但因为很难完全清除滤纸上样品中的水分，所以测定获得的氢量值可靠性较低。

CHN Corder 可以从柳本制作所购得。例如，使用几个厂家市售的利用氧循环燃烧和气相色谱仪等的总氮和总碳自动测定装置，也能进行同等精度的测定。

⑤颗粒态有机碳可以依照溶解有机碳测定方法中的比色法进行测定。通过离心分离清除分解后残留的滤纸和粒子，进行比色测定。

⑥颗粒态有机氮可以利用溶解有机氮测定方法中的凯氏（Kjeldahl）定氮法进行分解，并可测定由此产生的铵态氮。此时，操作步骤从水样浓缩的下一个步骤开始，不过，在添加铵态氮的测定试剂之前，应该进行离心分离或者使用定量滤纸，对中和后的溶液进行过滤，清除溶液中残留的滤纸和悬浮离子。

⑦使用 CHN Corder 测定获得的碳和氮量，对于普通湖水来说，基本上可以视作是颗粒态有机碳量或者颗粒态有机氮量。但是因为在颗粒态物质中还含有无机态碳和无机态氮，所以严格意义上测定的应是颗粒态碳（PC）和颗粒态氮（PN）。

⑧对湖底沉积物和沉淀物捕集器样品中碳和氮的量，也可同样进行测定。

15.7.5 颗粒态磷（PP）

利用高氯酸和硝酸的氧化分解法

试剂

①高氯酸：高氯酸（约 60%）。

②硝酸：浓硝酸。

③过硫酸钾溶液：在 100 mL 去离子蒸馏水中溶解 5 g 过硫酸钾（高硫酸钾）。

④ 2.5M 硫酸：在 900 mL 去离子水中添加 140 mL 浓硫酸。

⑤钼酸铵溶液：在 500 mL 去离子水中溶解 15 g 钼酸铵四水合物。

⑥抗坏血酸溶液：在 500 mL 去离子水中溶解 27 g L- 抗坏血酸。每次使用时调制。

⑦酒石酸锑钾溶液：在 250 mL 去离子水中溶解 0.34 g 酒石酸锑（Ⅲ）钾半水合物。

⑧混合试剂：按序并且按 5∶2∶2∶1 的比例，混合 2.5M 硫酸、钼酸铵溶液、抗坏血酸溶液、酒石酸锑钾溶液。

标准溶液

颗粒态磷标准溶液：在去离子蒸馏水中溶解 1.361 g 于 110℃条件下干燥过 2 h 的磷酸二氢钾，制成 1 L（含浓硫酸约 0.1 mL）的溶液（1 mL 含 10 μmol P 或 310 μg P）。分析时对此溶液进行稀释后使用。

操作

将过滤后的样品与滤纸一起捣碎，并装入带塞子的试管

↓← 1 mL 高氯酸

↓← 3 滴 硝酸

使用电热板，在 200℃条件下加热 90 min，进行蒸发干固

↓

加入去离子蒸馏水至液量 25 mL

↓← 4 mL 过硫酸钾溶液

使用消毒蒸锅在 120～130℃条件下加热 90 min

↓

冷却后，进行离心分离，采集上清液

↓← 2.5 mL 混合试剂

在室温条件下放置 5 min～2 h

↓

使用波长 885 nm 测定吸光度

↓

根据标准溶液的检量线计算浓度

注意事项

①水样的过滤采用玻璃纤维滤纸（如 WhatmanGF/C、GF/F 等）。最好使用在 420℃条件下进行 3 h 热处理去除了有机物的玻璃纤维滤纸进行过滤。不过，热处理时，需要注意防止玻璃纤维熔解，降低过滤效率。此外，滤纸上的样品较多时，可以忽略滤纸所含的有机物量，无须进行热处理。

②测定方面其他的注意事项，应该参阅溶解有机磷的测定项目。

③水样的过滤量，作为颗粒态磷应含有 0.1～0.5 μmol P（3～15μg P）。

④加热分解可以使用铝块。进行加热时，因为会产生高氯酸和硫酸的气体，所以应在通风装置内操作。

⑤使用过硫酸钾测定水样中的总磷和溶解态总磷（磷酸盐和溶解有机磷的合计），根据其差值计算颗粒态磷。湿式氧化法虽然氧化分解能力并不高，但以浮游生物为主体的颗粒态物质，其有机磷基本上能够进行湿式氧化分解。

15.7.6 化学需氧量（COD）

酸性高锰酸钾法：COD_{Mn}

试剂

①硝酸银溶液：在 100 mL 再蒸馏水中溶解 20 g 硝酸银。保存到褐色瓶子中。

② 6 M 硫酸：在 200 mL 再蒸馏水中添加 100 mL 浓硫酸。然后在本溶液中添加 0.005 M 高锰酸钾溶液，直至呈现淡粉红色。

③ 0.005 M 高锰酸钾溶液：在 1 L 的再蒸馏水中溶解 0.75g 高锰酸钾，煮沸 1 h 左右，放置 1 天。使用玻璃过滤器过滤上清液，保存到褐色瓶子中。标定溶液的系数。

④ 0.0125 M 草酸钠溶液：在再蒸馏水中溶解 1.675g 于 150～200℃条件下干燥过 1 h 的草酸钠，制成 1L 溶液。

▶ 0.005 M 高锰酸钾溶液的标定

0.0125 M 草酸钠溶液 25 mL

↓← 75 mL 再蒸馏水

↓← 10 mL 6 M 硫酸

液温保持在 25～30℃

↓

迅速添加 0.005 M 高锰酸钾溶液 22 mL

↓

在室温条件下放置，直至粉红色消失

↓

将液温加热到 55～60℃

↓

使用 0.005 M 高锰酸钾溶液滴定，直至溶液呈现粉红色持续约 30 s

如果将滴定所需的 0.005 M 高锰酸钾溶液的总量设定为 a mL，则 0.005 M 高锰酸钾溶液的系数 f 为

$$f = \frac{25}{a} \tag{15-16}$$

例如，如果滴定需要 27.0 mL，则此时 0.005 M 高锰酸钾溶液的系数为 0.926，所以浓度为 0.004 62 M。

操作

水样 100 mL

↓← 5 mL 硝酸银溶液（边搅拌边加入）

↓← 10 mL 6M 硫酸（边搅拌边加入）

↓← 10 mL 0.005M 高锰酸钾溶液

放入沸腾水浴中加热 30 min

↓← 10 mL 0.012 5M 草酸钠溶液

保持约 60℃

↓

使用 0.005 M 高锰酸钾溶液滴定，直至溶液呈现粉红色持续约 30 s

计算

将 0.005 M 高锰酸钾溶液的滴定量设定为 a mL，将空白试验的高锰酸钾溶

液的滴定量设定为 b mL，将 0.005 M 高锰酸钾溶液的系数设定为 f，将水样的量设定为 V mL，则高锰酸钾的氧消耗量为

$$COD_{Mn}(meq/L) = (a-b) \times \frac{1\,000}{V} \times 0.025 \times f \tag{15-17}$$

$$COD_{Mn}(mg\ O_2/L) = (a-b) \times \frac{1\,000}{V} \times 0.025 \times 8 \times f \tag{15-18}$$

$$COD_{Mn}(mg\ KMnO_4/L) = (a-b) \times \frac{1\,000}{V} \times 0.025 \times 31.6 \times f \tag{15-19}$$

注意事项

①由于水样容易变质，所以采集水样后应尽快测定 COD。不能及时测定时，可在冰箱（阴暗条件）内短时间保存。

②水样的量，以加热后残留的高锰酸钾溶液为添加量的约 1/2 为佳。残留的高锰酸钾的量偏多则 COD 的值会偏高，如果偏少则 COD 的值偏低。可以进行预备分析后确定水样的量。

③水样中含有氯化物离子时，会妨碍本方法的测定。因此，添加硝酸银溶液，直至水样呈白色混浊状态，然后再添加硝酸银溶液 5 mL。水样如像半咸水湖和盐湖那样含有大量氯化物离子时，在 50 mL 水样中添加硝酸银溶液 25 mL，然后添加再蒸馏水，制成约 105 mL 的溶液。在该溶液中添加 6 M 硫酸 10 mL，并按上述介绍的操作，进行滴定。此外，空白试验也应该制作与水样含有同等程度氯化物离子的溶液。

④测定有机物浓度较高的水样时，在煮沸期间，有时高锰酸钾会被消耗殆尽，粉红色消失。此时，应该减少分析用水样的量。COD_{Mn}>10 mg/L 时，可以减少水样的量，或者添加再蒸馏水制成 100 mL 溶液。

⑤本方法是在煮沸水浴中分解有机物，不过可以使用煤气喷灯和电热器，直接加热煮沸 5 min 左右进行分解。虽然这种加热方法测定值的偏差稍大，不过，优点是可以快速地进行测定。

⑥含有大量氯化物离子时，即使添加硝酸银也很难进行测定，所以应在碱性条件下测定。

⑦利用碱性高锰酸钾的化学需氧量（COD_{OH}）测定法的大致操作如下所述。在水样 50 mL 中添加 1 mL 10% 氢氧化钠溶液和 10 mL 0.002 M 高锰酸钾溶液，在煮沸水中加热 20 min。从沸水中取出，添加混合 1 mL 10% 碘化钾溶液和

1 滴 4% 叠氮化钠溶液。冷却后，添加 0.5 mL（2+1）硫酸，静置 5 min。在本操作过程中，将游离的碘作为指示剂，使用淀粉溶液，并使用 0.01 M 硫代硫酸钠溶液进行滴定。

将滴定所需 0.01 M 硫代硫酸钠溶液的量设定为 a，将使用再蒸馏水实施的空白试验所需 0.01 M 硫代硫酸钠溶液的量设定为 b，将 0.01 M 硫代硫酸钠溶液的系数设定为 f，将水样的量设定为 V，则

$$COD_{OH}(mg\ O_2/L) = (b - a) \times \frac{1\,000}{V} \times 0.08 \times f \qquad (15\text{-}20)$$

此外，碱性法和酸性法测定获得的数值有时并非一致，所以必须注意测定结果的使用。

⑧利用高锰酸钾法的测试包（共立理化学研究所）和吸光光度法（Central 科学），可以在采水现场了解大致的 COD 值，不过，水样中有机物浓度较低时，很难进行测定。

重铬酸钾法：COD_{Cr}

试剂

①硫酸银 - 硫酸溶液：在 1 L 浓硫酸中加温溶解 11 g 硫酸银。

②硫酸汞（Ⅱ）。

③ 0.025/6M 重铬酸钾溶液：在再蒸馏水中溶解 1.226 g 于 100～110℃条件下干燥过数小时的重铬酸钾（二铬酸钾），制成 1 L 溶液。

④菲咯啉（phenanthrolinium）- 铁溶液：在 100 mL 再蒸馏水中溶解 1.48 g 1,10- 菲罗啉一水合物和 0.70 g 硫酸铁（Ⅱ）七水合物。

⑤ 0.025M 硫酸铁铵溶液：在 500 mL 再蒸馏水约中溶解 10 g 硫酸铁（Ⅱ）铵六水合物（莫尔盐）。添加 20 mL 浓硫酸，使用再蒸馏水制成 1 L 溶液。本溶液每次使用时需要进行标定。

► 0.025M 硫酸铁铵溶液的标定

0.025/6M 重铬酸钾溶液 20 mL

↓← 80 mL 再蒸馏水

↓← 30 mL 浓硫酸

冷却

↓←2～3 滴 菲咯啉（Phenanthrolinium）- 铁溶液

用 0.025M 硫酸铁铵溶液进行滴定，直至溶液变为红褐色。

将滴定所需的 0.025 M 硫酸铁铵溶液的容量设定为 *a* mL，则 0.025 M 硫酸铁铵溶液的系数 *f* 为

$$f = \frac{20}{a} \tag{15-21}$$

操作

250 mL 的烧瓶（可与回流冷却管连接使用的产品）

↓←0.4g 硫酸汞（Ⅱ）

↓←20 mL 水样

↓←10 mL 0.025/6 M 重铬酸钾溶液

↓←30 mL 硫酸银 - 硫酸溶液

加入沸石，在烧瓶上连接回流冷却管，加热 2 h

↓

冷却

↓

用再蒸馏水约 10 mL，充分清洗冷却管，并将清洗液注入烧瓶。

↓

将烧瓶内的溶液稀释成 140 mL

↓←2～3 滴 菲咯啉（phenanthrolinium）- 铁溶液

用 0.025M 硫酸铁铵溶液进行滴定，直至溶液从蓝绿色变为红褐色

计算

将 0.025 M 硫酸铁铵溶液的滴淀量设定为 *a* mL，将空白试验的滴淀量设定为 *b* mL，将 0.025 M 硫酸铁铵溶液的系数设定为 *f*，将水样的量设定为 *V*mL，则重铬酸钾的氧消耗量为

$$COD_{Cr}(meq/L) = (b - a) \times \frac{1\,000}{V} \times 0.025 \times f \tag{15-22}$$

$$COD_{Cr}(mgO_2/L) = (b - a) \times \frac{1\,000}{V} \times 0.025 \times 8 \times f \tag{15-23}$$

注意事项

①水样的量进行 2 h 煮沸加热后，0.025/6 M 重铬酸钾溶液应残留约 1/2。

②水样的氯化物离子可以隐蔽约 40 mg。含有的氯化物离子量大于此值时，应该再添加氯化物离子 10 倍量的硫酸汞（Ⅱ）。

③沸石采用无有机物混入的玻璃等制作，并且应使用盐酸清洗过的沸石。

④本方法因为使用硫酸汞、硫酸银、重铬酸钾，所以需要注意分析后的废液处理。

15.7.7　生化需氧量（BOD）

试剂

①缓冲液（A 液）：在再蒸馏水中溶解 21.75 g 磷酸氢二钾、8.5 g 磷酸二氢钾、44.6 g 磷酸氢二钠十二水合物、1.7 g 氯化铵，制成 1 L 的溶液（pH=7.2）。

②硫酸镁溶液（B 液）：在再蒸馏水中溶解 22.5 g 硫酸镁七水合物，制成 1 L 的溶液。

③氯化钙溶液（C 液）：在再蒸馏水中溶解 27.5 g 无水氯化钙，制成 1 L 的溶液。

④氯化铁溶液（D 液）：在再蒸馏水中溶解 0.25 g 无水氯化铁（Ⅲ）六水合物，制成 1 L 的溶液。

⑤稀释水：在保持约 20 ℃的蒸馏水 1 L 中，分别按 1 mL 添加缓冲液（A 液）、硫酸镁溶液（B 液）、氯化钙溶液（C 液）、氯化铁溶液（D 液），并进行曝气，使氧饱和（pH=7.2）。当 pH≠7.2 时，使用 1M 盐酸或者 1M 氢氧化钠溶液进行调整。

⑥氯化锰溶液：在 250 mL 蒸馏水中溶解 100 g 氯化锰（Ⅱ）四水合物。添加 1 mL 的浓盐酸。

⑦碘化钾 - 氢氧化钠溶液：在 250 mL 蒸馏水中溶解 90 g 氢氧化钠。冷却后，添加 25 g 碘化钾和 5 g 叠氮化钠。使用褐色塑料瓶保存。

⑧ 6 M 盐酸：在 100 mL 蒸馏水中添加 100 mL 浓盐酸。

⑨淀粉溶液：在 100 mL 蒸馏水中加温溶解 1 g 可溶性淀粉。煮沸 1～2 min 后，将上清液移装到塑料瓶内。为防腐加入数滴氯仿。

⑩ 0.02 M 硫代硫酸钠溶液：在煮沸的蒸馏水中溶解约 5g 硫代硫酸钠五水合物，制成 1 L 的溶液。保存时，应该安装碱石灰管。

⑪ 0.1/6 M 碘酸钾标准溶液：在蒸馏水中溶解 3.567g 于 120～140℃条件下干燥过 2 h 的碘酸钾，制成 1 L 的溶液。本标准溶液用于硫代硫酸钠溶液的标定。

⑫碘化钾：准备固态碘化钾。

（⑥～⑫用于溶解氧的测定）

操作

对水样进行曝气，使氧饱和

↓

在适量的水样中添加稀释水，制成 1L 溶液（根据水样的预测 BOD 值，改变稀释倍率）

↓

将稀释水样充填到 BOD 瓶

↓

装入 20 ± 1℃的恒温器，在阴暗条件下培养 5 d

↓

测定培养前的溶解氧量和培养 5 d 后的溶解氧量

计算

将培养前稀释水样的溶解氧量设定为 DO_1（mg O_2/L），20℃条件下培养 5 天后的溶解氧量设定为 DO_2（mg O_2/L）、水样的稀释倍率（稀释水样 / 水样）设定为 d，则 BOD 为

$$\text{BOD}(\text{mg O}_2/\text{L}) = (DO_1 - DO_2) \times d \tag{15-24}$$

不过，所采用的 5 日溶解氧值的稀释水样，应为培养前后溶解氧量的差值（DO_1-DO_2）在 2～7 mg/L 的稀释水样。水样的 BOD 如果低于 2 mg/L，则差值可以低于该数值。

注意事项

①由于水样容易变质，所以采集后应尽快测定 BOD。

②水样呈现酸性或者碱性时，使用 1 M 盐酸或者 1 M 氢氧化钠溶液进行中和。水样中含有残留氯等氧化物质时，应该添加相当量的亚硫酸钠溶液，进行此类氧化物质的还原预处理。

③水样中好氧性微生物极少时，应该采用从家庭排放的污水的上清液、河流水、土壤萃取液等接种液。关于此类接种液的详细情况，请参阅 JIS K 0102。

④ 20℃、1 气压条件下溶解氧的饱和量为 8.8 mg/L，所以为了获得正常 BOD 值的稀释水样的氧消耗量（DO_1-DO_2）最好在 2～7 mg/L。但是，如果水样的 BOD 低于 2 mg/L，则应该调制稀释率较低的水样。如果能对所测定水样的 BOD 值进行预测，则可以确定稀释率。如果不能预测，则可以使用测试包（共立理化学研究所）等简易分析，测定化学需氧量（COD）的大致数值，然后将 BOD 值视作与 COD 值同等程度，以此来调制稀释水样。

⑤每 1 种稀释水样，应该使用 4 个以上的 BOD 瓶进行测定。其中 2 个 BOD 瓶，用来测定培养前的溶解氧量，剩余的 BOD 瓶，用来测定在 20℃条件下培养 5 d 后的溶解氧量。向 BOD 瓶注入稀释水样时，使用虹吸管从瓶底缓慢地注入，充满后用塞子密封 BOD 瓶。

⑥如果培养 5 d 以上，则伴随铵态氮化合物等的氧化，溶解氧将被消耗，从而影响到 BOD 值，所以请务必注意。

⑦溶解氧的测定采用叠氮化钠修正法。此外，硫代硫酸钠溶液的标定、溶解氧测定的操作步骤、测定的注意事项等请参阅溶解氧测定项目。

第16章 湖泊的生物调查

16.1 浮游植物

浮游植物的生物量，可以使用显微镜确定浮游植物的种类构成，并采用各自的细胞数进行表示，或者采用以干重量和沉淀量的形式进行测定的方法，以及根据基础生产者的功能面以叶绿素量的形式进行测定的方法等。

16.1.1 浮游植物的种类构成

16.1.1.1 样品的采集

调查浮游植物种类构成时使用的样品，可以利用浮游生物网和采水器进行采集。

浮游生物网（图 16-1）有各种网眼大小的产品。根据所使用的浮游生物网的网眼大小，采集到的浮游植物的种类构成也不同。测定浮游植物的生物量时，应该尽量使用网眼较小的浮游生物网。不过，在湖水中拖动浮游生物网采集浮游植物时，网眼较小的网在过滤湖水时会充满水，无法定量地采集浮游生物。因此，需要使用具有一定程度大小以上的网眼的浮游生物网。这种拖网法，在能够通过网眼的微小浮游植物生物量较高的湖泊，将无法正确把握浮游植物的生物量。一般来说，定量采集湖泊中浮游植物时使用的定量浮游生物网，采用口径约 30 cm、质地为尼龙制的 NXX25（网眼长度为 58 μm）或 NXX17（69 μm）的浮游生物网。此外，虽说与网眼大小有关，其过滤率（在水中将浮游生物网拖动一定距离时，根据口径计算获得的理论性过滤水量和浮游生物网实际过滤水量的比值）在水中以 1 m/s 的速度拖动浮游生物网为佳。

想要采集微小浮游植物以及想要定量把握浮游植物的种类构成时，采水法较拖网法更好。不过采水法在浮游植物生物量较低的湖泊，样品的浓缩操作较为繁杂。与拖网法相比，其缺点是无法垂直或者水平地连续采集样品。浓缩样品时一般采用离心分离法（3 000 rpm、20～30 min），还可以在水样中添加甲醛溶液或者鲁哥（Lugol）试剂，并放置 1 天后，收集其沉淀物。或者使用网眼数微米的微细网布，过滤采集到的水样，收集微小的浮游生物。

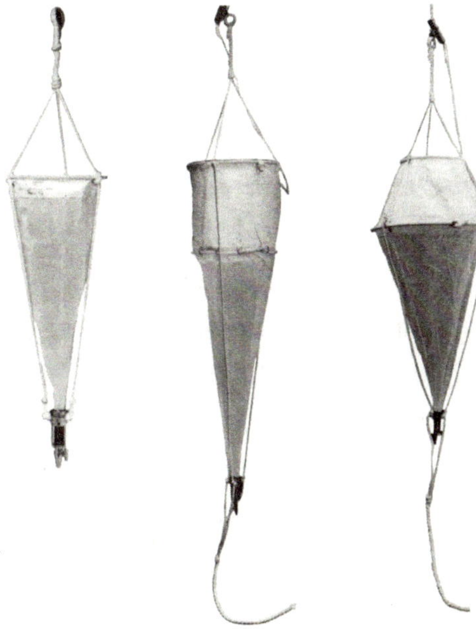

（a）　（b）　（c）

图 16-1　在湖沼中使用的浮游生物网

注：（a）为定性用网；（b）（c）为定量用网。

[株式会社离合社 提供]

16.1.1.2　样品的保存

想要长期保存采集到的浮游植物时，应添加防腐剂进行固定。浮游植物的形态有可能因固定液而发生变化，所以样品采集后，应尽快在显微镜下进行固定。

固定液一般使用甲醛。含有浮游生物的样品每 100 mL 添加 1～3 mL（相当于 0.4%～1.2% 甲醛浓度）市售的浓甲醛（37% 甲醛溶液），并在阴暗场所保存。例如，使用约 0.4% 甲醛浓度固定的浮游生物样品，不能表达为 100 倍稀释浓甲醛水，使用 1% 甲醛水浓度固定的样品。此外，市售的甲醛水，甲醛常会被氧化生成甲酸，导致 pH 变低，所以应添加碳酸氢钠，将 pH 调整至稍高于 7 后再使用。除此以外，中性甲醛水还可以按如下方法制得，即在市售的浓甲醛水 100 mL 中，添加约 5 g 四硼酸钠 + 水合物（硼砂），搅拌 10 d 以上并放置后取其上清液。

固定微小的浮游植物时，因为甲醛会损坏或者收缩细胞，所以在 100 mL 浮游生物水样中添加 5 mL 左右的鲁哥（Lugol）试剂。鲁哥（Lugol）试剂是在 100 mL 蒸馏水中溶解 10 g 碘、20 g 碘化钾、10 g 无水乙酸钠后制得。除此以外，还可以采用添加有苦味酸和甲醛的固定液，以及添加有铬酸的固定液等。

16.1.1.3 种类的鉴定

浮游植物种类的鉴定方法，可以参考各种类的图鉴。但不能仅凭样品中浮游生物的形态和图鉴之间相符来确定种类，请务必阅读解说文，确认特征是否一致后进行鉴定。鉴定时的检索方法，应该使用检索图鉴，或者尽可能地接受专家的指导，提高熟练程度。

在显微镜下鉴定和计数的浮游植物，应该按各自的科属和种类，划分群组进行记载，并以单位水样容积（使用浮游生物网采集到的样品，根据浮游生物网的口径和展开的长度，计算过滤水量）的细胞数计数，或者在样品内的浮游植物群组中所占比例（频率）的形式进行表示。细胞数的计数按如下方法进行，即将适量的浮游植物样品注入到计数板（图 16-2）内进行计数。1 mL 容量的浮游生物计数板可以自己制作，在带刻度的玻璃片上，粘贴深 1 mm、宽 20 mm、长 50 mm 的塑料框制得。在此计数板上贴上盖玻片，然后在显微镜下，按种类进行计数。频率有时使用表 16-1 所示的符号进行记录。此外，此处表示的出现种类所占的比例数值并非是规定的数值。有时也根据 +++、++、-- 等“正”和“负”符号数的多少进行表示。

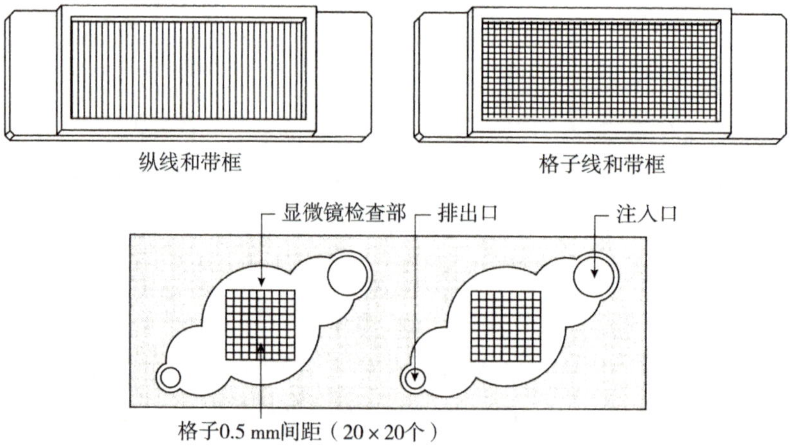

图 16-2　浮游生物计数板

［松浪玻璃工业株式会社 提供］

表 16-1　浮游植物出现种类的频率表示事例

CCC	几乎全部	出现种类的 80% 以上
CC	极多	出现种类的 45%～80%
C	较多	出现种类的 30%～45%
+	一般	出现种类的 15%～30%
r	较少	出现种类的 8%～15%
rr	稀少	出现种类的 2%～8%
rrr	极少	出现种类的 2%

16.1.2　叶绿素

介绍 Unesco 法和 Lorenzen 法。Unesco 法是测定总叶绿素 a 的方法。本方法还可以测定丧失了活性的浮游植物（死后不久的浮游植物）的色素。有时也使用划分为有活性的叶绿素 a，及其分解产物脱镁叶绿素进行测定的 Lorenzen 法。

Unesco 法

试剂

90% 丙酮：在 900 mL 丙酮中添加 100 mL 蒸馏水。

操作

将过滤后滤纸上存留的样品与玻璃纤维滤纸一起装入玻璃制的研钵
↓
添加 90% 丙酮的同时粉碎滤纸，制成乳液状
↓
使用 90% 丙酮洗净并全部移装到离心管
↓
在低温和阴暗条件下放置 2 h 左右
↓
在 3000 rpm 条件下，离心分离 10～15 min
↓
记录上清液的总量

↓

对照 90% 丙酮，使用波长 750 nm、663 nm、645 nm、630 nm 测定吸光度

计算

如果将水样的过滤量设定为 VL、将上清液的丙酮总量设定为 a mL、将分光光度计的吸收容器的长度设定为 Lcm，则叶绿素 a、叶绿素 b、叶绿素 c 的量为

$$\mathrm{Chla}(\mathrm{mg\ Chla/m^3}) = (11.64E_{663} - 2.16E_{645} + 0.10E_{630}) \times \frac{a}{V \times L} \quad (16\text{-}1)$$

$$\mathrm{Chlb}(\mathrm{mg\ Chlb/m^3}) = (20.97E_{645} - 3.94E_{663} - 3.66E_{630}) \times \frac{a}{V \times L} \quad (16\text{-}2)$$

$$\mathrm{Chlc}(\mathrm{mg\ Chlc/m^3}) = (54.22E_{630} - 14.81E_{645} - 5.53E_{663}) \times \frac{a}{V \times L} \quad (16\text{-}3)$$

E_{663}、E_{645}、E_{630} 分别为从波长 663 nm、645 nm、630 nm 时的吸光度减去波长 750 nm 时的吸光度后的数值。

注意事项

①水样的过滤量的多少，应由含有悬浮物质量（SS）数毫克左右，或者应以达到透明度值（m）同等程度的水样量作为参照。

②滤纸应该采用孔径 1 μm 左右的玻璃纤维滤纸。玻璃纤维滤纸起着研磨剂的作用，能够损坏浮游植物的细胞，使易于萃取出叶绿素。滤纸上的样品，应该尽量减少水分，并立即使用丙酮进行萃取。需要进行保存时，应该在低温条件下干燥（可以在密封容器中加入硅胶），并在 -20℃以下保存于阴暗场所。干冰因为有可能使叶绿素变为脱镁叶绿素，所以禁止使用。此外，叶绿素会因太阳光而发生分解，所以进行过滤和溶剂萃取等操作时应该避开阳光直射。

③粉碎样品时，使用直径 5 cm 左右玻璃制研钵比较方便。

④粉碎后的叶绿素样品必须全部移装到离心管。应使用移液管将粉碎的滤纸丙酮乳液移装到离心管，并使用 90% 丙酮清洗研棒和研钵数次，全部移装到离心管。此时，应该注意丙酮乳液总量不得超过所使用离心管的容量。应使用带盖的离心管，以防操作过程中丙酮的挥发。

⑤波长 663 nm（Lorenzen 法时波长 665 nm）时的吸光度较低时，请使用 50 mm 或 100 mm 宽的吸收容器替代 10 mm 宽的吸收容器。也可以增加水样过滤量。

⑥如果使用狭缝宽度 1 nm 以下的分光光度计，则叶绿素的测定精度较高。不过，该宽度以上的分光光度计也可以进行测定。

⑦乙醇比丙酮对叶绿素的萃取能力较高，所以无须粉碎滤纸即可萃取叶绿素。近年来，有时可以使用乙醇替代丙酮来萃取叶绿素。

乙醇萃取叶绿素的方法其大致内容如下：将滤纸原样浸渍到 100% 乙醇中，在阴暗条件下放置数小时以上后，依据 Unesco 法、Lorenzen 法、荧光法进行操作。

⑧叶绿素的测定有时也用荧光法。此外，还研发了直接测定水样的荧光光度计，以及将荧光光度计沉入水中直接测定的方法。关于荧光光度计法请参阅《陆水学杂志》36 卷第 103～109 页（1975）。

⑨在采水现场，可以使用市售的简易分析仪器，了解叶绿素的大致数值。

Lorenzen 法

试剂

① 90% 丙酮：在 900 mL 丙酮中添加 100 mL 蒸馏水。

② 2M 盐酸：在 100 mL 蒸馏水中添加 20 mL 浓盐酸。

操作

将过滤后存留于滤纸上的样品与玻璃纤维滤纸一起装入玻璃制的研钵

↓

添加 90% 丙酮的同时粉碎滤纸，制成乳液状

↓

一边使用 90% 丙酮洗净一边全部移装到离心管

↓

在低温和阴暗条件下放置 2 h 左右

↓

在 3000 rpm 条件下，离心分离 10～15 min

↓

记录上清液的总量

↓

对照 90% 丙酮，使用波长 750 nm、665 nm 测定吸光度

↓←1 滴 2M 盐酸（按 5 mL 丙酮萃取液，1 滴 2 M 盐酸的比例添加）

放置 3 min

↓

对照 90% 丙酮，使用波长 750 nm、665 nm 测定吸光度

计算

如果将过滤的水样量设定为 V、将上清液的丙酮总量设定为 a、将分光光度计的吸收容器的长度设定为 L，则叶绿素 a 和脱镁叶绿素的浓度为

$$\text{Chla}(\text{mgChla/m}^3) = 26.7(E_{665} - E_{665a}) \times \frac{a}{V \times L} \tag{16-4}$$

$$\text{脱镁叶绿素}(\text{mgphaeo/m}^3) = 26.7(1.7E_{665a} - E_{665}) \times \frac{a}{V \times L} \tag{16-5}$$

E_{665} 为从波长 665 nm 时的吸光度减去波长 750 nm 时的吸光度后的数值。E_{665a} 为从添加 2 M 盐酸后的波长 665 nm 时的吸光度减去波长 750 nm 时的吸光度后的数值。

注意事项

①测定时的注意事项请参阅 Unesco 法。

②可以在测定 750 nm 和 665 nm 时的吸光度后，在吸收容器内滴加盐酸，使用相同的波长进行测定。不过，持续测定多个样品时，为了避免盐酸影响下一样品的测定，应该使用 90% 丙酮充分清洗吸收容器。

16.2 大型水生植物

16.2.1 水生植物的采集

如能靠近大型水生植物群落带，则可以通过下述方法简单地采集到大型水生植物。①进入群落带，用手直接采集。②用锚状钩采集（锚状钩可以自己使用铁丝简单地制作）。③用棒拔出（可以在细棒端部固定安装使用铁丝制作的钉耙，进行采集）。

16.2.2　水生植物的分布

植被图可以通过航空摄影来获得，但沉水植物则很难通过这种方法了解。一般是在 50～100 mm 的宽度范围，从湖岸线开始直角朝向湖面的带状沿岸部水域，调查所出现的所有水生植物种类和在群落中的植被覆盖率。还应尽可能地估算群落的面积。此外，从湖岸朝向湖面，拉起带刻度的绳索，并按 1 m 的间隔，逐一记载最靠近绳索的植物，则可以描绘定性的植被图。在现场很难确定的植物，可以带回实验室进行鉴定。大型水生植物种类的鉴定，可以参考各种类的图鉴类等资料。

进行此类调查的同时，还应事先测定调查地点的水深、水温、水中照度的垂直分布、底质的状况（粒度构成、烧失量、有机质含量等）。各个项目的测定方法，请参阅各相关的分析法和测定法。

16.2.3　生物量

水生植物的生物量使用每单位面积的水生植物干重量和有机物量的形式表示。为了推算生物量，可以在群落内设置方形框（正方框），采集其中的所有水生植物，按种类测算其相应的量。在群落内实施多个这种单位面积的测算，根据每方形框的生物量、利用植被图获得的植物植被覆盖率和群落面积，推算群落整体的生物量。

单位面积的生物量，通过测算从方形框内采集到的各种植物的株数、密度、高度、茎的直径、叶的面积、干重量、有机物含量（碳量和氮量等）来进行计算。

16.3　浮游动物

16.3.1　样品的采集

测定浮游动物的种类构成或者其生物量的样品，常采用浮游生物网进行采集。在湖泊一般采用 NXX13（网眼长度 94 μm）型定量浮游生物网。因为小型浮游动物会从网眼中漏掉，有时也使用 NXX17（69 μm）、NXX25（58 μm）型。浮游生物网可以以 1 m/s 的速度拖曳。速度过慢，则有些各类的浮游动物会逃逸。

浮游动物虽然可以通过采水法进行采集，但也存在一些问题。

16.3.2 样品的保存

浮游动物的固定液，一般使用中性福尔马林，每 100 mL 样品添加 5 mL 左右，制成约 2% 甲醛浓度进行固定。利用福尔马林进行的固定，会使某些种类浮游动物（原生动物等）的细胞损坏或者收缩。因此，有时使用鲁哥试剂、戊二醛溶液、砂糖 - 福尔马林固定液。

16.3.3 种类的鉴定和生物量

浮游动物种类的鉴定可以参考各种类的图鉴等资料。不过，与前面介绍的浮游植物种类的鉴定一样，应该使用检索图鉴，或者尽可能接受专家的指导，以提高熟练程度。

个体数的计数，可以在浮游生物计数板（图 16-2）注入适量的样品，对个体数进行计数。

浮游动物的生物量一般采用单位水样容积中各种类的个体数或者干重量（在 110℃条件下干燥至恒量为止）的形式进行表示。此外，有时也收集浮游动物，以其碳量和氮量的形式测定其生物量。

16.4 底栖动物

16.4.1 样品的采集

栖息于湖泊底层的底栖动物，一般与湖底沉积物一起利用 Ekman-Birge 采泥器（图 16-3）进行采集。采集方法请参阅 17 章。

将采集到的湖底沉积物移置到网（采集河流底栖动物用的网比较方便）或筛网（为了防止掉落到水中，可以采用木框筛网。筛网为双重构造，粗筛在上细筛在下，粗筛可以拉出。虽然网眼分别为 2 mm 和 0.5 mm，但有的底栖动物仍能够通过该网眼）上，将湖底沉积物与水分一起摇动筛洗。将网或者筛网上遗留的样品等装入瓶中，并使用甲醛溶液固定（每 100 mL 样品添加 0.5 mL 的浓甲醛，制成约 2% 甲醛浓度）后携带回实验室。底栖动物中有的种类在操作过程中有可能损坏，此时，应该事先使用小镊子将其挑选出。此外，贝类应该采集到另外的标本瓶，并使用约 70% 的乙醇进行固定。

最好事先测定采集地点的水深、泥温、底质的物理化学状态（氧化还原电位、粒度、有机物量等）。关于此类项目的测定方法，请参阅 17 章的内容。

图 16-3　Ekman-Birge 采泥器

［株式会社离合社 提供］

16.4.2　种类的鉴定

采集到的底栖动物可以在实体显微镜下进行鉴定，即使是研究人员对摇蚊幼虫的鉴定也很困难。鉴定时应该参考可以进行检索的各种图鉴。应尽量接受专家的指导，以提高熟练程度。

16.4.3　生物量

将携带回实验室的样品，移置到小型塑料制方平底盘上，并使用尖头小镊子按种类进行挑选。此时，如果在方平底盘内加入少量的水，则易于挑选。按各种底栖动物计测的个体数、湿重量（在滤纸上汇集底栖动物，清除水分后称量）、干重量（在 60℃条件下干燥至恒量为止）。按每单位面积换算此类计测结果，求取生物量。

第 17 章 湖底沉积物的调查

17.1 沉积物

17.1.1 样品的采集

17.1.1.1 简易采泥器

这是专门用来采集湖底表面沉积物的简易采集器（图 17-1）。这种采泥器因为在湖底拖动采集，所以会搅乱沉积物，获得的样品并没有反映原始状态。此外，从湖底拉升时，有可能与湖水混合而发生变化。

图 17-1 简易型采泥器

［株式会社离合社 提供］

17.1.1.2 抓斗式采泥器

抓斗式采泥器有 Ekman-Birge 采泥器、Rentsu 采泥器、Smith-McIntyre 采泥器。其中，经常使用的是操作简单的 Ekman-Birge 采泥器。

使用 Ekman-Birge 采泥器（图 16-3）采集沉积物的步骤如下所述。打开采泥器下部的开闭部，并在采泥器上设置结实的绳索，缓慢地将采泥器沉到湖底附近；在距离湖底 1 m 附近，快速降落到湖底；垂直拉伸绳索，沉落使锤，并确认下部的开闭部关闭后，向上拉伸采泥器。在该操作过程中，如果湖底是泥质（大致从淤泥到有黏度的粒子直径沉积物）细粒子，则可以采集到深约 20 cm 的沉积物。

采集到的湖底沉积物应该保持在采泥器内的状态，让沉积物表面正上方的湖水缓缓地流出。然后，移置到比采泥器更宽的方形底盘上，打开开闭部，采集湖底沉积物。此外，因为泥温（使用水银棒状温度计）、氧化还原电位、pH 会随着时间的流逝而变化，所以应该迅速进行测量。

熟练地采集湖底沉积物艰难。如果在采泥器离开湖底之前，缓慢地向上拉动，使采泥器抓取沉积物，则许多时候沉积物都会滞留于采泥器上。

Ekman-Birge 采泥器按采集范围（底部较宽）分为 15 cm × 15 cm 的产品尺寸和 20 cm × 20 cm 的产品尺寸。一般前者的操作比较简单。深湖和底质较硬时，有时采泥器会无法沉入湖底沉积物。此时，可以采用在采泥器的两侧面粘贴铅板加重过的采泥器。底质为小石子和沙质等的湖底，采泥器有时会被此类物质卡住，很难采集到沉积物。即使采集到了沉积物，但在向上拉升采泥器的操作过程中，湖底沉积物中的微细粒子有时会被冲走流失，所以请务必注意。

操作使用 Ekman-Birge 采泥器时，因为采泥器的开闭部通过强力弹簧进行开闭，所以进行开闭操作时请务必注意。此外，不应在开闭部打开的状态下保管。

17.1.1.3　柱状采泥器

抓斗式采泥器也能够在不损坏沉积结构的条件下采集湖底沉积物。不过，想要获得较长的沉积物样品时，应该采用柱状采泥器（钻芯采样器）。想要采集湖底沉积物上层数十厘米的样品时，采用重力式柱状采泥器比较方便。例如，KK 式柱状采泥器（图 17-2）在主体上安装能够单触拆卸的塑料制透明采泥管，使之缓慢地抵达湖底。保持数分钟垂直状态，直至因自重而沉入湖底沉积物中后，慢慢拔起采泥器。采泥器离开湖底沉积物后，应不发生振动地、轻轻地迅速将采泥器拉升至水面附近。采泥器的下端抵达湖面附近后，于水中在采泥管的下端堵上橡胶塞，防止样品掉落后，将其从主体上拆卸下来。

使用与采泥管内径相等的橡胶塞，如果从下部挤压出采集到的柱状沉积物样品，则可以按所需厚度采集沉积物。

在湖水较浅的地点，按压塑料制的管子则可简单地获得柱状沉积物。

想要获得更长的柱状沉积物时，可以采用击入式柱装采泥器。例如，击入活塞式柱状采泥器（图 17-3），安装于柱状采泥器主体上的采泥管抵达湖底后，固定与活塞连接的绳索，并慢慢松开与铁锤用砝码连接的绳索。采泥管因自重而沉入沉积物中一定深度后，上下拉动铁锤用砝码，将采泥管击打进沉积物中。抵达目的深度后，同时拉升活塞用和铁锤用的绳索。可以采集到 1～2 m 处的湖底沉积物。

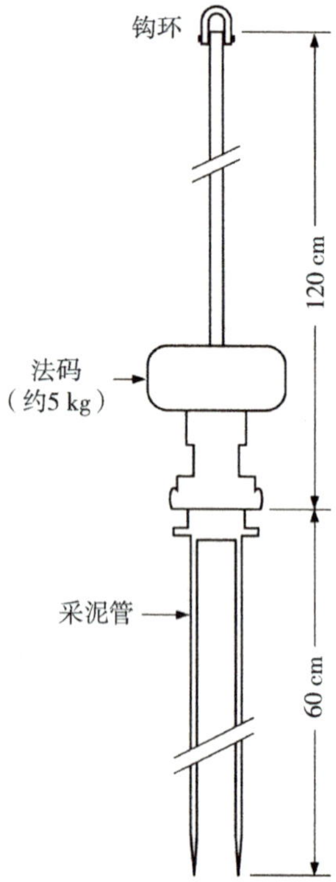

图 17-2　KK 式柱状采泥管

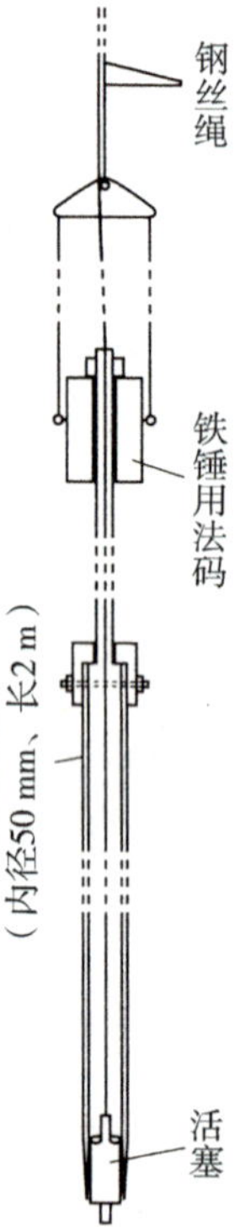

图 17-3　活塞柱状采泥器

［木俣正夫等．日水志．26（1960），河合章（1988）做了改进］

击入式柱状采泥器中没有安装活塞的产品，在击入湖底沉积物时会发生摩擦，根据处于实际湖底的状态，有时会变短，所以请务必注意。

17.1.2　样品的保存

进行物理和地理学性测量用的样品，许多时候都需要干燥后保存。进行化学分析用的样品可以采用冷冻保存和干燥保存。测量氧化还原物质时，应该特别注意不要接触到空气。

采集到的湖底沉积物应该装填到塑料制瓶子（市场上销售的软膏瓶和滤纸包装袋比较方便）内，并排出瓶子内的空气，使用胶带进行密封。然后尽量在低温下保存，携带回实验室。在实验室使用样品之前，应该根据测量目的，干燥保存或者低温保存（0～5℃或者冷冻保存）样品。

测定微生物的生物量以及容易因微生物活性而发生变化的成分时，分取湖底沉积物时使用的小刀（或者小勺）和保存瓶，应该采用经过灭菌处理的产品。

对底栖动物等生物样品，应该使用筛网或者网筛洗沉积物后，在低温条件下将遗留的生物携带回实验室，或者使用甲醛水进行固定后进行保存。

17.1.3　粒度

利用筛网进行的测定

操作

①上方为粗筛下方为细筛，分别重叠几层筛网，然后将湖底沉积物放置到上方的筛网上。

②一边晃动筛网，一边用水清洗样品，让样品按序通过筛网的网眼。

③收集各个筛网上残留的粒子，在 110℃条件下进行干燥，并在干燥器中进行冷却。

④反复进行本操作直至为恒量，测定其干燥重量，根据各个重量的百分比，计算粒子构成。

注意事项

①为了分析湖底沉积物的粒度，应该准备 2 mm、1/2 mm、1/4 mm、1/8 mm、1/16 mm［用泰勒标准（TYLER）筛网时则为 9、32、60、115、250 网眼］的筛网。

②沉积物的粒度指标 ϕ，粒径（mm）设定为 d 时，可以使用 $\phi=-\log_2 d$ 进行计算。粒径 1/16 mm 以下（ϕ=4 以上）为泥；粒径 1/16～2 mm（ϕ=4～1）为沙；粒径 2 mm 以上（ϕ=-1 以下）为砾石。此外，沉积物为泥中，粒径 1/256 mm 以下（ϕ=8 以上）为黏土，粒径 1/256～1/16 mm（ϕ=8～4）为淤泥；沉积物为砾石中，粒径 2～4 mm（ϕ=-1～-2）为微细小石子，粒径 4～64 mm（ϕ=-2～-6）为中等小石子等。

17.1.4　含水量

作为湖底沉积物间隙水中所含水分的表示方法，有水重量相对于干燥重量的比值（含水比），以及水重量相对于湿润重量的比值（含水率）。一般沉积物的含水量是指含水比。

操作

①在 3 000～5 000 rpm 条件下，对湖底沉积物样品中含有的湖底上覆水和间

隙水进行 10～20 min 的离心分离，并清除上清液。

②正确称取该样品约 5 g。

③使用干燥器在 110℃条件下干燥 2～3 h，并在干燥器中进行冷却。

④反复进行该操作直至为恒量，求取其干燥重量。

计算

将样品的湿重量设定为 a g，将样品干燥后的干重量设定为 b g，则湖底沉积物的含水量可以利用式（17-1）进行计算。

$$含水量（\%）= \frac{a-b}{a} \times 100 \qquad (17\text{-}1)$$

17.1.5 烧失量

如果在高温条件下加热湖底沉积物的干燥样品，则沉积物中的有机物会被分解，并向大气中释放二氧化碳等，导致重量减少。这种重量减少的比例称为烧失量（或者灼热减量）。

操作

①在玛瑙研钵中将湖底沉积物的干燥样品研磨成细粉，并将该细粉数克加入事先称量过的坩埚内，秤量坩埚（含样品）的重量。

②将坩埚放置于三脚架上，使用煤气喷灯从坩埚下部，调整煤气量进行加热直至坩埚烧红。

③样品变成红砖色后，在干燥器中冷却坩埚，并称量其重量。此外，反复进行该操作直至成恒量。

计算

如果将坩埚的重量设定为 a，将加入了干燥样品后的坩埚重量设定为 b，将加热后的坩埚（包括强热后的样品）重量设定为 c，则湖底沉积物的灼烧损失可以利用式（17-2）进行计算。

$$灼烧损失量 = \frac{b-c}{b-a} \times 100 \qquad (17\text{-}2)$$

注意事项

①将在 110℃条件下干燥至恒量的样品，当作干燥样品。

②研磨沉积物时，使用普通的玛瑙研钵，不过可以使用玻璃制研钵等代替。此时，应该充分进行研磨，直至手指触摸时无粗糙感。

③坩埚最好使用白金制造的产品，但价格比较高。可以使用磁力坩埚替代。使用磁力坩埚时，坩埚与沉积物样品一样，应该在 110℃条件下充分干燥后再称量。

④为易于氧化分解，坩埚内不能加入过多的样品。

⑤煤气火焰如果过强，则粉末样品有可能发生飞扬，所以火焰不应该过强。

⑥使用电炉替代煤气喷灯时，应该将加热温度调整至约 600℃。使用电炉加热时，不要在炉子中加入过多的沉积物样品。有时炉子内会变成还原状态，无法获得正确的数值。使用电炉时，加热 2～3 h 即可达到恒量

⑦在此获得的烧失量数值，大致相当于沉积物中的有机物量。严格来讲，因为加热操作导致的重量变化包含各种各样的过程。例如，对于还原环境下的沉积物样品，因为加热，铁和锰被氧化，相反重量会增加。此外，因为结晶水丧失，重量也会减少，所以测定获得的数值，其意义比较复杂。

17.1.6　有机碳和有机氮

试剂

（1）1 M 盐酸：在 110 mL 蒸馏水中添加 10 mL 浓盐酸。

（2）其他需要 CHN Corder 使用的试剂（参阅相关章节内容）。

操作

在研钵中将沉积物研磨成细粉

↓

将约 0.5 g 样品加入到 10 mL 的玻璃制离心管内

↓

在 110℃条件下充分干燥后进行称量

↓←5 mL 1M 盐酸（去除碳酸盐）

进行搅拌，在室温下放置约 1 d

↓

在 3 000 rpm 条件下，离心分离 10～20 min，并去除上清液

↓

添加蒸馏水，使之悬浮后，再次进行离心分离

↓

本操作反复进行 2～3 次，以清洗沉淀物

↓

在 110℃条件下干燥后进行称量

↓

计算沉积物样品因盐酸处理而减少的比例

↓

利用 CHN Corder，计算盐酸处理过的样品的碳和氮量

计算

利用 CHN Corder 测定获得的碳量和氮量，是经过盐酸处理过的样品的数值。如果将因盐酸处理导致重量减少的比例设定为 a%，将利用 CHN Corder 计算获得的碳量设定为 c、氮量设定为 n，则原本沉积物样品中的有机碳量（C）和有机氮量（N）为

$$C(\%) = \frac{1}{1 - \frac{a}{100}} \tag{17-3}$$

$$N(\%) = \frac{n}{1 - \frac{a}{100}} \tag{17-4}$$

注意事项

①为测定有机物而干燥样品时，如果使用高温干燥，则部分有机物会发生挥发，所以一般在 60℃条件下进行干燥。不过，测定总有机碳和总有机氮时，即使在 110℃条件下干燥，也可以忽略该挥发量。

②替代离心分离，还可以采用过滤的方式收集样品。准备事先称量过重量并去除了某种有机物的玻璃纤维滤纸，使用蒸馏水清洗和过滤分离经过盐酸处理的沉积物样品。从滤纸上收集残留的样品，并进行干燥。称量样品和滤纸的干燥重量（因为很难从滤纸上完全刮落样品，所以还需称量滤纸的重量），计算因盐酸处理而减少的比例。

③ CHN Corder 的详细操作步骤和测定时的注意事项，请参阅前述悬浮碳和悬浮氮的测定项目。

④因为原来的沉积物中，有的有机物会溶出到 1 M 盐酸内，所以从严格意义上讲，应该测定从沉积物洗出的离心管上清液盐酸和蒸馏水中的有机物，必须加上该量。不过，该量与沉积物中的有机物量相比，一般比较少。

⑤湖底沉积物中，以碳酸盐状态存在的碳量，可以使用 CHN Corder 测定未经盐酸处理的沉积物样品的碳量，然后减去按上述操作计算获得的经过盐酸处理的样品中的碳量后求得。

⑥沉积物中的氮量，还可以利用凯氏定氮法进行测定。凯氏定氮法请参阅溶解有机氮的测定方法。

⑦测定碳和氮的分析装置，除了 CHN Corder，市场上还有各种名称的装置，包括分别单独测定碳和氮的装置。可以根据测定目的选用适当的测定装置。

17.1.7　磷

试剂

①硝酸 - 高氯酸混合液：在 100 mL 浓硝酸中添加 20 mL 高氯酸（约 60%）。

②氢氟酸。

③浓盐酸。

④ 0.5M 盐酸：在 110 mL 去离子水中添加 5 mL 浓盐酸。

⑤ 2.5M 硫酸：在 900 mL 去离子水中添加 140 mL 浓硫酸。

⑥钼酸铵溶液：在 500 mL 去离子水中溶解 15 g 钼酸铵四水合物。

⑦抗坏血酸溶液：在 500 mL 去离子水中溶解 27 g L- 抗坏血酸。每次使用时调制。

⑧酒石酸锑钾溶液：在 250 mL 去离子水中溶解 0.34 g 酒石酸锑（Ⅲ）钾半水合物。

⑨混合试剂：按序并按 5∶2∶2∶1 的比例，混合上述 2.5 M 硫酸、钼酸铵溶液、抗坏血酸溶液、酒石酸锑钾溶液。该试剂在使用前混合调制。

标准溶液

磷标准溶液：在去离子水中溶解于 110℃条件下干燥过 2 h 的磷酸二氢钾 1.361 g，制成 1 L 溶液（含浓硫酸约 0.1 mL）（1 mL 含 10 μmol P 或 310 μg P）。分析时对此溶液稀释后使用。

操作

将沉积物研磨成细粉

↓

正确称量约 50 mg 样品，加入白金坩埚

↓←约 0.5 mL 硝酸 - 高氯酸混合液

↓←约 1 mL 氢氟酸

盖上盖子，使用微火进行加热干固

↓←约 0.5 mL 硝酸 - 高氯酸混合液

↓←约 1 mL 氢氟酸

进行加热干固（约 10 min）

↓← 1 mL 浓盐酸

盖上盖子，在热水中进行加热干固（约 20 min）

↓←少量的浓盐酸

进行干固

↓← 2 mL 0.5M 盐酸

加温溶解坩埚的内容物

↓

将全量移入到 50 mL 的量瓶内，并使用去离子水制成 50 mL 溶液

↓

将上清液 10 mL 移入到试管

↓← 2.5 mL 混合试剂

在室温条件下放置 5 min～2 h

↓

使用波长 885 nm 测定吸光度

↓

根据标准溶液的检量线，计算总磷量

注意事项

①操作使用氢氟酸时应该充分注意。使用塑料制移液管直接将氢氟酸加入到坩埚。

②进行加热时，因为会产生高氯酸和硝酸的气体和氟化氢，所以应该在通风环境下操作。

③在此获得的磷浓度值不在检量线的范围内时，应该变换量瓶的容量，或者增减样品所使用的沉积物量。

④测定注意事项请参阅磷酸盐的测定项目。

17.2　间隙水

17.2.1　间隙水的采集

17.2.1.1　离心分离法

（1）将湖底沉积物装填到容量较大的离心管并进行密封，注意管内不要残留气泡。

（2）在 3 000～5 000 rpm 条件下离心分离 10～20 min。

（3）迅速将上清液移入别的容器，注意不要接触到空气，将此作为间隙水样品。

17.2.1.2　加压过滤法

（1）将沉积物置入事先清洗干净的塑料制注射器（使用 50 mL 容量注射器比较方便），注意不要残留气泡，施压，并用厚壁硅管，连接为接收被挤压出的间隙水用的塑料制注射器。

（2）如果在注射器和注射器之间安装过滤装置，并对填装了沉积物的注射器加压，则可在不接触空气的条件下采集间隙水。施压装置可以采用改良后的小型台钳。过滤装置可以采用市售的小型塑料制过滤器，不过也可以在填装沉积物之前，在注射器的端部牢牢地固定脱脂棉，替代过滤器。应使用充分清洗干净的脱脂棉和滤纸。滤纸的材质应该充分考虑此后要测定的化学成分来选择，应置入能够进行温度控制的恒温槽或者水槽进行操作。

17.2.2　化学成分

间隙水中营养盐化合物的分析，以及无机物和有机物的测定，原则上适用湖水化学成分的测定方法。不过，间隙水中因为有可能含有大量的铁、锰等还原性金属，需要根据测定项目，对分析方法进行改进。

例如，测定间隙水中的铵态氮浓度时，因为间隙水中的金属有时会妨碍靛酚法的显色反应，应进行水蒸气蒸馏，从间隙水中分离出氨，然后使用靛酚法测定，或者在间隙水中添加已知浓度的标准氨溶液，测定相应的靛酚吸光度，修正妨碍的程度。间隙水中的氨氮浓度较高时，如果使用去离子水进行稀释后测定，则可减小妨碍。

测定磷酸盐时也需要注意。分离采集到的间隙水，应该立即使用盐酸调整至 pH 2～3，并将此作为水样，使用钼蓝法进行测定。此外，铁离子浓度较高时（约 10 mg/L 以上），应使用强酸性阳离子交换树脂去除铁离子后进行测定。

第 18 章　生产和分解

18.1　初级生产量

18.1.1　现场法

操作

①利用氧气法的现场法如图 18-1 所示，将从生产层的几个深度采集到的水样，按每 1 层装填到 6 个容量约 100 mL 的氧瓶中。

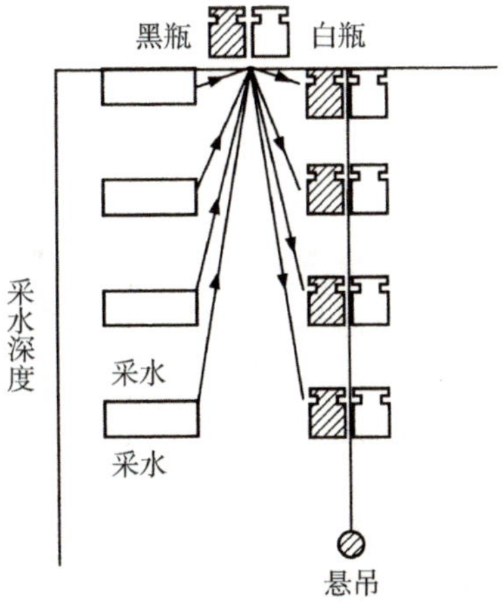

图 18-1　现场法的示意图

②两瓶保持原样（白瓶：L 瓶），两瓶用黑布包裹（黑瓶：D 瓶），余下的两瓶进行溶解氧的固定。

③白瓶和黑瓶立即悬吊至采集水样的各深度。

④从日出到正午时，或者从正午到日落时为止，进行培养。

⑤培养后拉升回收样品，立即对各个瓶子内的溶解氧进行固定。

⑥使用 Winkler 法，测定白瓶、黑瓶和对照瓶内的溶解氧量。

计算

如果将白瓶、黑瓶和对照瓶内的溶解氧量，分别设定为 L（mg/L）、D（mg/L）和 C（mg/L），则在培养时间（t）条件下各个深度水样的净光合量（P_n）、呼吸量（R）和总光合量（P_g：净光合量和呼吸量的合计）为

$$P_n\left[\text{mg }O_2/\left(\text{L}\cdot t\right)\right]=\frac{L-C}{t} \tag{18-1}$$

$$R\left[\text{mg }O_2/\left(\text{L}\cdot t\right)\right]=\frac{C-D}{t} \tag{18-2}$$

$$P_g\left[\text{mg }O_2/\left(\text{L}\cdot t\right)\right]=\frac{L-D}{t} \tag{18-3}$$

- 例如，从日出到正午时（或者从正午到日落时为止），将水样悬吊于现场时，1 天的净生产量为从上述数值的 2 倍数值中减去夜间呼吸量（根据每单位时间的呼吸量进行计算）后的数值。
- 单位时间呼吸量的 24 倍，则为 1 天的呼吸量。
- 累计各深度的生产量，则可以获得单位面积的初级生产量。
- 假定初级生产量为 gO_2/（m^2 · d）或者光合商为 1，则该值的 3/8 倍值可表示为 gC/（m^2 · d）。

注意事项

①采水深度，可以是相对照度为表面光照的 100%、50%、25%、10%、5%、1% 左右的深度。如果在现场没有测量水中照度时，可以根据透明度的深度进行推算。可以在透明度深度的 0.3 倍、0.6 倍、1 倍、1.3 倍以及 2 倍稍深的水层采样。

②为测定光合量而进行的所有操作，都应避开直射阳光，在比较阴暗的场所进行。尤其需要注意在船上进行操作时。

③黑瓶可以使用铝箔包裹。铝箔如果有孔或者损坏，则射入的光线会发生散射，所以请务必注意。

④与溶解氧有关的分析操作，请参阅溶解氧的相关测定项目。

⑤在现场的培养，应充分考虑浮游植物的生物量和太阳照度的变化，来设定悬吊培养的时间。在贫营养湖，因为光合量较低，所以可以使用容量较大的氧瓶。还可以从日出到日落为止，悬吊培养氧瓶进行测定，不过水样因封闭于瓶子内，其生物活性会发生变化。培养时间最好在 6 h 左右。在富营养湖，生产层上层的瓶子溶解氧有时可能处于过饱和状态。此时，从正午开始到日落时为止可以

分数次进行培养。另外，测定日湖泊的日出、日落和正午时间，可以参阅《理科年表》等资料。

⑥培养期间溶解氧的变化量较小时，可以改善注意事项⑤的同时，设法降低滴定用的硫代硫酸钠溶液的当量浓度等。

⑦为了测定光合量而使用的氧瓶，应使用充分清洗过的瓶子。上一次测定用过的溶解氧固定液即使有些微残留，都无法获得正确的数值。在普通清洗后，将氧瓶浸渍到 0.01～0.1 M 的盐酸中数日，进一步清洗，则可以提高清洗效果。

⑧由于光合量会因太阳照度的变化而发生巨大变化，所以数值会因测定日的天气状况而发生变化。因此，在此获得的初级生产量终究只是测定之日的数值。此外，上午和下午天气变化较大时，按上述计算方法获得的数值的误差会偏大。必须从日出到正午时，以及从正午到日落时为止，实施两次现场试验，计算其合计值。

⑨还可以使用稳定性同位素 ^{13}C 或放射性同位素 ^{14}C，测定光合量。在水样中，适量添加用同位素标识过的碳酸氢钠溶液，根据浮游植物细胞内吸收的同位素碳的量，测定光合量。^{14}C 法虽然测定敏感度较好，但是未经批准许可不得在现场使用。同位素法的具体操作步骤有专门的论著。

18.1.2　模拟现场法

操作

①事先制作培养容器，使过滤器的减光率为 100%、50%、25%、10%、5%、1% 左右（图 18-2）。

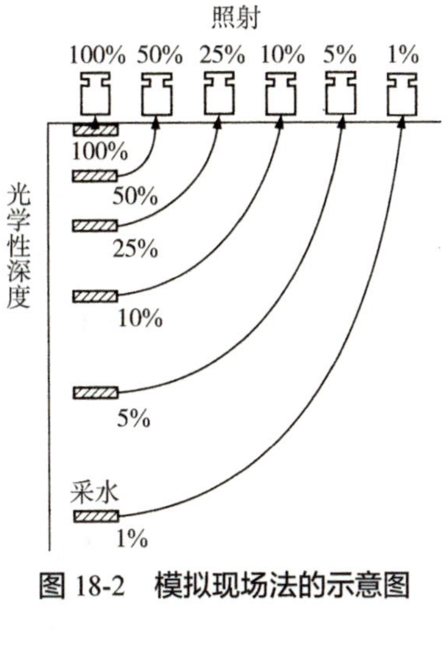

图 18-2　模拟现场法的示意图

②测定水中照度的垂直分布，从相当于上述相对照度的深度采样。

③将采集到的水样分别装入白瓶、黑瓶和对照瓶。白瓶在采集深度的相对照度（减光率）条件下进行培养。黑瓶几个汇总一起用黑布包裹，在培养容器的适当位置进行培养。并立即固定对照瓶的溶解氧。

④从日出到正午时或从正午到日落时为止，在太阳光的照射下，使用培养容器培养这些氧瓶。

⑤培养后，立即对各个氧瓶的溶解氧进行固定。

⑥使用 Winkler 法，测定白瓶、黑瓶和对照瓶内的溶解氧量。

注意事项

①浮游植物光合作用利用的波长为 400～700 nm，因此所使用的减光过滤器，应该使用在该范围内同等减光的过滤器。

②作为替代减光过滤器，可以准备几个下述塑料管，即在透明的塑料管上包裹白色塑料薄膜（选择适当减光的产品），并事先测好包裹卷数和减光率。

③水中照度的测量，请参阅水中照度的测定项目。

④一般来说，在船上或者实验室的水槽培养时测定的培养水温，常常与表面水温一样。培养容器的温度调节如果使用泵使表面水流动，则比较简单。

⑤使用模拟现场法获得的数值，是在假定生产层的水温垂直分布不发生变化的条件下获得的数值。

⑥其他的注意事项请参阅初级生产量测定方法中的现场法。

18.2 呼吸量和分解量

操作

①将从各个深度采集到的水样分别装入黑瓶和对照瓶内。

②立即固定对照瓶内的溶解氧。使用黑布包裹黑瓶，悬吊至水样采集深度。

③经过一定时间的培养后，立即对各个瓶中的溶解氧进行固定。

④使用 Winkler 法，测定黑瓶和对照瓶内的溶解氧量。

注意事项

①采水深度应充分考虑浮游生物生物量的垂直分布，在生产层稠密，在分解

层稀疏地进行设定。在生产层稠密地采集水样，是因为呼吸量的大部分是因浮游植物导致产生的。

②呼吸和分解量因为是在阴暗条件下进行测定，所以水温垂直分布变化较小的水层的水样，可以汇总几个悬吊。

③呼吸量与光合量相比一般都比较低。为了提高测定精度需要下功夫考虑如增大氧瓶的容量、用同一水样增加测定次数、在阴暗场所操作以免发生光合作用以及提升溶解氧的分析敏感度等。虽然也可以延长培养时间，但不能超过 1 d。

④呼吸和分解按一定时间（如每 1 h 或每 1 d）的单位容积或单位面积的形式，表示培养中减少的溶解氧量。

⑤其他的注意事项请参阅溶解氧的测定项目和初级生产量测定方法中的现场法。

第19章 粒子的沉降

19.1 沉降物的采集

19.1.1 捕集器

捕集在水中快速沉降的、尺寸大小和比重较大的粒子时，捕集装置的形状对捕集效率的影响并不大，不过，密度接近 1 的微小粒子，则不能忽略因湖水的水平和垂直流动导致的移动，捕集装置的形状即成为问题。

虽然人们设计了各种各样的捕集装置（圆筒形、漏斗形、细口形、碟形等），但捕集效率却不同，例如，漏斗形捕集装置的捕集率较低，倒漏斗形（细口瓶形）捕集装置的捕集效率则较高。相对于口径，具有其 3 倍以上深度的圆筒形捕集装置，捕集效率接近现场沉降物质粒子束的值。

19.1.2 沉淀物捕集器的设置深度

为了调查湖泊内生产的有机物质在沉降过程中的变化，常常需要在两层以上水层设置沉淀物捕集器（沉降粒子捕集装置）（图 19-1）。

为捕集初级生产物，需要在低于生产层的水层设置沉淀物捕集器。此外，因为在高于温跃层的水层有时也是混合层，所以此时需要在温跃层下部设置沉淀物捕集器。正因如此，应该在比生产层深度（补偿深度）和温跃层下部深度两者更深的下层设置沉淀物捕集器。此外，生产层的深度可以是透明度 2～2.5 倍的深度。在此处捕集的粒子是向湖底沉降的早期阶段（分解率较低的阶段）的沉降物。

还有一个设置深度是在湖底的正上方。沉淀物捕集器捕集到的粒子是在沉降过程中充分分解了的沉降粒子，是在即将沉降到湖底之前被捕集的。除了这两层，如有可能应该在其他几个层都设置沉淀物捕集器。

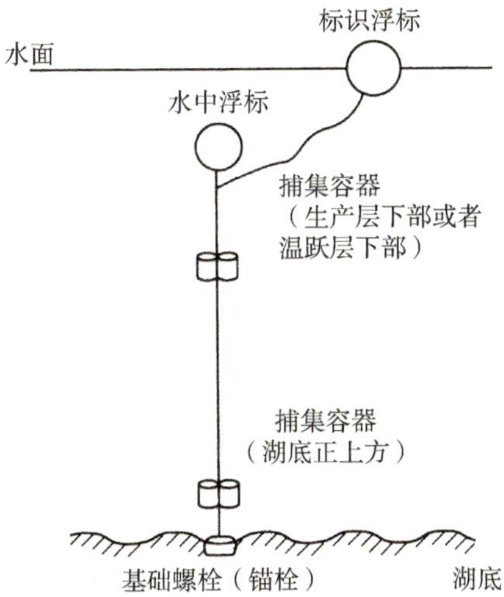

图 19-1　沉淀物捕集器

另外，在湖底安装固定锚时，湖底沉积物会被卷起，所以必须等浮起的沉积物沉落平息后再设置沉淀物捕集器。还有，当底层出现浊流时，需要在距离湖底 1 m 左右的位置设置沉淀物捕集器。

调查从河流流入的粒子时，应该根据河流水的水温和湖泊表层水或者深层水的水温，预测河水在湖泊中的移流深度，确定沉淀物捕集器的设置深度。

处于循环期的湖泊和较浅的湖泊，由于水的垂直混合，有时伴随湖底沉积物的卷起上扬，粒子也进行上下运动。因此，所捕集到的粒子与捕集深度无关，其意义较为复杂。

设置沉淀物捕集器时，最好使容器充满冷却的蒸馏水和过滤水后沉降到目标深度。不过，如果湖水存在垂直密度差，则容器内的水会和设置深度的水完全交换，所以，只要不是使用漏斗型容器和水交换率较小的细长捕集容器，可以忽略这种影响。

回收容器时，应该尽量静稳而迅速地进行操作，以防悬浮物质较多的生产层的水进入容器。设置深度的水温和生产层的水温之间的差异较小时，捕集到的粒子量较少时，设置深度较深回收需要花费时间时，生产层悬浮物质浓度较高时，或者像雨后进行观测在温跃层附近发现悬浮粒子的高密度层等时，应该在现场的设置深度，对沉淀物捕集器加盖后再进行回收。

19.1.3　沉降物的分解和捕食

沉淀物捕集器由于捕集到相当量的有机物，容器内细菌的活动非常活跃，沉降有机物随时间发生着分解。因此，应尽量缩短设置时间（在 1 天以内较好）。此外，以捕集到的有机物为饵料的小动物会侵入到容器内，有机物的被摄食以及小动物的排泄物，会扰乱样品的原有状态。例如在琵琶湖，由于钩虾侵入容器内，很难采集到良好的样品。为了防止发生此类现象，有时会事先在容器内加入氯化汞（Ⅱ）和百里酚等防腐剂，不过，根据粒子化学分析的测定项目，防腐剂有时会产生妨碍，所以需要注意。

19.2 沉降量和沉降物的化学成分

19.2.1 沉降量

操作

①拉升沉淀物捕集器后，应利用倾滤法，轻轻地清除容器内的部分上清液（湖水）。

②使用事先称量过的玻璃纤维滤纸，过滤部分采集到的样品（含有数毫克以上的沉降物），然后在 110℃条件下对滤纸和滤纸上的沉降物进行干燥，并在干燥器中进行冷却。

③反复进行该操作，直至变成恒量，然后进行称量。求取过滤前后滤纸的重量，计算回收到的沉积物的总重量。

计算

如果将沉积物粒子的量设定为 a mg，将沉淀物捕集器上端的面积设定为 Sm^2，将设置的时间设定为 d，则沉降量可以使用下式进行计算。

$$\text{沉降量 mg/(m}^2\cdot\text{d)} = \frac{a}{S \times d} \quad (19\text{-}1)$$

19.2.2 化学成分

使用从玻璃纤维滤纸上收集到的干燥沉降物，测定沉降物中的有机碳、氮、磷和烧失量。

此类化学分析的详细操作请参阅悬浮碳和悬浮氮、悬浮磷以及沉积物烧失量的测定项目。

第 20 章　湖底沉积物的释放

20.1　模拟现场法

从湖底采集柱状沉积物，在尽量保持与现场近似的条件下，在实验室测定柱状沉积物上覆水中营养盐浓度的变化。

湖底的柱状样品，使用柱状采泥器（图 17-2）进行采集。内径较小很难测定营养盐的变化时，可以在市售的 Ekman-Birge 采泥器（图 16-3）和无搅乱采泥器上安装塑料制圆筒管，即可采集到面积较大的柱状样品。

采集到的柱状样品，保持接近现场水温的状态，在阴暗场所测定如图 20-1 所示装置上覆水中的营养盐浓度的变化。由于通气而回归到水中的氨会发生挥发，可以使用 0.05 M 硫酸防止氨的逃逸，因此还需加上氨氮量的测定。释放速度使用单位时间和单位面积的量的形式进行表示。

20.2　浸剂法

是将采集到的湖底沉积物悬浮于去离子水中，测定溶出到水中的营养盐的方法。

在保持恒温和阴暗条件下，实施溶出营养盐试验。如有可能，可分别在好氧条件和厌氧条件（通氮气等）下，并在几种温度条件（现场泥温季节变化的范围）下实施试验。此外，还可以使用氯化钾溶液替代去离子水溶出营养液。

测定结果以所使用湖底沉积物每 1 g 湿润重量，单位时间的释放速度来表示。

该操作过程中，因为会释放吸附于湖底沉积物粒子上的营养盐和间隙水中的营养盐，所以比较适合用来估算从沉积物中释放的最大量（可释放量）。

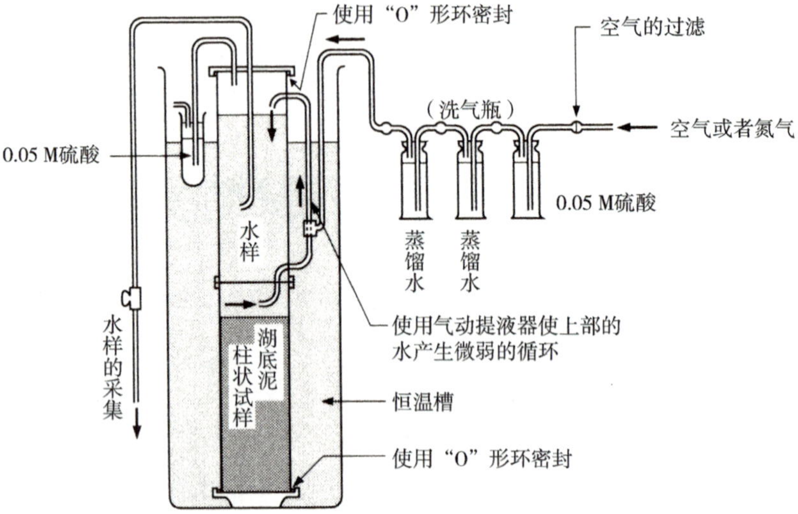

图 20-1　湖泊底泥的溶出试验装置事例

［依据福原晴夫、田中哲次郎（1979）］

附表

附表 1　主要元素的原子量表（2015 年）　相对原子质量：Ar（^{12}C）=12

元素名称	元素符号	原子编号	原子量	元素名称	元素符号	原子编号	原子量
锌	Zn	30	65.38（2）	钛	Ti	22	47.867（1）
氩	Ar	18	39.948（1）	氮	N	7	14.006 43～14.007 28
铝	Al	13	26.981 538 5（7）	铁	Fe	26	55.845（2）
硫磺	S	16	32.059～32.076	铜	Cu	29	63.546（3）
氯	Cl	17	35.446～35.457	钠	Na	11	22.989 769 28（2）
镉	Cd	48	112.414（4）	铅	Pb	82	207.2（1）
钾	K	19	39.098 3（1）	氖	Ne	10	20.179 7（6）
钙	Ca	20	40.078（4）	白金	Pt	78	195.084（9）
金	Au	79	196.966 569（5）	钒	V	23	50.941 5（1）
银	Ag	47	107.868 2（2）	钡	Ba	56	137.327（7）
铬	Cr	24	51.996 1（6）	砷	As	33	74.921 595（6）
硅	Si	14	28.084～28.086	氟	F	9	18.998 403 163（6）
钴	Co	27	58.933 194（4）	氦	He	2	4.002 602（2）
氧	O	8	15.999 03～15.999 77	铍	Be	4	9.012 183 1（5）
溴	Br	35	79.901～79.907	硼	B	5	10.806～10.821
水银	Hg	80	200.592（3）	镁	Mg	12	24.304～24.307
氢	H	1	1.007 84～1.008 11	锰	Mn	25	54.938 044（3）
锡	Sn	50	118.710（7）	钼	Mo	42	95.95（1）
锶	Sr	38	87.62（1）	碘	I	53	126.904 47（3）
硒	Se	34	78.971（8）	锂	Li	3	6.938～6.997
碳	C	6	12.009 6～12.011 6	磷	P	15	30.9737 619 98（5）

［摘自 日本化学会、原子量专门委员会（2015），有部分改动］

附表 2　重量和当量的换算表

	式量	mg → meq	mg ← meq		式量	mg → meq	mg ← meq
H^+	1.008	0.992 1	1.008	NO_2^-	46.005	0.021 73	46.01
Na^+	22.989	0.043 50	22.99	SO_4^{2-}	96.05	0.020 82	48.03
K^+	39.10	0.025 58	39.10	Fe^{2+}	55.847	0.035 82	27.92
Ca^{2+}	40.08	0.049 90	20.04	Fe^{3+}	55.847	0.053 73	18.61
Mg^{2+}	24.305	0.082 24	12.16	Mn^{2+}	54.938	0.036 41	27.46

	式量	mg → meq	mg ← meq		式量	mg → meq	mg ← meq
OH^-	17.007	0.058 79	17.01	NH_4^+	18.039	0.055 43	18.04
Cl^-	35.453	0.028 21	35.45	NO_2^-	46.005	0.021 74	46.01
HCO_3^-	61.017	0.016 39	61.02	NO_3^-	62.005	0.016 13	62.01
SiO_2	60.085	0.016 64	60.09	N	14.007	0.071 39	14.01
Si	28.086	0.035 60	28.09	Fe	55.847	0.017 91	55.85
NH_4^+	18.039	0.055 43	18.04	O_2	31.999	0.312 5	32.00

附表 3　各种指示剂的调制方法

指示剂	pH 范围	溶液的调制方法
百里酚蓝（酸性侧）（TB）	红色 1.2～2.8 黄色	在 0.10 g 中添加溶解 M/50 氢氧化钠溶液 10.75 mL，并使用去离子水制成 250 mL 溶液
溴酚蓝（BPB）	黄色 3.0～4.6 蓝紫色	在 0.10 g 中添加溶解 M/50 氢氧化钠溶液 7.45 mL，并使用去离子水制成 250 mL 溶液
溴甲酚绿（BCG）	黄色 3.8～5.4 蓝色	在 0.10 g 中添加溶解 M/50 氢氧化钠溶液 7.15 mL，并使用去离子水制成 250 mL 溶液
溴甲酚红紫（BCP）	黄色 5.2～6.8 蓝紫色	在 0.10 g 中添加溶解 M/50 氢氧化钠溶液 9.25 mL，并使用去离子水制成 250 mL 溶液
溴百里酚蓝（BTB）	黄色 6.0～7.6 蓝色	在 0.10 g 中添加溶解 M/50 氢氧化钠溶液 8.00 mL，并使用去离子水制成 250 mL 溶液
酚红（PR）	黄色 6.8～8.4 红色	在 0.10 g 中添加溶解 M/50 氢氧化钠溶液 14.20 mL，并使用去离子水制成 500 mL 溶液
甲酚红（CR）	黄色 7.2～8.8 红色	在 0.10 g 中添加溶解 M/50 氢氧化钠溶液 13.10 mL，并使用去离子水制成 250 mL 溶液
百里酚蓝（碱性侧）（TB）	黄色 8.0～9.6 蓝色	在 0.10 g 中添加溶解 M/50 氢氧化钠溶液 10.75 mL，并使用去离子水制成 250 mL 溶液

附表 4　市售酸、碱溶液的调制法

名称	化学式	调制法
盐酸	12 M（12N）HCl	使用浓盐酸（浓度 35%、密度 1.19 g/cm^3）（11.4M）
	6 M（6N）HCl	在水 100 mL 中添加浓盐酸 100 mL
	2 M（2N）HCl	在水 500 mL 中添加浓盐酸 100 mL

名称	化学式	调制法
硫酸	18 M（36N）H_2SO_4	使用浓硫酸（浓度 95%、密度 1.84 g/cm^3）（17.8M）
	9 M（18N）H_2SO_4	在水 100 mL 中添加浓硫酸 100 mL
	3 M（6N）H_2SO_4	在水 500 mL 中添加浓硫酸 100 mL
	1 M（2N）H_2SO_4	在水 1 700 mL 中添加浓硫酸 100 mL
硝酸	16 M（16N）HNO_3	使用浓硝酸（浓度 71%、密度 1.42 g/cm^3）（16.0M）
	6 M（6N）HNO_3	在水 170 mL 中添加浓硝酸 100 mL
	2 M（2N）HNO_3	在水 700 mL 中添加浓硝酸 100 mL
乙酸	17 M（17N）$HC_2H_3O_2$	使用冰乙酸（浓度 99%、密度 1.05 g/cm^3）（17.3M）
	6 M（6N）$HC_2H_3O_2$	在水 180 mL 中添加冰乙酸 100 mL
	2 M（2N）$HC_2H_3O_2$	在水 750 mL 中添加冰乙酸 100 mL
高氯酸	9 M（9N）$HClO_4$	使用高氯酸（浓度 60%、密度 1.54 g/cm^3）（9.2M）
	6 M（6N）$HClO_4$	在水 50 mL 中添加高氯酸 100 mL
	2 M（2N）$HClO_4$	在水 350 mL 中添加高氯酸 100 mL
氨水	15 M（15N）NH_4OH	使用浓氨水（浓度 28%、密度 0.90 g/cm^3）（14.8M）
	6 M（6N）NH_4OH	在水 150 mL 中添加浓氨水 100 mL
	2 M（2N）NH_4OH	在水 650 mL 中添加浓氨水 100 mL
氢氧化钠	6 M（6N）NaOH	在水中溶解氢氧化钠 240 g，制成 1 L
	2 M（2N）NaOH	在水中溶解氢氧化钠 80 g，制成 1 L
氢氧化钾	2 M（2N）KOH	在水中溶解氢氧化钾 112 g，制成 1 L

附表 5　样品的预处理和保存方法

	测定项目	试样的预处理和保存方法
一般项目	水温、pH、外观	在现场立即进行测定
	电导率	可以在常温条件下携带水样回试验室进行测定。不过还原性水样时，应该在现场立即进行测定
	蒸发残留物	在阴暗场所进行保存，尽快进行测定
	悬浮物质	尽快使用玻璃纤维滤纸（或者薄膜滤纸）进行过滤后干燥保存
无机成分	Na^+、K^+、Ca^{2+}、Mg^{2+}、SO_4^{2-}	在阴暗场所保存。含有悬浮物质时使用滤纸进行过滤
	Cl^{-1}	在阴暗场所保存。使用比色法进行测定时，使用薄膜滤纸滤除悬浮物质

	测定项目	试样的预处理和保存方法
无机成分	S^{2-}	采集水样时应注意不要接触到空气，并冷却携带回实验室立即进行测定
	Fe	测定铁（Ⅱ）时，准备好装有试剂的容器，在现场加入水样，注意不要接触到空气，然后携带回实验室测定吸光度
	Mn	测定锰（Ⅱ）时，采集水样时注意不要接触到空气，并冷却携带回实验室立即进行测定
	碱度	在阴暗场所保存。水样混浊时，使用定量滤纸进行过滤
溶存气体	溶解氧	在现场固定后，放入到装有水的容器中，在阴暗条件下携带回实验室。在1天内进行测定
	总碳	在容器内加入水样，注意容器内不能产生气泡。添加中性甲醛水后携带回实验室。尽快进行测定
营养盐	氨氮、亚硝态氮	立即使用玻璃纤维滤纸过滤后进行测定。不得不延迟测定时，应该冷冻保存滤液，解冻后尽快进行测定
	硝态氮、尿素、磷酸盐	立即使用玻璃纤维滤纸过滤后进行测定。不得不延迟测定时，应该冷冻保存滤液，解冻后尽快进行测定
	硅酸态硅	使用定量滤纸进行过滤后测定。应在约4℃（阴暗场所）条件下保存。不能进行冷冻保存
有机物	溶解有机碳、溶解有机氮、溶解有机磷	在现场立即使用玻璃纤维滤纸进行过滤，并进行冷冻保存
	悬浮有机碳、悬浮有机氮、悬浮有机磷、叶绿素	在现场立即使用玻璃纤维滤纸进行过滤，并加入简易干燥器进行冷冻保存
	BOD、COD	立即进行测定。不得不延迟测定时，应该在约4℃条件下保存，并尽快进行测定

附表6　度量衡换算表（SI单位和非SI单位）

1埃（Angstrom）（Å）	10^{-10} m	1公亩（a）	100 m^2
1微米（μm）	10^{-6} m	1公顷（hm^2）	10 000 m^2
1海里（n mile）	1 652 m	1英亩（ac）	4 067 Lm^2
1英寸（in）	2.540 cm	1加仑（米）（gal）	3.785 L
1英尺（ft）	30.48 cm	1升（oz）	1.804 L
1码（yd）	91.44 cm	1盎斯（oz）	28.35 g
1英里（mile）	1 609 m	1磅（lb）	453.6 g
1英寻	1.829 m		

附表 7 SI 单位的换算表

附表 7-1 SI 基本单位

量	名称	符号	量	名称	符号
长度	米	m	热力学温度	开氏（温度）	k
重量	千克	kg	光度	堪德拉	cd
时间	秒	s	物质的量	摩尔	mol
电流	安培	A			

附表 7-2 SI 基本单位换算表

量	SI 单位	重量单位（以往使用的单位）	重力单位→ SI 单位	SI 单位→重力单位
重量	kg	t（吨）	1 t=10^3 kg	1 kg=10^{-3} t
力	N（牛顿） [kg・m/s^2]	Kgf（重量千克） dyn（达因）	1 kgf=9.806 65 N 1 dyn=10^{-5} N	1 N=0.101 972 kgf 1 N=10^5 dyn
扭矩	N・m（牛顿米）	kgf・m	1 kgf・m=9.806 65 N・m	1 N・m=0.101 972 kgf・m
压力	Pa（帕斯卡） [N/m^2]	Kgf/cm^2 mmAq（mmH_2O） mmHg（Torr） bar（巴）	1 kgf/cm^2=9.806 65 × 10^4 Pa 1 mmAq=9.806 65 Pa 1 mmHg=133.322 Pa 1 bar=10^5 Pa	1 Pa=1.019 72 × 10^{-5} kgf/cm^2 1 Pa=0.101 972 mmAp 1 Pa=7.500 6 × 10^{-3}mmHg 1 Pa=10^{-5} bar
应力	Pa（帕斯卡） [N/m^2]	Kgf/mm^2	1 kgf/mm^2=9.806 65 × 10^6 Pa	1 Pa=1.019 72 × 10^{-7} kgf/mm^2
工作、热能、热量、热函、电量	J（焦耳） [N・m]	kcal kgf・m kW・h	1 kcal=4.186 05 kJ 1 kgf・m=9.806 65 J 1 kW・h=3.6 × 10^6 J	1 kJ=0.239 kcal 1 J=0.101 972 × kgf・m 1 J=（1/3.6）× 10^{-8}kW・h
热流量、动力、电力	W（瓦特） [J/s]	kcal/h kgf・m/s Ps（法制马力、米制马力）	1 kcal/h=1.163 W 1 kgf・m/s=9.806 65 W 1 PS=7.355 × 10^2W	1 W=0.859 8 kcal/h 1 W=0.101 972 kgf・m/s 1 W=1.359 6 × 10^{-3}PS
热流密度	W/m^2	kcal/h・m^2	1kcal/h・m^2=1.163W/m^2	1W/m^2=0.8598kcal/h・m^2
热容量	J/K	kcal/℃	1 kcal/℃ =4.186 05 kJ/K	1 kJ/k=0.239 kcal/℃
比热	J（kg・k）	kcal/kg・℃	1 kcal/kg・℃ =4.186 05 kJ/（kg・K）	1 kJ/（kg・K）=0.239 kcal/kg・℃

量	SI 单位	重量单位（以往使用的单位）	重力单位→ SI 单位	SI 单位→重力单位
比焓	J/kg	kcal/kg	1 kcal/kg=4.186 05 kJ/kg	1 kJ/kg=0.239 kcal/kg
热导率	W/（m・K）	kcal/（h・m・h・℃）	1 kcal/（m・h・℃）= 1.163W/（m・K）	1 W/（m・K）= 0.859 8 kcal/（m・h・℃）
输热系数 传热系数	W/（m^2・k）	kcal/（h・m^2・h・℃）	1 kcal/m^2・h・℃ = 1.163 W/（m^2・K）	1 W/（m^2・K）= 0.859 8 kcal/（m^2・h・℃）
温度	K（开氏温度）	℃（摄氏温度）	*T*［K］=*t*［℃］+273.15	*t*［℃］=*T*［K］-273.15

附表 8　湖沼图发行一览表（截至 2010 年 3 月）（国土地理院）

湖沼名称	基准水面 /m	都道府县	测量年度	图名
Kuccharo 湖（大沼）	0.0	北海道	1985 年	大沼
Kuccharo 湖（小沼）	0.0	北海道	1987 年	Poro 沼 / 小沼（*1）
Poro 沼［→ Kuccharo 湖（小沼）］	0.2	北海道	1987 年	（Poro 沼 / 小沼（*1））
Penke 沼	0.0	北海道	2005 年	Penke 沼、Penke 沼
Penke 沼（→ Penke 沼）	0.0	北海道	2005 年	Penke 沼、Penke 沼
佐吕间湖	0.0	北海道	1971—1974 年	登荣床等
能取湖	0.0	北海道	1977 年	能取湖北部、南取湖南部
纲走湖	0.0	北海道	1969—1970 年	纲走湖北部、纲走湖南部
小向湖	0.8	北海道	1978 年	小向湖
涛沸湖	0.6	北海道	1991 年	涛沸湖、藻琴湖
藻琴湖（→涛沸湖）	0.3	北海道	1991 年	（涛沸湖、藻琴湖）
风莲湖	0.0	北海道	1979 年、1981 年	风莲川河口等
温根沼	0.0	北海道	2009 年	温根湖
屈斜路湖	121.0	北海道	1970—1971 年	中岛等
厚岸湖	0.0	北海道	1975 年	厚岸湖、厚岸湖东岸
摩周湖	351.3	北海道	1986 年	摩周湖
阿寒湖	420.0	北海道	1978 年	阿寒湖
塘路湖	6.0	北海道	1992 年	塘路湖、达古武湖

湖沼名称	基准水面 /m	都道府县	测量年度	图名
达古武湖（→塘路湖）	3.8	北海道	1992 年	（塘路湖、达古武湖）
Shirarutoro 沼	8.1	北海道	2000 年	Shirarutoro 沼
火散布沼	0.0	北海道	2004 年	火散布沼
然别湖	804.5	北海道	2006 年	然别湖
支笏湖	248.0	北海道	1967—1968 年	奥潭等
洞爷湖	83.0	北海道	1968—1969 年	洞爷等
俱多乐湖	258.0	北海道	1978 年	俱多乐湖
Utorai 湖	2.1	北海道	1999 年	Utorai 湖
大沼驹岳麓	129.0	北海道	1983 年	大沼、小沼
小沼驹岳麓（→大沼驹岳麓）	129.0	北海道	1983 年	（大沼、小沼）
小川原湖	0.0	青森	1964 年	小川原湖 1 等
姐沼（→小川原湖）	0.0	青森	1964 年	（小川原湖 3）
十和田湖	400.0	青森、秋田	1963—1964 年	十和田湖 1、2
十三湖	0.0	青森	1980 年	十三湖 1、2
万石浦	0.0	宫城	2012 年	万石浦
伊豆沼	5.3	宫城	1997 年	伊豆沼、内沼
内沼（→伊豆沼）	5.3	宫城	1997 年	（伊豆沼、内沼）
井土浦	0.0	宫城	1983 年	井土浦、鸟之海
鸟之海（→井土浦）	0.0	宫城	1983 年	（井土浦、鸟之海）
八郎泻调整池	0.7	秋田	1988 年	八郎泻调整池西部 八郎泻调整池东部
田泽湖	249.0	秋田	1966 年	田泽湖
猪苗代湖	514.0	福岛	1966—1967 年	猪苗代湖 1 等
桧原湖	822.0	福岛	1967 年	桧原湖
秋元湖	736.0	福岛	1967 年、1991 年	小野川湖、秋元湖
小野川湖（→秋元湖）	797.0	福岛	1967 年、1991 年	（小野川湖、秋元湖）
霞浦湖	0.2	茨城	1958—1960 年、1988—1991 年	高滨入 1 等

湖沼名称	基准水面 /m	都道府县	测量年度	图名
北浦	0.2	茨城	1960 年、1996 年	鉾田等
外浪逆浦（→北浦）	0.2	茨城、千叶	1960 年、1996 年	（外浪逆浦）
牛久沼	2.9	茨城	1995 年	牛久沼
中禅寺湖	1269.0	栃木	1970 年	中禅寺湖
印旛沼（西印旛沼、北印旛沼）	1.5	千叶	1992 年、1993 年	西印旛沼、北印旛沼
芦之湖	724.5	神奈川	1971 年	芦之湖
河北潟	0.3	石川	1989 年	河北泻
柴山潟	0.5	石川	2008 年	柴山泻
木场潟	0.5	石川	2008 年	木场泻
北泻湖	0.3（上游侧）/0.4（下游侧）	石川、福井	2007 年	北泻湖
水月湖	0.0	福井	1980 年	三方五湖
三方湖（→水月湖）	0.0	福井	1980 年	（三方五湖）
久久子湖（→水月湖）	0.0	福井	1980 年	（三方五湖）
日向湖（→水月湖）	0.0	福井	1980 年	（三方五湖）
菅湖（→水月湖）	0.0	福井	1980 年	（三方五湖）
山中湖	980.5	山梨	1963 年	山中湖
河口湖	830.5	山梨	1963 年	河口湖
本栖湖	900.0	山梨	1964 年	本栖湖
西湖	900.0	山梨	1964 年	西湖、精进湖
精进湖（→西湖）	900.0	山梨	1964 年	（西湖、精进湖）
诹访湖	759.0	长野	1965 年	诹访湖
野尻湖	656.8	长野	1998 年	野尻湖
滨名湖	0.0	静冈	1965—1966 年	滨名湖 1 等

湖沼名称	基准水面 /m	都道府县	测量年度	图名
猪鼻湖（→滨名湖）	0.0	静冈	1965—1966 年	（滨名湖 1）
琵琶湖	84.6	滋贺	1955—1962 年、1968—1969 年、1973 年、1976 年	海津等
余吴湖（→琵琶湖）	132.0	滋贺	1961 年	（盐津湾 2）
久美滨湾	0.0	京都	1984 年	久美滨湾
阿苏海	0.0	京都	1984 年	阿苏海
湖山池	0.0	鸟取	1982 年	湖山池
东乡池	0.0	鸟取	1982 年	东乡池
中海	0.0	鸟取、岛根	1962—1963 年	大岛根等
宍道湖	0.0	岛根	1962—1963 年	宍道等
池田湖	66.0	鹿儿岛	1972 年	池田湖、鳗池
鳗池（→池田湖）	122.0	鹿儿岛	1972 年	（池田湖、鳗池）

注：1. 基准水面依据国土地理院的湖沼调查。

2. 带“( )”的图名，表示与其他湖沼的汇集图。

*1 Poro 沼 / 小沼的图并非指“Poro 沼 / 小沼”的图，而是指“Poro 沼”的图和“小沼”的图绘制于同一页图纸上。

附表 9　日本的湖沼一览表

湖沼名称	都道府县（北海道支厅）	淡水和半咸水	成因	湖沼型	面积 / km^2	最大水深 / m	平均水深 / m	容积 / 10^6 m^3	湖岸线延长 / km	湖面标高 / m
琵琶湖	滋贺	淡	构造	中	674.0	103.6	41.2	27 770	241.2	86
霞浦湖	茨城	淡	海迹	富	168.2	7.0	3.4	572	119.5	0
佐吕间湖	（网走）	半咸	海迹	富	150.3	20.0	8.7	1 301	86.7	0
猪苗代湖	福岛	淡	其他	酸	104.8	94.6	51.5	5 400	50.4	514
中海	岛根	半咸	海迹	富	86.8	8.4	5.4	469	104.6	0
屈斜路湖	（钏路）	淡	破火山口	酸	79.5	117.0	28.4	2 260	56.8	121
宍道湖	岛根	半咸	海迹	富	79.2	6.4	4.5	356	47.3	0
支笏湖	（石狩）	淡	破火山口	贫	78.8	363.0	265.4	20 900	40.4	250

湖沼名称	都道府县（北海道支厅）	淡水和半咸水	成因	湖沼型	面积 / km^2	最大水深 / m	平均水深 / m	容积 / 10^6 m^3	湖岸线延长 / km	湖面标高 / m
洞爷湖	（胆振）	淡	破火山口	贫	70.4	180.0	117.0	8 240	49.9	84
滨名湖	静冈	半咸	海迹	中	65.0	16.6	4.8	312	113.8	0
小川原湖	青森	半咸	海迹	中	62.7	24.0	10.5	658	47.2	0
十和田湖	青森	淡	破火山口	贫	61.1	327.0	71.0	4 336	46.0	400
能取湖	（网走）	半咸	海迹	富	58.5	21.2	8.6	503	33.3	1
风莲湖	（根室）	半咸	海迹	贫	57.5	11.0	1.0	58	93.5	1
北浦	茨城	淡	海迹	富	34.4	10.0	4.5	155	63.5	0
网走湖	（网走）	半咸	海迹	富	32.9	16.8	6.1	201	39.2	0
厚岸湖	（钏路）	淡	海迹	中	31.8	7.0	1.5	48	24.8	0
八郎潟	秋田	淡	海迹	富	27.6	12.0	2.7	75	34.6	0
摩周湖	（钏路）	淡	破火山口	贫	19.1	211.5	137.5	2 630	19.8	355
十三湖	青森	半咸	海迹	中	18.1	3.0	—	—	28.4	0
Kuccharo 湖	（宗谷）	半咸	海迹	富	14.0	2.5	1.0	14	30.1	0
诹访湖	长野	淡	断层	富	13.3	6.5	4.4	59	17.0	759
阿寒湖	（钏路）	淡	破火山口	富	13.0	44.8	17.8	231	25.9	420
中禅寺湖	枥木	淡	堰塞	贫	11.6	163.6	94.6	1 010	22.4	1 263
印旛沼	千叶	淡	堰塞	富	11.6	2.5	1.7	20	43.5	1
池田湖	鹿儿岛	淡	破火山口	中	10.9	233.0	125.5	1 370	15.0	66
桧原湖	福岛	淡	堰塞	中	10.8	31.0	12.0	130	38.0	819
涸沼	茨城	半咸	海迹	富	9.4	3.0	2.1	20	1.0	0
涛沸湖	（网走）	半感	海迹	富	9.0	2.5	1.1	9.9	27.3	1
久美滨湾	京都	半咸	海迹	中	7.3	20.0	—	—	23.0	0
湖山池	鸟取	半咸	海迹	富	7.0	6.3	2.8	20	17.5	0
芦之湖	神奈川	淡	堰塞	富	6.9	43.5	25.0	172	19.2	724
山中湖	山梨	淡	堰塞	中	6.8	13.3	9.4	64	14.1	982
手贺沼	千叶	淡	堰塞	富	6.5	3.8	0.9	5.9	36.5	3
塘路湖	（钏路）	淡	海迹	富	6.4	7.0	3.1	20	17.9	8
松川浦	福岛	半咸	其他	富	6.3	5.5	—	—	22.6	0
外浪逆浦	茨城	半咸	海迹	富	6.0	8.9	—	—	11.8	0
河口湖	山梨	淡	堰塞	富	5.7	14.6	9.3	53	18.4	832

湖沼名称	都道府县（北海道支厅）	淡水和半咸水	成因	湖沼型	面积 / km^2	最大水深 / m	平均水深 / m	容积 / $10^6\ m^3$	湖岸线延长 / km	湖面标高 / m
鹰架沼	青森	淡	海迹	富	5.6	7.0	2.7	15	21.7	0
大沼	（后志）	淡	堰塞	富	5.5	13.6	5.9	32	20.9	129
猪鼻湖	静冈	半咸	海迹	中	5.4	7.0	4.6	25	14.3	0
阿苏海	京都	半咸	海迹	中	5.0	14.0	8.4	42	16.4	0
加茂湖	新潟	半咸	海迹	富	4.9	9.0	5.2	26	17.1	0
声问大沼	（宗谷）	半咸	海迹	腐殖	4.9	2.2	1.6	7.8	10.0	1
本栖湖	山梨	淡	堰塞	贫	4.7	121.6	67.9	319	11.3	901
俱多乐湖	（胆振）	淡	破火山口	贫	4.7	148.0	105.1	494	7.8	258
水月湖	福井	半咸	其他	富	4.2	34.0	19.7	82	10.8	0
河北潟	石川	半咸	海迹	富	4.1	6.5	2.0	8.3	24.8	0
小沼	（后志）	淡	堰塞	富	4.1	5.0	2.1	8.6	14.8	155
东乡池	鸟取	半咸	海迹	富	4.1	4.6	2.1	8.5	12.7	0
秋元湖	福岛	淡	堰塞	中	3.9	33.2	12.8	50	19.9	725
野尻湖	长野	淡	其他	贫	3.9	37.5	20.8	81	14.3	654
万石浦	宫城	半咸	海迹	富	3.7	5.3	—	—	22.2	0
火散布湖	（钏路）	半咸	海迹	腐殖	3.6		0.9	3.2	16.5	1
三方湖	福井	淡	其他	富	3.6	5.8	1.3	4.6	9.6	0
尾駮沼	青森	半咸	海迹	中	3.5	4.7	2.1	7.4	13.0	0
Panke 沼	（留萌）	半咸	海迹	腐殖	3.5	3.6	1.0	3.5	7.5	3
然别湖	（十胜）	淡	堰塞	贫	3.4	99.0	58.1	200	13.8	810
牛久沼	茨城	淡	其他	富	3.4	2.8	—	—	16.0	1
长沼	宫城	淡	堰塞	富	3.2	3.0	1.5	4.8	11.8	8
沼泽沼	福岛	淡	破火山口	贫	3.0		60.4	180	7.5	474
Panke 湖	（钏路）	淡	堰塞	贫	2.8	54.0	23.9	68	12.4	450
宇曾利山湖	青森	淡	破火山口	酸	2.7	23.5	—	—	7.1	209
Utonai 沼	（胆振）	淡	海迹	中	2.3	0.8	0.6	1.4	9.5	3
西湖	山梨	淡	堰塞	贫	2.1	73.2	38.5	82	9.6	902

湖沼名称	都道府县（北海道支厅）	淡水和半咸水	成因	湖沼型	面积 / km^2	最大水深 / m	平均水深 / m	容积 / 10^6 m^3	湖岸线延长 / km	湖面标高 / m
青木湖	长野	淡	堰塞	贫	1.9	58.0	29.0	54	6.5	822
尾濑沼	群马	淡	堰塞	中	1.8	9.5	4.1	7.6	9.0	1 665
柴山潟	石川	淡	海迹	富	1.8	4.9	2.2	3.9	6.3	2
余吴湖	滋贺	淡	构造	富	1.7	13.0	7.4	13	5.7	132
田面木沼	青森	淡	堰塞	富	1.6	8.0	3.8	6.0	8.3	0
久久子湖	福井	淡	其他	富	1.4	2.5	1.8	2.5	7.1	0
木崎湖	长野	淡	堰塞	中	1.4	29.5	17.9	25	7.0	764
小野川湖	福岛	淡	堰塞	中	1.4	21.0	—	—	9.8	794
鳗池	鹿儿岛	淡	火山	中	1.2	56.5	34.8	42	4.2	120
神西湖	岛根	半咸	堰塞	富	1.2	10.0	4.0	4.6	5.5	0
榛名湖	群马	淡	火山	中	1.2	14.0	8.1	9.3	4.6	1 084
藻琴湖	（纲走）	半咸	海迹	腐殖	1.1	5.8	1.8	2.0	5.6	1
木场潟	石川	淡	海迹	富	1.1	6.3	1.6	1.7	6.1	1
左京沼	青森	淡	堰塞	富	1.0	6.3	4.0	4.0	1.9	9
Chimikeppu湖	（纲走）	淡	堰塞	富	0.96	22.0	12.2	12	7.4	290
内沼	青森	淡	海迹	腐殖	0.94	5.6	2.4	2.3	8.4	0
日向湖	福井	半咸	海迹	贫	0.92	38.5	14.3	13	4.0	0
菅湖	福井	半咸	其他	富	0.91	13.0	—	—	4.2	0
大沼（赤城）	群马	淡	火山	中	0.88	16.5	9.1	8.0	4.4	1 345
多多良湖	群马	淡	堰塞	富	0.83	7.4	—	—	5.8	22
菅沼	群马	淡	堰塞	贫	0.77	75.0	38.1	29	6.5	1731
蓴菜沼	（后志）	淡	堰塞	富	0.73	5.4	4.5	3.3	5.9	155
御池	宫崎	淡	火山	贫	0.72	93.5	57.7	42	3.9	305
邑知潟	石川	淡	海迹	富	0.69	8.0	4.0	2.8	7.5	1
油渊	爱知	半咸	不明	富	0.64	4.3	3.1	20	6.3	-1
兰牟田池	鹿儿岛	半咸	火山	腐殖	0.63	2.7	0.8	0.5	3.0	296

湖沼名称	都道府县（北海道支厅）	淡水和半咸水	成因	湖沼型	面积 / km^2	最大水深 / m	平均水深 / m	容积 / 10^6 m^3	湖岸线延长 / km	湖面标高 / m
内海	鹿儿岛	半咸	海迹	富	0.60	8.0	7.0	4.2	4.4	0
城沼	群马	淡	堰塞	富	0.58	1.6	0.8	0.5	5.4	17
精进湖	山梨	淡	堰塞	富	0.51	15.2	7.0	3.6	6.4	901
海鼠池	鹿儿岛	半咸	海迹	中	0.50	26.4	9.3	4.7	6.5	0
白石湖	三重	半咸	海迹	富	0.50	9.8	—	—	3.8	0
久种湖	（宗谷）	淡	海迹	富	0.49	5.2	3.5	1.7	3.0	5
雄国沼	福岛	淡	破火山口	腐殖	0.48	8.0	—	—	4.0	1 089
丸沼	群马	淡	堰塞	中	0.45	47.0	31.1	14	3.5	1 428
Ryaushi 湖	（纲走）	淡	海迹	富	0.42	4.9	2.5	1.1	2.5	5
长节湖	（根室）	淡	海迹	富	0.41	7.1	2.6	1.1	4.0	5
大鸟池	山形	淡	堰塞	贫	0.41	68.0	30.1	12	3.2	966
Okotanpe 湖	（石狩）	淡	堰塞	贫	0.40	7.0	4.4	1.8	3.8	599
春采湖	（钏路）	淡	海迹	富	0.37	9.0	3.4	1.3	4.2	5
离湖	京都	淡	海迹	富	0.36	6.8	3.3	1.2	3.6	5
曾原湖	福岛	淡	堰塞	中	0.35	12.0	5.1	1.8	3.5	830
大池	新潟	淡	堰塞	富	0.34	6.8	5.0	1.7	4.8	25
汤之湖	栃木	淡	堰塞	中	0.32	12.5	5.2	1.7	3.0	1 475
Poroto 湖	（胆振）	淡	海迹	贫	0.32	8.6	8.0	2.6	2.8	8
大池	冲绳	半咸	其他	富	0.31	1.3	0.7	0.2	5.5	1
茨散沼	（根室）	淡	其他	腐殖	0.30	10.0	5.0	1.5	3.2	7
Penke 湖	（钏路）	淡	堰塞	贫	0.30	39.4	14.0	4.2	3.9	520
大浪池	鹿儿岛	淡	火山	贫	0.25	11.6	8.0	2.0	1.9	1 241
一之目潟	秋田	淡	火山	中	0.25	43.0	17.9	4.5	2.0	87
一碧湖	静冈	淡	堰塞	中	0.23	7.0	2.2	0.5	3.7	185
Onnetoo 湖 / 沼	（钏路）	淡	堰塞	酸	0.23	9.8	2.8	0.6	2.5	623
大沼池	长野	淡	堰塞	酸	0.23	26.2	13.0	3.0	2.6	1 694
大沼	青森	淡	堰塞	贫	0.21	5.8	—	—	3.7	7

湖沼名称	都道府县（北海道支厅）	淡水和半咸水	成因	湖沼型	面积 / km^2	最大水深 / m	平均水深 / m	容积 / 10^6 m^3	湖岸线延长 / km	湖面标高 / m
畑田大沼	山形	淡	堰塞	贫	0.20	7.8	3.9	0.8	2.9	560
Kamuito 沼	（宗谷）	淡	海迹	腐殖	0.19	5.2	3.5	0.7	2.3	5
北龙湖	长野	淡	火山	中	0.19	8.0	4.6	0.9	2.0	500
大尻沼	群马	淡	堰塞	中	0.19	25.0	13.2	2.5	2.6	1 406
海老池	德岛	半咸	海迹	富	0.18	5.5	2.0	0.4	3.3	0
鍬崎池	鹿儿岛	半咸	海迹	富	0.18	5.9	3.3	0.6	1.9	0
多鲶池	鸟取	淡	堰塞	中	0.18	14.0	7.0	1.3	3.1	16
六观音御池	宫崎	淡	火山	酸	0.17	4.7	9.4	1.6	1.5	1 198
琵琶池	长野	淡	堰塞	富	0.17	27.9	9.5	1.6	2.3	1 388
西之湖	枥木	淡	堰塞	贫	0.17	17.1	—	—	1.8	1 035
近腾沼	群马	淡	堰塞	富	0.17	12.0	—	—	2.7	17
沼池	长野	淡	其他	中	0.16	5.8	2.9	0.5	2.3	875
桁仓沼	秋田	淡	不明	腐殖	0.16	8.1	4.4	0.7	2.3	548
贝池	鹿儿岛	半咸	海迹	富	0.16	11.6	5.0	0.8	2.7	0
小池	新潟	淡	堰塞	富	0.16	7.0	5.0	0.8	3.7	3
长峰之池	新潟	淡	其他	富	0.15	5.9	2.9	0.4	2.1	8
昆沙门沼	福岛	淡	其他	酸	0.15	13.0	3.3	0.5	2.8	770
大平沼	福岛	淡	堰塞	中	0.15	35.5	13.3	2.0	2.5	458
柴山沼	埼玉	淡	不明	富	0.15	4.8	—	—	2.1	10
中纲湖	长野	淡	堰塞	中	0.14	12.0	5.7	0.8	1.5	812
播龙湖	岛根	淡	堰塞	中	0.13	9.0	5.0	0.7	5.7	17
川原大池	长崎	淡	海迹	富	0.13	9.0	5.4	0.7	2.1	2
荒沼	山形	淡	堰塞	贫	0.3	9.5	5.5	0.7	1.7	680
三之目潟	秋田	淡	火山	贫	0.13	31.0	15.4	2.0	1.3	45
住吉池	鹿儿岛	淡	火山	富	0.13	31.5	23.1	3.0	1.4	38
蛇池	岛根	淡	堰塞	中	0.13	10.0	—	—	2.3	10
松原湖（猪名湖）	长野	淡	堰塞	中	0.12	7.7	5.0	0.6	2.0	1 123

湖沼名称	都道府县（北海道支厅）	淡水和半咸水	成因	湖沼型	面积 / km^2	最大水深 / m	平均水深 / m	容积 / 10^6 m^3	湖岸线延长 / km	湖面标高 / m
玉虫沼	山形	淡	堰塞	中	0.12	9.0	5.5	0.7	1.7	450
硫磺沼	（十胜）	淡	堰塞	贫	0.12	5.0	—	—	1.5	1 325
潟沼	宫城	淡	火山	酸	0.11	16.2	3.0	0.3	1.2	308
Syunkusitakara 湖	（钏路）	淡	不明	中	0.11	27.0	9.0	1.0	1.8	445
武周池	福井	淡	堰塞	贫	0.11	21.0	—	—	9.7	270
大正池	长野	淡	堰塞	贫	0.10	3.4	1.6	0.2	2.3	1 490
中原池（萨摩湖）	鹿儿岛	淡	海迹	富	0.10	11.0	6.5	0.7	1.8	25
沼山大沼	山形	淡	堰塞	中	0.10	31.7	11.4	1.1	2.0	410
坊池	新潟	淡	堰塞	贫	0.10	33.1	15.0	1.5	1.4	460
大幡池	宫崎	淡	火山	贫	0.10	13.8	—	—	1.5	1 250
羽龙沼	山形	淡	堰塞	贫	0.09	6.0	2.0	0.2	1.6	650
风吹大池	长野	淡	火山	贫	0.09	5.5	2.0	0.2	1.5	1 778
大池	青森	淡	堰塞	中	0.09	27.3	12.2	1.1	1.5	232
御斧（藏王）	宫城	淡	火山	酸	0.09	27.1	15.0	1.4	1.1	1 570
女沼	福岛	淡	堰塞	富	0.08	8.7	2.0	0.2	1.2	530
Iwaonupuri 大沼	（后志）	淡	火山	贫	0.08	15.0	5.0	0.4	1.2	842
二之目潟	秋田	淡	火山	中	0.08	10.5	5.0	0.4	1.1	40
大路池	东京	淡	火山	富	0.08	9.3	6.3	0.5	1.3	3
田蝶沼	秋田	淡	不明	贫	0.07	20.7	1.1	0.1	1.1	545
Iwaonupuri 长沼	（后志）	淡	破火山口	贫	0.07	5.3	1.7	0.1	1.5	780
苔沼	山形	淡	堰塞	富	0.07	5.5	3.9	0.3	1.4	640
橘湖	（胆振）	淡	火山	贫	0.07	13.8	6.0	0.4	1.2	400
柳久保池	长野	淡	堰塞	中	0.07	38.0	19.2	1.3	2.2	630
长沼	青森	淡	堰塞	贫	0.07	8.4	—	—	2.4	18
圣湖	长野	淡	堰塞	中	0.06	8.0	1.7	0.1	1.1	950
北光沼	（空知）	淡	河迹	富	0.06	5.5	1.9	0.1	1.5	19

湖沼名称	都道府县（北海道支厅）	淡水和半咸水	成因	湖沼型	面积 / km^2	最大水深 / m	平均水深 / m	容积 / 10^6 m^3	湖岸线延长 / km	湖面标高 / m
高须贺沼	埼玉	淡	其他	富	0.06	9.6	3.6	0.2	0.7	16
锅越沼	山形	淡	堰塞	中	0.06	19.2	6.4	0.4	1.7	440
白马大池	长野	淡	堰塞	贫	0.06	13.5	6.7	0.4	1.4	2 379
八幡沼	岩手	淡	火山	贫	0.06	22.4	7.0	0.4	1.3	1 560
半田沼	福岛	淡	堰塞	中	0.06	23.2	8.3	0.5	1.3	419
刈入湖	栃木	淡	堰塞	贫	0.06	15.2	10.0	0.6	1.1	1 610
茑沼	青森	淡	堰塞	贫	0.06	15.7	10.4	0.6	1.1	475
汤斧	群马	淡	火山	酸	0.06	35.0	12.5	0.8	0.9	2 033
赤沼	青森	淡	堰塞	贫	0.06	18.2	—	—	1.1	685
四尾连湖	山梨	淡	破火山口	中	0.06	9.5	—	—	1.0	880
五色沼	栃木	淡	火山	贫	0.05	5.2	2.2	0.1	1.0	2 175
奥池	兵库	淡	其他	中	0.05	7.0	3.0	0.2	0.9	499
古池	长野	淡	其他	贫	0.05	7.0	3.6	0.2	1.0	1 191
无行沼	福岛	淡	不明	富	0.05	17.5	8.0	0.4	1.0	430
王池	青森	淡	堰塞	中	0.05	24.0	10.7	0.5	1.4	185
板户沼	秋田	淡	火山	贫	0.05	21.0	11.1	0.6	1.1	450
大沼	岩石	淡	火山	贫	0.05	19.0	—	—	1.0	640
小池	宫崎	淡	火山	贫	0.05	12.3	—	—	1.1	430
男沼	福岛	淡	堰塞	中	0.05	9.8	—	—	1.2	650
治卫门池	群马	淡	火山	中	0.05	5.1	—	—	0.7	1 690
知床五湖	（网走）	淡	堰塞	贫	0.01～0.05	3.0～4.0	—	—	0.3～1.1	290
井之头池	东京	淡	其他	富	0.04	1.3	0.7	0.03	2.1	50
白紫池	宫崎	淡	火山	酸	0.04	2.0	1.5	0.1	0.9	1 272
权现池	岐阜	淡	火山	贫	0.04	3.7	2.5	0.1	1.3	2 810
玉木沼	山形	淡	堰塞	贫	0.04	6.9	4.2	0.2	0.8	500
Kokkuri	（后志）	淡	其他	贫	0.04	8.0	4.7	0.2	0.9	570
鸡头场之池	青森	淡	堰塞	中	0.04	21.3	10.6	0.4	1.1	235
越口之池	青森	淡	堰塞	中	0.04	23.3	14.0	0.6	0.8	195

湖沼名称	都道府县（北海道支厅）	淡水和半咸水	成因	湖沼型	面积 / km^2	最大水深 / m	平均水深 / m	容积 / 10^6 m^3	湖岸线延长 / km	湖面标高 / m
横沼	青森	淡	堰塞	腐殖	0.04	15.5	—	—	0.7	1 114
平仓沼	岩手	淡	堰塞	贫	0.04	8.7	—	—	0.9	770
小沼	群马	淡	火山	贫	0.04	7.0	—	—	1.1	1 450
细沼	秋田	淡	火山	富	0.03	5.2	2.3	0.1	0.7	320
弥六沼	福岛	淡	其他	富	0.03	8.5	2.7	0.1	1.0	830
半月湖	（后志）	淡	火山	贫	0.03	18.2	4.4	0.1	1.0	260
茶屋池	长野	淡	堰塞	贫	0.03	8.2	4.5	0.1	1.0	1 075
丸池	长野	淡	堰塞	富	0.03	15.4	4.8	0.1	0.6	1 422
桂池	长野	淡	堰塞	中	0.03	9.0	5.5	0.2	0.9	745
贝沼	秋田	淡	不明	富	0.03	13.5	5.6	0.2	1.7	305
高浪池	新潟	淡	堰塞	中	0.03	12.9	5.8	0.2	0.7	535
金山之池	青森	淡	堰塞	中	0.03	15.5	6.1	0.2	0.9	235
五色沼	福岛	淡	火山	酸	0.03	8.0	6.1	0.2	0.7	1 570
镰池	长野	淡	堰塞	贫	0.03	18.0	7.7	0.2	0.8	1 160
丝畑之池	青森	淡	堰塞	中	0.03	17.0	7.7	0.2	1.1	245
面子板之池	青森	淡	堰塞	贫	0.03	15.5	7.7	0.2	0.8	245
Mikuriga 池	富山	淡	火山	贫	0.03	15.3	8.8	0.3	0.6	2 404
镜池	鹿儿岛	半咸	火山	富	0.03	13.5	9.3	0.3	0.6	40
丰似湖	（日高）	淡	堰塞	贫	0.03	18.6	10.0	0.3	1.0	260
船形长沼	宫城	淡	堰塞	贫	0.03	13.5	—	—	1.3	525
太郎湖	（钏路）	淡	不明	富	0.03	8.7	—	—	0.9	420
弁天沼	福岛	淡	其他	酸	0.03	7.9	—	—	1.0	810
长沼	秋田	淡	不明	贫	0.03	5.5	—	—	0.8	1 109
洗足池	东京	淡	其他	富	0.03	2.0	—	—	1.1	20
二之池	长野	淡	火山	酸	0.02	2.4	1.0	0.02	0.6	2 905
镜池	新潟	淡	堰塞	中	0.02	6.1	1.8	0.04	0.8	242
木户池	长野	淡	堰塞	中	0.02	6.0	2.0	0.04	0.5	1 630
御苗代湖	岩手	淡	火山	贫	0.02	10.3	2.7	0.1	0.8	1 430
雌池	长野	淡	堰塞	贫	0.02	5.1	2.7	0.1	0.5	2 050
盃沼	山形	淡	堰塞	中	0.02	5.0	2.8	0.1	0.8	861

湖沼名称	都道府县（北海道支厅）	淡水和半咸水	成因	湖沼型	面积 / km^2	最大水深 / m	平均水深 / m	容积 / $10^6\ m^3$	湖岸线延长 / km	湖面标高 / m
大池	新潟	淡	堰塞	中	0.02	13.0	3.3	0.1	0.6	475
今神御池	山形	淡	堰塞	贫	0.02	7.3	3.3	0.1	0.6	400
震生湖	神奈川	淡	堰塞	富	0.02	10.0	3.8	0.1	0.9	150
雄池	长野	淡	堰塞	贫	0.02	7.7	3.8	0.1	0.6	2 050
御滨池	山形	淡	堰塞	贫	0.02	9.1	3.9	0.1	0.6	1 020
浊池	青森	淡	堰塞	中	0.02	5.6	4.0	0.1	0.6	233
不动池	宫崎	淡	火山	酸	0.02	9.0	4.7	0.1	0.7	1 228
深见池	长野	淡	其他	富	0.02	9.3	5.0	0.1	0.7	484
三之池	长野	淡	火山	贫	0.02	13.1	5.6	0.1	0.7	2 720
雨生池	新潟	淡	堰塞	中	0.02	19.7	6.6	0.1	0.8	555
涌池	长野	淡	堰塞	富	0.02	10.8	6.7	0.1	0.7	565
切入湖	栃木	淡	堰塞	贫	0.02	16.0	8.3	0.2	0.5	1 610
落口之池	青森	淡	堰塞	中	0.02	20.3	10.0	0.2	0.7	195
大汤沼	（胆振）	淡	火山	酸	0.02	28.0	15.0	0.3	0.8	250
瑠璃沼	福岛	淡	其他	酸	0.02	11.0	—	—	0.7	820
鞍挂沼	岩手	淡	堰塞	中	0.02	9.0	—	—	0.5	530
蓴菜沼	（钏路）	淡	不明	腐殖	0.02	5.5	—	—	0.5	390
深泥池	京都	淡	堰塞	腐殖	0.02	3.5	—	—	1.6	80
八丁池	静冈	淡	火山	腐殖	0.02	2.5	—	—	0.6	1 170
龟池	岐阜	淡	火山	贫	0.01	3.5	1.6	0.02	0.4	2 660
长沼	山形	淡	堰塞	中	0.01	5.1	2.0	0.02	0.6	231
川上青沼	福岛	淡	堰塞	富	0.01	5.9	2.4	0.02	0.4	730
中古池	长野	淡	堰塞	中	0.01	5.0	2.8	0.03	0.5	740
多枝原潟	富山	淡	火山	中	0.01	7.3	3.2	0.03	0.6	1 445
龙沼	福岛	淡	其他	中	0.01	10.5	3.7	0.04	0.6	790
刈入池	富山	淡	火山	腐殖	0.01	10.5	3.7	0.04	10.4	1 575
八景之池	青森	淡	堰塞	中	0.01	12.8	4.2	0.04	0.5	138

湖沼名称	都道府县（北海道支厅）	淡水和半咸水	成因	湖沼型	面积 / km^2	最大水深 / m	平均水深 / m	容积 / $10^6\ m^3$	湖岸线延长 / km	湖面标高 / m
白驹池	长野	淡	堰塞	腐殖	0.01	8.6	4.2	0.04	1.4	2 115
长池	青森	淡	堰塞	中	0.01	7.5	4.4	0.04	0.4	245
山居池	新潟	淡	堰塞	中	0.01	8.6	4.5	0.05	0.5	345
若畑沼	山形	淡	堰塞	贫	0.01	11.0	4.6	0.05	0.5	480
中沼	茨城	淡	其他	富	0.01	13.4	6.0	0.1	0.3	3
日暮之池	青森	淡	堰塞	中	0.01	15.9	6.9	0.1	0.5	195
中之池	青森	淡	堰塞	中	0.01	14.4	7.7	0.1	0.8	195
男沼	山形	淡	堰塞	中	0.01	24.5	9.1	0.1	0.5	234
三角沼	岩手	淡	堰塞	中	0.01	10.4	—	—	0.4	780
夜叉池	福井	淡	其他	贫	0.01	7.7	—	—	0.2	1 006

摘自《日本的湖沼环境Ⅱ》环境厅自然保护局编（1995）、《日本湖沼志》田中正明（1992、2004）、《北海道的湖沼》北海道公害防止研究所（1990）、《湖沼的成因和环境、地质》地质学论文（1990、1993）、*World Lakes Database* ILEC.UNEP（2001），有部分改动。

注：淡水和半咸水项目的“淡”表示淡水湖，“汽”表示半咸水湖。对成因进行了详细研究的湖泊较少，此外，湖盆的成因和湖水蓄积的原因不一致或者比较复杂的湖泊也有。湖沼型的项目中，针对调和型湖沼，“富”表示富营养湖，“中”表示中营养湖，“贫”表示贫营养湖；针对非调和型湖沼，“酸”表示非调和型湖沼的酸营养湖，“腐殖”表示腐殖营养湖。营养阶段有时也会因判断方法而存在差异，有的湖泊因为近年富营养化的进展和改善，与实际状态不一致。

［摘自 日本陆水学会编．“陆水的事典”．讲谈社 2006］